全国无公害食品行动计划丛书

家畜无公害饲料配制技术

第二版

田振洪　主编

中国农业出版社

《全国无公害食品行动计划丛书》

编　委　会

第二版编著者

主　编　田振洪

副主编　崔　伟　王立铭　胡景安　朱明才

参编者　（按姓氏笔画排序）

　　　　　于新元　王玉荣　王立铭　田振洪

　　　　　朱明才　宋长刚　吴叶红　张令进

　　　　　张海宽　胡景安　夏　雨　崔　伟

审　稿　杨先芬　李祥明

第一版编著者

主　编　田振洪

副主编　盖曰忠　王立铭　胡景安　朱明才

编　者　（按姓氏笔画排序）

　　　　于新元　王玉荣　王立铭　田振洪

　　　　朱明才　刘宝前　孙国强　宋长刚

　　　　张海宽　胡景安　唐　欣　崔　伟

审　稿　杨先芬　李祥明

序 ▶▶

党的十六大，把"健全农产品质量安全体系，增强农业的市场竞争力"写进了报告，对于加强农产品质量安全管理工作具有重大的指导意义。为了贯彻落实党的十六大精神，适应新形势下农业和农村经济结构战略性调整和加入世界贸易组织的需要，全面提高我国农产品质量安全水平和市场竞争力，根据中共中央、国务院关于加快实施"无公害食品行动计划"的要求和全国"菜篮子"工作会议精神，农业部决定在全国范围内推进"无公害食品行动计划"。

全国"菜篮子"工作会议提出，"菜篮子"的工作重点要由注重数量、保障供给，向更加注重质量、保证卫生和安全转变，实现由装满"菜篮子"到丰富、净化"菜篮子"的发展，让城乡居民长期稳定地吃上品种多样、营养丰富、供给充足的"放心菜"、"放心肉"。农业部出台的《全面推进"无公害食品行动计划"的实施意见》，就是通过健全体系，完善制度，对农产品质量安全实施全过程监管，有效改善和提高我国农产品质量安全水平，力争用5年左右的时间，基本实现食用农产品无公害生产，保障消费安全。有条件的地方和企业，应积极发展绿色食品和有机食品。通过加强生产监管、市场准入和全程质量跟踪，健全农产品质量安全标准、检验检测、认证体系，强化执法监督、技术推广和市场信息工作，建立起一套既符合中国国情又与国际接轨的农产品质量安全管理制度。

"无公害食品行动计划"近期要集中解决蔬菜中有机磷农药残留超标、畜禽生产过程中禁用药物滥用、贝类产品污染以及出口农产品质量安全问题。以"菜篮子"产品为突破口，从生产和市场准入两个环节入手，通过完善保障体系，实现对农产品质量安全全过程监管。在生产管理方面要强化生产基地建设、净化产地环境、严格投入品管理、推行标准化生产和提高生产经营组织化程度。在市场准入方面要建立监测制度、推广速测技术、创建专销网点、实施标志管理和推行追溯与承诺制度。在保障体系方面要加强法制建设、健全标准体系、完善检验检测体系、加快认证体系建设、加大执法监督、建立信息服务网络、强化技术研究与推广、加强宣传培训和增加经费投入等。

为了全面推进无公害食品行动计划，中国农业出版社在农业部有关单位的支持下，组织编写了这套《全国无公害食品行动计划丛书》。该丛书紧紧围绕工作目标，选取行动计划中亟待推广或推广效果较好的项目优先列选，以无公害为切入点，以实用技术为立足点，以指导生产为出发点，从满足生产一线农技人员的实际需要拟订选题。相信这套丛书的出版，将会对全国无公害食品行动计划的顺利实施，对建设现代农业，发展农村经济起到积极的推动作用。

农业部部长　杜青林

第二版前言

目前，我国的肉、蛋产量已居世界第一位，肉类人均占有量也超世界平均水平。但由于畜禽养殖自身的生态结构和家畜规模化饲养的缺失，成为监管和有效控制的难题。其中最重要的是饲料污染和不安全性，超量或违禁使用有害物质而导致残留超标时有发生，成为社会关注的焦点，而且也制约了畜禽产品的出口。因此，如何保持畜产品安全、优质、高效地生产，不仅是畜禽养殖业自身可持续发展的问题，还关系到消费者的身体健康、国际贸易等问题。

《家畜无公害饲料配制新技术》自2003年出版以来，该书深受广大读者的欢迎。为了推广普及无公害饲料配制技术，确保畜产品生产的安全优质，满足人们对无公害食品的需要，利于家畜产业的持续发展，对《家畜无公害饲料配制技术》一书进行了修订和补充，按照国家的法律、法规再次严格审核了饲料添加剂、化学药品的使用标准、剂型、用量、方法和休药期以及无公害的行业标准等，并增加了作者本人十几年来潜心研制的"汇全"牌无公害奶牛精料补充料内容。

作　者
2011年2月

第一版前言 ▶▶

现代畜牧业为人类提供了丰富的肉、蛋、奶等食品，极大地提高了人们的生活水平。但肉、蛋、奶中的药物以及有害物质的残留超标，却日益威胁着人们的健康，成为普遍关注的问题，并形成了时代的最强音——对绿色食品的呼唤。多年来，我们对畜产品中对人体有害的药物残留重视不够，缺乏监督、检测及管理，因而导致畜产品出口不畅，国内消费量下降，影响了畜牧业的可持续发展。

随着农业的可持续发展，绿色产品已经成为一种产业在迅速发展，这将是21世纪世界农业的发展方向。我国加入WTO之后，畜产品在生产环境标准、产品质量标准、管理标准方面都要和国际接轨，确保畜产品的安全性，这是增强国际市场竞争力的必然要求，同时也是我国畜牧业发展的战略选择。为此，农业部"无公害食品行动计划"在行动，编写本书也是其行动的组成部分。但愿达到预期目的。

本书编写基本分为两大部分：其一对饲料来源、选择、加工都以无公害、无污染为前提，以饲料添加剂的管理、法律、法规为依据，以实现绿色产品为目的；其二对目前适应养殖、经济效益好的主要家畜品种的饲料配制加以介绍。我们愿同广大读者一起为畜产品的绿色革命而努力。

由于编写时间紧迫，本书内容的不当之处，敬请广大读者和专家批评指正。对提供文献资料的作者及专家表示衷心的感谢。

编　者

目 录 ▶▶

第1章

无公害饲料原料和要求

　　无公害饲料配制的基础，需要无污染无公害的原料来源。家畜只有饲喂无公害饲料，才能生产出无公害的畜产品，继而生产出绿色食品，畅销国内外市场，畜牧业才有可持续性的发展。无公害饲料的配制标准，具有很强的时间性、选择性，是发展现代畜牧业的综合战略性工程。就我国目前饲料及饲料添加剂管理的法律、法规以及农业部发布的《无公害食品家畜饲料的使用标准》（附录五）行业标准而言，无公害饲料的配制应采用以下原料并按照规定的要求进行。

一、饲料分类

（一）我国饲料分类方法

1. 国际饲料分类依据原则 （表 1 - 1）

表 1 - 1　国际饲料分类原则

饲料类别	饲料类名	划分饲料类别依据（％）		
		自然含水量	干物质中粗纤维含量	干物质中粗蛋白质含量
1	粗饲料	＜45	≥18	
2	青绿饲料	≥45		
3	青贮饲料	≥45		

（续）

饲料类别	饲料类名	划分饲料类别依据（%）		
		自然含水量	干物质中粗纤维含量	干物质中粗蛋白质含量
4	能量饲料	＜45	＜18	＜20
5	蛋白质饲料	＜45	＜18	≥20
6	矿物质饲料			
7	维生素饲料			
8	添加剂			

2. 我国现行饲料分类及编码 我国现行饲料分类将所有饲料分成 8 大类，选用 7 位数字编码。其首位数 1～8 分别对应国际饲料分类的 8 大类饲料。第 2、3 位编码按饲料的来源、形态、生产加工方法等属性划分为 01～16 共 16 种，而同种饲料的个体编码则占用最末 4 位数。

例如，吉双 4 号玉米的分类编码是 4—07—6302，表明是第 4 大类能量饲料，07 则表示属谷实类，6302 则是吉双 4 号玉米籽实饲料实体属性相同的科研成果平均值的个体编码。

（二）饲料分类说明

1. 粗饲料 干物质中粗纤维含量等于或超过 18％者属于粗饲料。某些带壳油料籽实经浸提或压榨提油后的饼粕产物，尽管一般含粗蛋白质高达 20％以上，但如果干物质中的粗纤维含量达到或超过 18％，则仍划为粗饲料。有些纤维和外皮比例较大的树实、草籽或油料籽实，凡符合于物质中含粗纤维≥18％条件者，亦应划为粗饲料。

2. 青绿饲料 自然水分含量≥45％的陆地或水面的野生或栽培植物的整株或其一部分。各种鲜树叶、水生植物和菜叶以及非淀粉和糖类的块根、块茎和瓜果类多汁饲料，也属青绿饲料。其干物质中的粗纤维和粗蛋白含量可不加考虑。

3. 青贮饲料　自然含水的青绿饲料及补加适量糠麸或根茎瓜类制成的混合青贮饲料。这类饲料通常含水分在 45% 以上。

4. 能量饲料　符合自然含水分低于 45%，且干物质中粗纤维低于 18%，同时干物质中粗蛋白质又低于 20% 者，划归为能量饲料。主要有谷实类和糠麸类。一些外皮比例较小的草籽和树实类以及富含淀粉和糖的根、茎、瓜果类，来源于动物或植物的油脂类和糖蜜类，也属于能量饲料。

5. 蛋白质饲料　自然含水低于 45%，干物质中粗纤维又低于 18%，而干物质中粗蛋白质含量达到或超过 20% 的豆类、饼粕类、动物性蛋白饲料均划归蛋白质饲料。

6. 矿物质饲料　天然生成的矿物质和工业合成的单一化合物以及混有载体的多种矿物质化合物配成的矿物质添加剂预混料，不论提供常量元素或微量元素者均属此类。贝壳和骨粉来源于动物，但主要用来提供矿物质营养素的，因此也划归此类。

7. 维生素饲料　包括工业合成或由原料提纯精制的各种单一维生素和混合多种维生素，但富含维生素的自然饲料则不划归维生素饲料。

8. 添加剂　这一大类饲料指各种用于强化饲养效果和有利于配合饲料生产和贮存的非营养性添加剂原料及其配制产品，如各种抗生素、防霉剂、抗氧化剂、黏结剂、疏散剂、着色剂、增味剂以及保健与代谢调节剂等。

（三）我国现行饲料管理法规分类

我国饲料工业经过二十多年的发展，已经成为国家经济的重要产业，生产规模从小到大，法律法规从无到有，并逐步健全。1999 年 5 月，我国第一部饲料管理法规《饲料和饲料添加剂管理条例》正式发布实施，标志着饲料工业走上法制化、规范化管理轨道。为适应工业化饲料生产的要求，结合我国饲料管理的特点，《饲料和饲料添加剂管理条例》将饲料划分为饲料和饲料添加剂两大类。所称饲料是指经加工、制作的供动物食用的饲料，包括单一饲料、添加剂预混合饲料、浓缩饲料、精料补充料、配合饲料五大类；饲料添加剂是指在饲料加工、制作、使用过程中添加的少量或者微量物质，包括营养性饲料添加剂、一般饲料添加剂和药物饲料添加剂。

二、单一饲料

（一）能量饲料

1. 谷实类饲料 谷实饲料的共同营养特点是无氮浸出物含量特别高，一般都在70%以上，而粗纤维含量通常则很低。

在蛋白质品质方面，谷实饲料的氨基酸不够平衡，含色氨酸、赖氨酸和蛋氨酸比较少。矿物质中的钙含量也低。磷则多以植酸形式存在，单胃动物利用率很低。维生素 B_1 和维生素 E 较为丰富，但缺乏维生素 C 和维生素 D。

（1）玉米 玉米有效能值高，故在配合饲料中所占比重很大，但蛋白质含量低，必需氨基酸不平衡，矿物质元素和维生素缺乏。新收获的玉米含水量很高，一般均在20%以上。如不能及时晾晒或烘干，极易发霉变质。特别是当侵染黄曲霉菌后所产生的黄曲霉毒素是一种致癌性强毒素，应引起高度重视。饲料用玉米按质量分为三级。具体质量与卫生指标见表1-2。

表1-2 玉米的质量与卫生指标

指标　　　　　　　　　　等级	一级	二级	三级
粗蛋白质（干基）（%）	≥10.0	≥9.0	≥8.0
粗纤维（%）	<1.5	<2.0	<2.5
粗灰分（%）	<2.3	<2.6	<3.0
容重（克/升）	≥710	≥685	≥660

（续）

指标　　　　等级		一级	二级	三级
水分（%）			≤14.0	
不完善粒（%）	总量	≤5.0	≤6.5	≤8.0
	其中生霉粒	≤2.0	≤2.0	≤2.0
杂质（%）		≤1.0	≤1.0	≤1.0
霉菌（个/克）			<40 000，>100 000 禁用	
黄曲霉毒素 B_1（微克/千克）			≤50	
沙门氏菌			不得检出	

（2）小麦　小麦的能值与玉米近似，但粗蛋白质的含量却为玉米含量的150%，因而各种氨基酸的含量要好于玉米。矿物质元素中的钙、磷、铜、锰、锌等的含量也较玉米为高。饲料用小麦按质量分为三级。具体质量与卫生指标见表1-3。

表1-3　小麦的质量与卫生指标

指标　　　　等级	一级	二级	三级
粗蛋白质（%）	≥14.0	≥12.0	≥10.0
粗纤维（%）	<2.0	<3.0	<3.5
粗灰分（%）	<2.0	<2.0	<3.0
水分（%）		≤12.5	
沙门氏菌		不得检出	

2. 糠麸类　与全谷物籽粒相比，糠麸的粗纤维、粗脂肪、粗蛋白、矿物质和维生素的含量均高，而无氮浸出物（主要是淀粉）则低得很多，所以有效能值也远比全谷实为低。

（1）稻糠　稻糠中植酸磷较高，妨碍矿物质元素的利用。脂肪含量比一般糠麸约高出一倍多，容易氧化而酸败，不利保存。

（2）小麦麸　小麦麸的粗纤维含量较高，蓬松而容重低，具有缓泻、通便的功能。小麦麸含有较多的 B 族维生素，如 B_1、B_2 烟酸、胆碱，也含有维生素 E。粗蛋白和粗纤维含量都很高，有效能值相对较低，在单胃动物日粮中所占比例不宜过大。饲料用小麦麸按质量分为三级。具体质量与卫生指标见表 1-4。

表 1-4　麦麸的质量与卫生指标

等级 指　标	一级	二级	三级
粗蛋白质（%）	≥15.0	≥13.0	≥11.0
粗纤维（%）	<9.0	<10.0	<11.0
粗灰分（%）	<6.0	<6.0	<6.0
水分（%）	≤13.0		
霉菌（个/克）	<40 000，>80 000 禁用		
六六六（毫克/千克）	≤0.05		
滴滴涕（毫克/千克）	≤0.02		
沙门氏菌	不得检出		

（3）其他加工副产物　有玉米糠、大麦麸、次粉等。

3. 液体能量饲料　包括动物脂肪、植物油、糖蜜和乳清等。

（1）动物脂肪　常温下保存易发生氧化而酸败。动物脂肪含代谢能达 35 兆焦/千克，约为玉米的 2.5 倍。添加脂肪可提高日粮的能量水平，并改善适口性，还能减少粉料的粉尘。

鱼油常温下一般也呈液态，维生素 A、维生素 D 含量甚高，一般用作维生素的补充物。

（2）植物油脂　绝大多数植物油脂常温下都是液态。最常见的是大豆油、菜子油、花生油、棉子油、玉米胚油、葵花子油和胡麻油。植物油脂含有较多的不饱和脂肪酸（占油脂的 30%～70%），有效能值稍高，代谢能可达 37 兆焦/千克。

（3）乳清　其主要成分是乳糖，残留的乳清蛋白和乳脂所占比例较小。乳清经喷雾干燥后制得的乳清粉则是乳期幼畜的良好调养饲料，已成为代乳饲料中必不可少的组分。

（二）蛋白质饲料

1. 豆类籽实　未经加工的豆类籽实大多含有影响消化和营养的酶抑制物。生喂豆类籽实不利于动物对营养物质的消化吸收。

豆类籽实的营养成分特点是：粗蛋白质含量高，蛋白质的氨基酸组成较好。其中赖氨酸丰富，而蛋氨酸等含硫氨基酸相对不足。无氮浸出物明显低于能量饲料。豆类的矿物质元素和维生素类含量与谷实类饲料相仿。钙的含量稍高，但仍低于磷。

2. 饼粕类　压榨提油后的块状副产物称作饼，浸提出油后的碎片状副产物称作粕。常见的有大豆饼粕、菜子饼粕、棉仁饼粕、花生饼粕、向日葵饼粕、胡麻饼粕等。

饼粕类饲料的营养价值因提油原料种类和加工工艺而有所不同。粗蛋白质含量大致在 $30\%\sim45\%$ 之间。粕类比同种饼类的粗蛋白质含量要高一些，而在有效能值方面则与此相反。

棉子、菜子和胡麻等饼、粕因含有对畜、禽有毒、有害物质，限制了它们在饲料中的大量使用。

（1）饲料用大豆粕按质量分为二级　具体质量与卫生指标见表 1-5。

表 1-5　豆粕的质量与卫生指标

等级\指标	带皮大豆粕		去皮大豆粕	
	一级	二级	一级	二级
粗蛋白质（%）	≥44.0	≥42.0	≥48.0	≥46.0
粗纤维（%）	≤7.0		≤3.5	≤4.5

（续）

等级 指标	带皮大豆粕		去皮大豆粕	
	一级	二级	一级	二级
粗灰分（%）	≤7.0			
水分（%）	≤12.0	≤13.0	≤12.0	≤13.0
尿素酶活性	≤0.4			
氢氧化钾蛋白质溶解度（%）	≥70.0			
黄曲霉毒素 B_1（微克/千克）	≤30			
霉菌（个/克）	<50 000，>100 000 禁用			
六六六（毫克/千克）	≤0.05			
滴滴涕（毫克/千克）	≤0.02			
沙门氏菌	不得检出			

（2）饲料用棉籽饼按质量分为三级　具体质量与卫生指标见表 1 - 6。

表 1 - 6　棉籽饼的质量与卫生指标

等级 指标	一级	二级	三级
粗蛋白质（%）	≥40	≥36	≥32
粗纤维（%）	<10	<12	<14
粗灰分（%）	<6	<7	<8
水分（%）	≤12.0		
霉菌（个/克）	<50 000，>100 000 禁用		
黄曲霉毒素 B_1（微克/千克）	≤50		
游离棉酚（毫克/千克）	≤1 200		
沙门氏菌	不得检出		

（3）饲料用菜子粕按质量分为三级　具体质量与卫生指标见表 1 - 7。

表1-7 菜子粕的质量与卫生指标

指标 \ 等级	一级	二级	三级
粗蛋白质（％）	≥40.0	≥37.0	≥33.0
粗纤维（％）	<14.0	<14.0	<14.0
粗灰分（％）	<8.0	<8.0	<8.0
水分（％）	≤12.0		
霉菌（个/克）	<50 000，>100 000 禁用		
黄曲霉毒素 B_1（微克/千克）	≤50		
异硫氰酸酯（毫克/千克）	≤4 000		
沙门氏菌	不得检出		

3. 工业副产物 包括玉米蛋白粉、粉渣、酒糟、豆腐渣、酱油渣、醋渣和饴糖渣等。由于原料和工艺上的区别，所得的副产物在营养成分的含量上差别悬殊。淀粉工业的副产物和酒精、饴糖生产的副产物无氮浸出物含量减少，而蛋白质和粗纤维成分都相对较高。酿造和发酵工业副产物的糟、渣类，由于微生物活动而产生大量的 B 族维生素，使糟、渣中的此种维生素变丰富，但脂溶性维生素贫乏。

4. 动物性蛋白质饲料 此类饲料的突出特点是不含粗纤维，无氮浸出物也较低。钙和磷含量既高比例又合适。各种维生素和微量元素均很丰富，特别是维生素 B_{12} 和微量元素硒含量很高。值得注意的是，在动物性蛋白质饲料中，除蛋制品、乳制品外，均不得用于制作反刍类动物饲料。特别是骨粉、肉骨粉，不得用于制作牛、羊等反刍动物的饲料，也不得用于制作兔的饲料。

（1）脱脂鱼粉的粗蛋白质含量 60％ 以上。氨基酸组成较为平衡，各种必需氨基酸含量丰富。鱼粉富含脂溶性维生素 A、维生素 D、维生素 E，也含较多的硒和碘。饲料用鱼粉按质量分为四级。具体质量与卫生指标见表1-8。

表1-8 鱼粉的质量与卫生指标

指标 \ 等级	特级	一级	二级	三级
粗蛋白质（%）	＞60	＞55	＞50	＞45
粗脂肪（%）	＜10	＜10	＜12	＜12
粗灰分（%）	＜15	＜20	＜25	＜25
水分（%）	＜10	＜10	＜10	＜12
盐分（%）	＜2	＜3	＜3	＜4
砂分（%）	＜2	＜3	＜3	＜4
铬（毫克/千克）	≤10			
铅（毫克/千克）	≤10			
砷（毫克/千克）	≤10.0			
氟（毫克/千克）	≤500			
霉菌（个/克）	＜20 000，＞50 000禁用			
汞（毫克/千克）	≤0.5			
镉（毫克/千克）	≤2.0			
亚硝酸盐（毫克/千克）	≤60			
六六六（毫克/千克）	≤0.05			
滴滴涕（毫克/千克）	≤0.02			
细菌（个/克）	＜2 000 000，＞5 000 000禁用			
沙门氏菌	不得检出			

（2）肉骨粉和脏器粉是畜、禽及其内脏经高温灭菌后，脱脂干制而成的又一种动物蛋白质饲料。其营养成分含量因肉骨比例而异。一般粗蛋白质为30%～40%。氨基酸组成较好。钙和磷含量高，比例适当。饲料用肉骨粉按质量分为三级。具体质量和卫生指标见表1-9。

表1-9　肉骨粉的质量与卫生指标

指　标 ＼ 等　级	一级	二级	三级
粗蛋白质（%）	≥26	≥23	≥20
水分（%）	≤9	≤10	≤12
粗脂肪（%）	≤8	≤10	≤12
钙（%）	≥14	≥12	≥10
磷（%）	≥8	≥5	≥3
铅（毫克/千克）	≤10		
砷（毫克/千克）	≤10.0		
氟（毫克/千克）	≤1 800		
霉菌（个/克）	<20 000，>50 000禁用		
沙门氏菌	不得检出		

（3）凝血烘干工艺制得的血粉，蛋白质变性，消化利用差，营养价值低。抗凝喷雾干燥或低温真空干燥工艺制得的血粉，消化率高，饲养效果也好。血粉的粗蛋白质含量高达80%以上，在氨基酸组成上，蛋氨酸、异亮氨酸相对较低。血粉中含铁特别高。低温干燥制得的血清粉为幼畜代乳的优质原料。饲料用血粉按质量分为二级。具体质量与卫生指标见表1-10。

表1-10　血粉的质量与卫生指标

指　标 ＼ 等　级	一级	二级
粗蛋白质（%）	≥80	≥70
粗纤维（%）	<1	<1
粗灰分（%）	≤4	≤6
水分（%）	≤10	
沙门氏菌	不得检出	

（4）蚕蛹是高蛋白和高脂肪的饲料，脱脂蚕蛹制成的蚕蛹粉是畜禽的优质蛋白质饲料。饲料用桑蚕蛹按质量分为三级。具体质量与卫生指标见表1-11。

表1-11　脱脂桑蚕蛹的质量与卫生指标

指　标　＼　等　级	一级	二级	三级
粗蛋白质（％）	≥50.0	≥45.0	≥40.0
粗纤维（％）	＜4.0	＜5.0	＜6.0
粗灰分（％）	＜4.0	＜5.0	＜6.0
水分（％）	≤12.0		
沙门氏菌	不得检出		

（5）家禽内脏和大羽，经热压灭菌水解后，可干制成脏羽混合粉，也是很好的动物蛋白饲料来源。

（6）皮革蛋白粉主要是胶原蛋白，羽毛粉主要是角质蛋白。在氨基酸组成上二者都不够平衡。胶原蛋白相对缺乏蛋、苏、色等氨基酸，而角质蛋白则缺乏蛋、赖、色等氨基酸。未经水解的皮革和羽毛，虽然可加工磨碎成粉，但其蛋白质结构未改变，不能被动物消化利用，是没有营养价值的。

5. 微生物蛋白质饲料　本类饲料是由各种微生物体制成的饲用品，包括酵母、细菌、真菌和一些单胞藻类，通常也叫做单细胞蛋白饲料（SCP）。微生物蛋白质饲料粗蛋白质含量可高达50％以上。在氨基酸组成上，不乏赖氨酸，但缺少蛋氨酸。B族维生素含量较丰富。

（1）液态发酵分离干制的纯酵母粉，含粗蛋白质40％～50％，而固态发酵制得的酵母混合饲料因培养底物不同而有较大差别，一般含粗蛋白质在20％～40％。饲料用液体发酵酵母按质量分为三级。具体质量与卫生指标见表1-12。

表 1 - 12　**酵母的质量与卫生指标**

指　标　　　　等　级	优等品	一等品	合格品
粗蛋白质（%）	≥45	≥40	≥40
粗纤维（%）	≤1.0	≤1.0	≤1.5
粗灰分（%）	≤8.0	≤9.0	≤10.0
水分（%）	≤8.0	≤9.0	
细胞数（亿个/克）	≥270	≥180	≥150
碘反应（以碘液检查）	不得呈蓝色		
砷（毫克/千克）	≤10		
重金属（毫克/千克）	≤10		
沙门氏菌	不得检出		

（2）真菌蛋白饲料是真菌类的培养产物。此外，用糠、麸等农副产品培养菇类的副产物，带有大量菌丝体的培养基，经干燥而成的粉状饲料，品质虽然不及纯微生物蛋白饲料，但也是可利用的蛋白质饲料资源。这类产品粗纤维含量较高，粗蛋白质含量较低，有时因培养基原料关系，粗蛋白甚至低于 20%。

（3）藻类中的小球藻、螺旋藻、蓝藻等也是繁殖很快、营养价值很高的微生物蛋白质饲料来源。粗蛋白质可占干物质的50% 以上，氨基酸组成也较为平衡。

（三）矿物质饲料

1. 钙源饲料　常用的天然钙源饲料有石灰石粉、贝壳粉、蛋壳粉，另外还有其他副产钙源饲料。

（1）石灰石粉　简称石粉，基本化学成分是碳酸钙。钙含量因成矿条件不同介于 34%～38% 之间，微量元素中锰含量较高（200～1 000 毫克/千克）。石粉也广泛用作矿物质添加剂预混料的稀释剂和载体。石粉的卫生指标见表 1-13。

表 1 - 13　石粉的卫生指标

项目（毫克/千克）	指　标
镉	≤0.75
汞	≤0.1
氟	≤2 000
砷	≤2.0
铅	≤10

（2）贝壳粉　主要成分是碳酸钙。钙含量在 34%～38%之间。

（3）蛋壳粉　由蛋品加工厂或大型孵化场收集的蛋壳，经灭菌、干燥、粉碎而成。蛋白质约占 4%，钙含量为 30%～35%。

2. 磷、钙源饲料　只提供磷源的矿物质饲料为数不多，仅限于磷酸、磷酸盐等。骨粉是同时提供磷和钙的矿物质饲料，基本成分是磷酸钙。骨粉中含钙 20%～30%，含磷 10%～15%，钙磷比为 2：1。骨粉中氟的含量很高，可达 3 500 毫克/千克，生产中须经脱氟处理。饲料用骨粉按质量分为三级，具体质量和卫生指标见表 1 - 14。

表 1 - 14　骨粉的质量与卫生指标

等　级 指　标	一级	二级	三级
水分（%）	≤8	≤9	≤10
钙（%）	≥25	≥22	≥20
磷（%）	≥13	≥11	≥10
铅（毫克/千克）	≤10		
氟（毫克/千克）	≤1 800		

3. 食盐　食盐能同时提供钠和氯两种元素。氯化钠含量均应在 95%以上。商品食盐含钠 38%、氯 58%。

4. 天然矿物及稀释剂和载体

（1）沸石　天然沸石矿有 40 种以上，是碱金属和碱土金属含水铝硅酸盐矿物，以斜发沸石和丝光沸石为主要代表。二氧化硅的含量最高，占 60％以上。沸石具有一些特殊功能，例如吸附性、离子交换性、筛分性、催化作用等。沸石粉中砷含量应小于 10.0 毫克/千克。

（2）海泡石　是石英、方解石、滑石等共存的矿物，其矿物组成因海泡石品位不同而差异很大，一般仍是二氧化硅为主，约占 30％～60％，钙和镁成分含量较高，可达 10％。

海泡石与沸石相似，具有极大的表面积（800～900 米²/克）和吸附能力，可吸附自身重量 2～2.5 倍的水，也可吸附较多的氨。其遇水溶胀的凝胶特性可用来作颗粒饲料成型的黏结剂。

（3）膨润土　是以蒙脱石（占 56％～67％）为主要成分的黏土性矿产品，元素成分含量大致是硅 30％、铝 9％、镁 1.2％、铁 2.3％，另有少量各种微量元素。特点是浸水后溶胀，且有黏结性，可作为饲料制粒的黏结剂。加入量应控制在 2％以下。膨润土中砷含量应小于 10.0 毫克/千克。

（4）麦饭石　作添加剂的稀释剂效果与其他矿产品相似。麦饭石中砷含量应小于 10.0 毫克/千克。

三、饲料添加剂

（一）饲料添加剂使用的一般规定

农业部发布了 105 号公告，制定了《允许使用的饲料添加剂品种目录》，这个目录将不断地被修订。凡《目录》中收录的品种可以生产、经营和使用。《目录》以外的产品拟作饲料添加剂使用的，须向农业部申报新饲料添加剂，经农业部批准的新饲料添加剂方可生产、经营和使用。即：

1. 凡农业部 105 号公告及取得新饲料添加剂证书的产品，

取得省级饲料管理部门批准的产品批准文号的，企业可以用这些产品加工生产预混合饲料或浓缩饲料、配合饲料、精料补充料等。

2. 凡不在 105 号公告内和非新饲料添加剂，作为饲料或添加剂使用的，应按农业部的规定进行新产品审批，取得农业部颁发的新饲料添加剂证书和省饲料管理部门核发的新饲料添加剂产品批准文号的，方可使用。

3. 进口饲料添加剂需向农业部申请登记，获得进口登记许可证后方可进入国内。进口的饲料添加剂在其包装上需印有登记许可证号（有效期为 5 年）和符合《饲料标签》标准（GB 10648—1999）要求的中文标签。

（二）营养性饲料添加剂

营养性饲料添加剂主要包括氨基酸、维生素、矿物质微量元素、酶制剂和非蛋白氮等。

1. 饲料级氨基酸　工业合成的氨基酸产品主要有 L-赖氨酸盐酸盐、DL-蛋氨酸、DL-羟基蛋氨酸、DL-羟基蛋氨酸钙、N-羟甲基蛋氨酸、L-色氨酸、L-苏氨酸等。

（1）蛋氨酸　又称甲硫氨酸，外观为白色或浅黄色结晶，略带硫化物的特殊气味；易溶于水、硫酸、稀碱，微溶于乙醇，不溶于乙醚；熔点 281℃。DL-蛋氨酸的质量和卫生指标见表1-15。

表 1-15　蛋氨酸的质量和卫生指标

项　目	指　标
DL-蛋氨酸（%）	≥98.5
水分（%）	≤0.5
氯化物（以 NaCl 计）（%）	≤0.2
重金属（以 Pb 计）（%）	≤0.002
砷（以 As 计）（%）	≤0.000 2

（2）蛋氨酸羟基类似物 又称羟基蛋氨酸、艾立美，化学名称为 2-羟基-4-甲硫基丁酸，外观为深褐色黏液，带有硫化物的特殊气味；pH 为 1～2；相对密度（20℃）为 1.23；凝固点 -40℃；含水量 12%。由于是液体，使用时需用喷雾装置喷洒入饲料中。

（3）羟基蛋氨酸钙 又称 MHA-Ca，是羟基蛋氨酸的钙盐，外观为浅褐色粉末或颗粒，带有硫化物的特殊气味；溶于水。

（4）L-赖氨酸盐酸盐 是赖氨酸的 L 型旋光异构体，外观为白色或浅褐色结晶粉末，无味或稍带特殊气味；易溶于水、难溶于乙醇和乙醚；有旋光性；熔点 263～264℃。L-赖氨酸盐酸盐的质量和卫生指标见表 1-16。

表 1-16 赖氨酸盐酸盐的质量和卫生指标

项 目	指 标
L-赖氨酸盐酸盐（%）	≥98.5
水分（%）	≤1.0
灼烧残渣（%）	≤0.3
比旋光度	+18.0°～+21.5°
铵盐（以 NH_4 计）（%）	≤0.04
重金属（以 Pb 计）（%）	≤0.003
砷（以 As 计）（%）	≤0.000 2

（5）苏氨酸 常用的是 L-苏氨酸，外观为无色黄色结晶，稍带气味；易溶于水、不溶于乙醇、乙醚和三氯甲烷。

（6）色氨酸 色氨酸的外观为无色或黄色晶体，有特殊气味；25℃在水中的溶解度为：左旋型 1.1 克/100 毫升水，消旋型 0.25 克/100 毫升水。

2. 饲料级维生素 维生素按其溶解性分为脂溶性维生素和水溶性维生素。

（1）脂溶性维生素 包括 β-胡萝卜素、维生素 A、维生素

A乙酸酯、维生素A棕榈酸酯、维生素D_3、维生素E、维生素E乙酸酯、维生素K_3（亚硫酸氢钠甲萘醌）、二甲基嘧啶醇亚硫酸甲萘醌等。

①维生素A。又称视黄醇。系高度不饱和脂肪醇，是维生素A_1、维生素A_2的统称。维生素A在自然界中主要以脂肪酸酯的形式存在，常见的是维生素A乙酸酯、维生素A棕榈酸酯。维生素A乙酸酯，外观为鲜黄色结晶粉末，熔点57～60℃。维生素A棕榈酸酯，外观为黄色油状或结晶固体，熔点28～29℃。这两种酯都不溶于水，溶于乙醇，易溶于乙醚、三氯甲烷、丙酮和油脂中。质量规格一般为50万IU/克。

β-胡萝卜素　又称维生素A原。外观呈棕色至深紫色结晶粉末，熔点176～182℃，不溶于水和甘油，难溶于乙醇、脂肪，微溶于乙醚、三氯甲烷、丙酮和苯。质量规格一般为96.0%。

②维生素D。又称钙化醇。是类固醇的衍生物，维生素D_2、维生素D_3对畜禽营养意义最大，通常维生素D_3较维生素D_2稳定。维生素D_3又称胆钙化固醇，熔点82～88℃。不溶于水，易溶于乙醚、三氯甲烷。质量规格一般为50万IU/克。

③维生素E。也称生育酚，是一组化学结构相似的酚类化合物的总称。其中以α-生育酚效价最高、最具代表性。外观呈淡黄色黏稠油状液，熔点2.5～3.5℃，沸点200～220℃，折光指数1.504～1.507。不溶于水，易溶于乙醇、丙酮、四氯化碳。α-生育酚具有较强的吸收氧的能力，常用作抗氧化剂。维生素E不稳定，经酯化后可提高稳定性，常用的是维生素E乙酸酯，外观呈淡黄色油状物，折光指数1.495～1.498。不溶于水，易溶于乙醇、丙酮、四氯化碳。质量规格一般为50%粉剂。

④维生素K_3。是一类甲萘醌衍生物的总称，共分两大类，一类为天然产物中分离提纯获得的脂溶性化合物，即从绿色植物中提取的维生素K_1和来自腐败的鱼粉、微生物的代谢产物及动物合成的维生素K_2；一类为人工合成的水溶性化合物维生素

K_3、维生素 K_4。饲料工业中一般使用维生素 K_3 与亚硫酸氢钠的加成物即亚硫酸氢钠甲萘醌，活性较强，应用广泛。质量规格一般为 94% 或 60%~75%。

（2）水溶性维生素　包括维生素 B_1（盐酸硫铵）、维生素 B_1（硝酸硫铵）、维生素 B_2（核黄素）、维生素 B_6、烟酸、烟酰胺、D 泛酸钙、DL-泛酸钙、叶酸、维生素 B_{12}（氰钴胺）、维生素 C（L-抗坏血酸）、L-抗坏血酸钙、L-抗坏血酸-2-磷酸酯、D-生物素、氯化胆碱、L-肉碱盐酸盐、肌醇等。

①维生素 B_1。又称硫胺素。主要以盐酸硫铵素和硝酸硫胺素形式存在。高温环境下硝酸盐较盐酸盐稳定。质量规格一般为 98.0%。

②维生素 B_2。又称核黄素。外观呈橙黄色针状晶体或结晶性粉末，稍具臭味。在酸性溶液中加热稳定，在碱性溶液中很快分解。对紫外线辐射敏感，易分解失活。质量规格有 80% 和 96% 两种。比旋光度 $-120°$～$-140°$。

③维生素 B_3。通常称泛酸。泛酸具有旋光性，只有右旋异构体才具有维生素 B_3 的活性。泛酸外观呈淡黄色黏滞油状，吸湿性强，不稳定。在酸性或碱性溶液中易受热被破坏。因泛酸不稳定，实践中常用的产品主要是 D-泛酸钙。质量规格一般为钙含量 8.2%~8.6%，氮含量 5.7%~6.0%。比旋光度 $+24°$～$+28.5°$。

④维生素 B_4。通常称胆碱，是磷脂、乙酰胆碱等物质的组成成分，外观无色味苦，在空气中易吸水潮解。饲料添加剂中常用的胆碱形式为氯化胆碱，主要有 50%、60% 氯化胆碱粉剂和 75%、70% 氯化胆碱水剂。

⑤维生素 B_5。通常称烟酸或尼克酸，或烟酰胺或尼克酰胺。烟酸、烟酰胺外观为无色针状结晶，味苦；在酸、碱、光、热、氧条件下较稳定。烟酸的质量规格一般为 99.0%。熔点为 234~238℃。烟酰胺的质量规格一般为 98.5%。熔点为 128~131℃。

⑥维生素 B_{11}。通常称叶酸，外观为黄至橙黄色结晶性粉末，

无臭味。叶酸对空气和热稳定，酸、碱、光、氧化剂、还原剂对叶酸均有破坏作用。商品叶酸有效成分在95％以上。

⑦维生素 B_{12}。又称氰钴胺素或钴胺素，是唯一含有金属元素的维生素，具有吸湿性。可被氧化剂、还原剂、醛类、抗坏血酸、二价铁盐破坏。商品维生素 B_{12} 外观呈红褐色细粉，主要规格为1％、5％、10％等剂型。

⑧维生素 C。又称抗坏血酸，具有强还原性，遇空气、热、光、碱性物质、痕量铜和铁可加快其氧化。商品维生素 C 主要以抗坏血酸、抗坏血酸钠、抗坏血酸钙以及包被抗坏血酸形式存在。质量规格一般为99.0％。熔点为189～192℃。比旋光度为 $+20.5°\sim+21.5°$。

3. 饲料级矿物质微量元素

（1）磷酸二氢钠和磷酸氢二钠　各含磷25％和21％，同时也提供19％和32％的钠。

（2）磷酸氢钙（ $CaHPO_4 \cdot 2H_2O$ ）　可溶性较其他同类产品好，动物对其中的钙和磷的吸收利用率也高。磷酸氢钙含钙20％～23％，含磷 16％～18％。另外，还有磷酸二氢钙 $Ca(H_2PO_4)_2 \cdot H_2O$、磷酸三钙 $Ca_3(PO_4)_2$。饲料级磷酸氢钙的质量与卫生指标见表1-17。

表1-17　磷酸氢钙的质量与卫生指标

项　目	指　标
磷（P）含量（％）	≥16.5
钙（Ca）含量（％）	≥21.0
氟（F）含量（％）	≤0.18
砷（As）含量（％）	≤0.003
铅（Pb）含量（％）	≤0.003

饲料磷酸氢钙（骨制）的质量与卫生指标见表1-18。

表 1 - 18　磷酸氢钙（骨制）的质量与卫生指标

项　　目	一级	二级
磷（P）含量（%）	≥16.0	≥14.0
钙（Ca）含量（%）	≥21.0	≥22.0
氟（F）含量（%）	≤0.18	≤0.18
重金属（以 Pb 计）含量（%）	≤0.003	≤0.003
砷（As）含量（%）	≤0.001	≤0.001
胶原蛋白含量（%）	0.2～1.0	0.2～1.0

饲料级磷酸二氢钙的质量与卫生指标见表 1 - 19。

表 1 - 19　磷酸二氢钙的质量与卫生指标

项　　目	指　　标
钙（Ca）含量（%）	15.0～18.0
总磷（P）含量（%）	≥22.0
水溶性磷（P）含量（%）	≥20.0
重金属（以 Pb 计）含量（%）	≤0.003
砷（As）含量（%）	≤0.004
氟（F）含量（%）	≤0.18
水分含量（%）	≤3.0
pH	≥3

（3）磷酸二氢钾和磷酸氢二钾　饲料级磷酸二氢钾的质量与卫生指标见表 1 - 20。

表 1 - 20　磷酸二氢钾的质量与卫生指标

项　　目	指　　标
磷酸二氢钾（KH_2PO_4 以干基计）含量（%）	≥98.0
（以 P 计）（%）	≥22.3
（以 K 计）（%）	≥28

（续）

项　目	指　标
水分含量（%）	≤0.5
氯化物（以 Cl 计）含量（%）	≤1.0
重金属（以 Pb 计）含量（%）	≤0.002
砷（As）含量（%）	≤0.001
硫酸盐（以 SO₄ 计）含量（%）	≤0.1

（4）碳酸钙　也叫轻质碳酸钙，钙含量高达 39% 以上。另外，还有氯化钙、乳酸钙。饲料级轻质碳酸钙的质量与卫生指标见表 1-21。

表 1-21　轻质碳酸钙的质量与卫生指标

项　目	指　标
碳酸钙（CaCO₃）含量（以干基计）（%）	≥98.0
钙（Ca）含量（以干基计）（%）	≥39.2
水分含量（%）	≤1.0
盐酸不溶物含量（%）	≤0.2
重金属（以 Pb 计）含量（%）	≤0.003
砷（As）含量（%）	≤0.000 2
钡盐（以 Ba 计）含量（%）	≤0.030

（5）铁　最常用的是硫酸亚铁，另外还有乳酸亚铁、柠檬酸亚铁、富马酸亚铁、酵母铁、蛋氨酸螯合铁和甘氨酸螯合铁等。7 个结晶水的硫酸亚铁易吸湿而潮解，不易粉碎，使用上不方便，通常需先行烘干成含 1 个结晶水的硫酸亚铁（FeSO₄·H₂O），再粉碎备用。饲料级硫酸亚铁的质量与卫生指标见表 1-22。

表 1 - 22　硫酸亚铁的质量与卫生指标

项　　目	指　　标	
	FeSO$_4$ · H$_2$O	FeSO$_4$ · 7H$_2$O
硫酸亚铁含量（%）	≥91.0	≥98.0
铁（Fe）含量（%）	≥30.0	≥19.7
铅（Pb）含量（%）	≤0.002	≤0.002
砷（As）含量（%）	≤0.000 2	≤0.000 2

（6）铜　常用硫酸铜（CuSO$_4$ · 5H$_2$O），另有蛋氨酸螯合铜、酵母铜等。铜属重金属，有抑菌作用。大量报道高铜（250毫克/千克）日粮有促进猪生长的作用，但用量过大也会引起相反的效果，甚至造成中毒。国家无公害生猪饲料标准中对铜的添加量作了规定：30 千克体重以下猪的配合饲料中铜的含量应不高于 250 毫克/千克；30～60 千克体重猪的配合饲料中铜的含量应不高于 150 毫克/千克；60 千克体重以上猪的配合饲料中铜的含量应不高于 25 毫克/千克。因此，在设计饲料配方时要注意铜的限量规定。饲料级硫酸铜的质量与卫生指标见表 1 -23。

表 1 - 23　硫酸铜的质量与卫生指标

项　　目	指　　标
硫酸铜（CuSO$_4$ · 5H$_2$O）含量（%）	≥98.5
铜（以 Cu 计）含量（%）	≥25.06
水不溶物含量（%）	≤0.2
铅（Pb）含量（%）	≤0.001
砷（As）含量（%）	≤0.000 4

（7）锰　有硫酸锰、氯化锰和氨基酸螯合锰、酵母锰等。普遍使用的是硫酸锰。各种化合物的生物效价大致是硫酸锰

100%、氯化锰116%、氨基酸螯合锰144%。饲料级硫酸锰的质量与卫生指标见表1-24。

表1-24 硫酸锰的质量与卫生指标

项　　目	指　　标
硫酸锰（$MnSO_4 \cdot H_2O$）含量（%）	$\geqslant 98.0$
锰（以 Mn 计）含量（%）	$\geqslant 31.8$
水不溶物含量（%）	$\leqslant 0.05$
铅（Pb）含量（%）	$\leqslant 0.001$
砷（As）含量（%）	$\leqslant 0.0005$

（8）锌　有硫酸锌、氧化锌、葡萄糖酸锌、蛋氨酸螯合锌等。各种锌盐和氧化物中的锌在生物效价方面都相同，但氨基酸螯合锌却优于各种无机锌。饲料级硫酸锌、氧化锌的质量与卫生指标见表1-25。

表1-25 硫酸锌、氧化锌的质量与卫生指标

项　　目	指　　标		
	$ZnSO_4 \cdot H_2O$	$ZnSO_4 \cdot 7H_2O$	ZnO
含量（%）	$\geqslant 94.7$	$\geqslant 97.3$	$\geqslant 95.0$
锌（Zn）含量（%）	$\geqslant 34.5$	$\geqslant 22.0$	$\geqslant 76.3$
铅（Pb）含量（%）	$\leqslant 0.002$	$\leqslant 0.001$	$\leqslant 0.005$
砷（As）含量（%）	$\leqslant 0.0005$	$\leqslant 0.0005$	$\leqslant 0.001$
镉（Cd）含量（%）	$\leqslant 0.003$	$\leqslant 0.002$	$\leqslant 0.001$

（9）钴　常用的是硫酸钴和氯化钴。由于钴在饲料中添加量甚微，在添加剂预混料中所占比例也很小。钴盐可用稀释剂按一定比例先行预混稀释扩散。饲料级氯化钴的质量与卫生指标见表1-26。

表 1 - 26　氯化钴的质量与卫生指标

项　　目	指　　标
氯化钴（$CoCl_2 \cdot 6H_2O$）含量（%）	≥98.0
钴（以 Co 计）含量（%）	≥24.3
水不溶物含量（%）	≤0.03
铅（Pb）含量（%）	≤0.001
砷（As）含量（%）	≤0.000 5

（10）碘　常用的有碘化钾、碘酸钾和碘酸钙。饲料级碘化钾、碘酸钙的质量与卫生指标见表 1 - 27。

表 1 - 27　碘化钾、碘酸钙的质量与卫生指标

项　　目	指　　标	
	KI	$Ca(IO_3)_2$
含量（%）	≥99.0	≥95.0
碘（以 I 计）含量	≥75.7	≥61.8
钡（Ba）含量（%）	≤0.001	—
铅（Pb）含量（%）	≤0.001	≤0.001
砷（As）含量（%）	≤0.000 2	≤0.000 5

（11）镁　常用的有硫酸镁、氧化镁、氯化镁。饲料级硫酸镁的质量与卫生指标见表 1 - 28。

表 1 - 28　硫酸镁的质量与卫生指标

项　　目	指　　标
硫酸镁（$MgSO_4 \cdot 7H_2O$）含量（%）	≥99.0
镁（以 Mg 计）含量（%）	≥9.7
氯化物（Cl）含量（%）	≤0.014
铅（Pb）含量（%）	≤0.001
砷（As）含量（%）	≤0.000 2

（12）硒 常用的有亚硒酸钠、酵母硒。饲料级亚硒酸钠的质量与卫生指标见表1-29。

表1-29 亚硒酸钠的质量与卫生指标

项　目	指　标
亚硒酸钠（Na_2SeO_3）含量（%）	≥98.0
硒（以Se计）含量（%）	≥44.7

4. 饲料级酶制剂 常用的酶制剂主要有蛋白酶类、淀粉酶类、果胶酶、纤维素酶类、麦芽糖酶、木聚糖酶、葡聚糖酶、脂肪酶、植酸酶、甘露聚糖酶、葡萄糖氧化酶等。目前多从发酵培养物中提取酶，再制成饲料添加剂，也有将酶连同培养物一起直接制成饲料添加剂的。

5. 饲料级非蛋白氮 非蛋白氮（NPN）泛指供饲料用的氨水、铵盐、尿素、双缩脲及其他合成的简单含氮化合物。这类化合物不含能量，只能借助反刍动物瘤胃中共生的微生物活动，作为微生物的氮源而间接地起到补充动物蛋白质营养的作用，其饲用对象主要是各种反刍动物。

（1）液氨和铵盐 液氨仅限于秸秆处理和青贮。铵盐主要有硫酸铵、磷酸氢二铵、磷酸二氢铵等。磷酸氢二铵和磷酸二氢铵，除作为氮源外，还能提供动物所需的无机磷。

（2）尿素 尿素类产品中，如缩二脲、羟甲基脲、异丁叉二脲、磷酸脲等因氨释放较慢，为首选产品。

（三）一般饲料添加剂

1. 饲料级微生物添加剂 活菌制剂是一种新的饲料添加剂产品，主要的菌种有干酪乳杆菌、植物乳杆菌、乳链球菌、屎链球菌、粪链球菌、乳酸片球菌、枯草芽孢杆菌、纳豆芽孢杆菌、嗜乳酸杆菌、啤酒酵母菌、产朊假丝酵母、沼泽红假单胞菌等。必须指出的是，在生产和选用这类产品时，绝对不能引入有毒、有害菌株；产品必须稳定存活且对胃的酸性环境有较强的抵抗能力。

2. 抗氧化剂

（1）乙氧基喹啉 商品名为山道喹。它能保护维生素 A、维生素 D、胡萝卜素、鱼肝油、各类脂肪、肉粉、鱼粉、骨粉中易氧化的成分，防止其氧化变质。

（2）二丁基羟基甲苯（BHT） 为油脂抗氧化剂。在奶牛口粮中，不仅能防止饲料营养物质氧化，而且能提高乳和乳脂肪的抗氧化性。

（3）丁基羟基茴香醚（BHA） 也是油脂抗氧化剂。其价格较 BHT 高。丁基羟基茴香醚对热稳定，除能抗氧化外，还有较强抗菌力。250 毫克/千克 BHA 可以完全抑制黄曲霉毒素的产生。

（4）没食子酸丙酯

3. 防腐剂、电解质平衡剂

（1）丙酸、丙酸钠、丙酸铵和丙酸钙 丙酸和丙酸盐可降低肠道中大肠杆菌数，并使黄曲霉失活。丙酸为液态。丙酸盐（钠、钙）为白色无味粉末，易溶于水。丙酸盐本身含有能量，还可增加饲料的钙、钠量。

（2）山梨酸、山梨酸钠与山梨酸钾 用以处理各种含水量高的谷类及鱼粉、骨粉、血粉、羽毛粉、油菜子、稻米粉等，有极好的抗真菌效果。

（3）苯甲酸与苯甲酸钠 苯甲酸又名安息香酸。苯甲酸及苯甲酸钠在饲料中添加量不得超过 0.1%。

（4）柠檬酸 是重要的饲料酸味剂。一方面可调节其 pH，起防腐作用，另一方面它还是抗氧化剂的增效剂。

（5）乳酸 在饲料中添加乳酸作为防腐剂时，同时还可起到营养强化作用。

（6）富马酸 对微生物有广泛、高效的抑菌、杀菌作用，且能抑制黄曲霉生长及产生毒素。

（7）甲酸、甲酸钙、甲酸铵、乙酸、双乙酸钠、丁酸、酒石酸、苹果酸、磷酸等等，也具有防腐的作用。

（8）氢氧化钠、碳酸氢钠、氯化钾、氢氧化铵等可作为电解质平衡剂使用。

4. 着色剂　通常为改善动物产品或饲料色泽而掺入饲料，用作饲料添加剂的着色剂多为天然色素，其中最主要的是类胡萝卜素、辣椒红、斑蝥黄、虾青素、叶黄素等。

5. 调味剂、香料　其目的是为了增进动物食欲，或掩盖某些饲料组分的不良气味，或增加动物喜爱的某种气味，改善饲料适口性，增加饲料采食量。常用的风味剂有糖精钠、谷氨酸钠（味精）、肌苷酸钠、鸟苷酸钠、血根碱以及食品用香料。

6. 黏结剂、抗结块剂和稳定剂

（1）抗结块剂　为防止饲料在加工和贮藏过程中结块，在饲料中加入适量二氧化硅、硅酸钙等抗结块剂，以增加流动性，改善均匀度。

（2）黏结剂　常用的黏结剂有海藻酸钠、α-淀粉、羧甲基纤维素钠等。

（3）疏水、防粉尘、抗静电剂　常用的抗静电、防粉尘添加剂为油脂类。

7. 其他　随着添加剂工业的发展，新型的添加剂种类不断出现，农业部批准使用的品种还有糖萜素、甘露低聚糖、肠膜蛋白素、果寡糖、乙酰氧肟酸、天然类固醇萨洒皂角苷（YUCCA）、大蒜素、甜菜碱、聚乙烯聚吡咯烷酮（PVPP）、葡萄糖山梨醇、吡啶甲酸铬、烟酸铬、半胱胺等。

（四）药物饲料添加剂

1. 药物饲料添加剂使用的一般规定　药物饲料添加剂，是为预防、治疗动物疾病而掺入载体或者稀释剂的兽药的预混剂，包括抗球虫药类、抑菌促生长类。农业部 2001 年第 168 号公告明确规定，可在饲料中长时间添加使用的饲料药物添加剂共 33 种（其中复方硝基酚钠预混剂已经被禁止使用，氨苯胂酸预混剂、洛克沙肿预混剂不得在无公害饲料中添加使用），其产品批准文号使用"药添字"。即还有 30 种饲料药物添加剂可以在无公害饲料中使用。凡"药添字"文号产品，不属于上述 30 种范围以及农业部未批准使用的药物饲料添加剂品种，不允许在无公害饲料中添加使用。否则，按违反《饲料和饲料添加剂管理条例》和《兽药管理条例》处理。

2. 允许使用的药物饲料添加剂　根据农业部 168 号公告和无公害饲料国家行业标准的规定，允许在无公害饲料中添加使用的药物饲料添加剂有 30 种。

（1）二硝托胺预混剂　二硝托胺对小肠中的毒害艾氏球虫防治效果较好。二硝托胺预混剂每 1 000 克中含二硝托胺 250 克。用于鸡球虫病。混饲。每 1 000 千克饲料添加本品 500 克。蛋鸡产蛋期禁用；休药期 3 天。商品名又称球痢灵。

（2）马杜霉素铵预混剂　马杜霉素单糖苷聚醚类离子载体型抗生素，其铵盐形式具有抗球虫活性。马杜霉素铵预混剂每 1 000 克中含马杜霉素 10 克。用于鸡球虫病。混饲。每 1 000 千克饲料添加本品 500 克。蛋鸡产蛋期禁用；不得用于其他动物；在无球虫病时，含百万分之六以上马杜霉素铵盐的饲料对生长有明显抑制作用，也不改善饲料报酬；休药期 5 天。商品名又称加福、抗球王。

（3）尼卡巴嗪预混剂　尼卡巴嗪在鸡消化道内吸收较快，但排泄较慢。它的优点是能杀灭球虫，能大幅度降低卵囊的产生。缺点是用量大时能导致鸡厌食，高温条件下体重大的鸡易产生应激，严重时也会导致死亡。尼卡巴嗪预混剂每 1 000 克中含尼卡巴嗪 200 克。用于鸡球虫病。混饲。每 1 000 千克饲料添加本品 100～125 克。蛋鸡产蛋期禁用；高温季节慎用；休药期 4 天。

商品名又称杀球宁。

（4）尼卡巴嗪、乙氧酰胺苯甲酯预混剂　尼卡巴嗪、乙氧酰胺苯甲酯预混剂每 1 000 克中含尼卡巴嗪 250 克和乙氧酰胺苯甲酯 16 克。用于鸡球虫病。混饲。每 1 000 千克饲料添加本品 500 克。蛋鸡产蛋期和种鸡禁用；高温季节慎用；休药期 9 天。商品名又称球净。

（5）甲基盐霉素预混剂　甲基盐霉素钠聚醚类抗生素，抗球虫药物，不溶于水。对马属动物有毒，仅用于肉鸡。甲基盐霉素预混剂每 1 000 克中含甲基盐霉素 100 克。用于鸡球虫病。混饲。每 1 000 千克饲料添加本品 600～800 克。蛋鸡产蛋期禁用；马属动物禁用；禁止与泰妙菌素、竹桃霉素并用；防止与人眼接触；休药期 5 天。商品名又称禽安。

（6）甲基盐霉素、尼卡巴嗪预混剂　甲基盐霉素、尼卡巴嗪预混剂每 1 000 克中含甲基盐霉素 80 克和尼卡巴嗪 80 克。用于鸡球虫病。混饲。每 1 000 千克饲料添加本品 310～560 克。蛋鸡产蛋期禁用；马属动物忌用；禁止与泰妙菌素、竹桃霉素并用；高温季节慎用；休药期 5 天。商品名又称猛安。

（7）拉沙洛西钠预混剂　拉沙洛西钠也叫拉沙里菌素钠。抗球虫效果好，加工过程中稳定。拉沙洛西钠预混剂每 1 000 克中含拉沙洛西 150 克或 450 克。用于鸡球虫病。混饲。每 1 000 千克饲料添加 75～125 克（以有效成分计）。马属动物禁用；休药期 3 天。商品名又称球安。

（8）氢溴酸常山酮预混剂　氢溴酸常山酮又名常山酮。毒性小，但适口性差。有较高的杀灭球虫活性，且不易产生耐药性。对鸡球虫均有效。氢溴酸常山酮预混剂每 1 000 克中含氢溴酸常山酮 6 克。用于防治鸡球虫病。混饲。每 1 000 千克饲料添加本品 500 克。蛋鸡产蛋期禁用；休药期 5 天。商品名又称速丹。

（9）盐酸氯苯胍预混剂　氯苯胍对 8 种球虫有效。缺点是按添加量饲喂一周以上，产品中有氯化物异臭。盐酸氯苯胍预混剂每 1 000 克中含盐酸氯苯胍 100 克。用于鸡、兔球虫病。混饲。每 1 000 千克饲料添加本品，鸡 300～600 克，兔 1 000～1 500克。蛋鸡产蛋期禁用。休药期鸡 5 天，兔 7 天。

（10）盐酸氨丙啉、乙氧酰胺苯甲酯预混剂　盐酸氨丙啉又名安保宁。氨丙啉对柔嫩艾氏球虫和毒害艾氏球虫有明显的预防效果。对其他球虫的作用不明显。盐酸氨丙啉、乙氧酰胺苯甲酯预混剂每 1 000 克中含盐酸氨丙啉 250 克和乙氧酰胺苯甲酯 16克。用于禽球虫病。混饲。每 1 000 千克饲料添加本品 500 克。蛋鸡产蛋期禁用；每 1 000 千克饲料中维生素 B_1 大于 10 克时明显颉颃；休药期 3 天。商品名又称加强安保乐。

（11）盐酸氨丙啉、乙氧酰胺苯甲酯、磺胺喹恶啉预混剂盐酸氨丙啉、乙氧酰胺苯甲酯、磺胺喹恶啉预混剂每 1 000 克中含盐酸氨丙啉 200 克、乙氧酰胺苯甲酯 10 克和磺胺喹恶啉 120 克。用于禽球虫病。混饲。每 1 000 千克饲料添加本品 500 克。蛋鸡产蛋期禁用；每 1 000 千克中维生素 B_1 大于 10 克时明显颉颃；休药期 7 天。商品名又称百球清。

（12）氯羟吡啶预混剂　氯羟吡啶对鸡球虫有效，对雏鸡毒性较小。氯羟吡啶预混剂每 1 000 克中含氯羟吡啶 250 克。用于禽、兔球虫病。混饲。每 1 000 千克饲料添加本品，鸡 500 克，兔 800 克。蛋鸡产蛋期禁用；休药期 5 天。

（13）海南霉素钠预混剂　海南霉素钠预混剂每 1 000 克中含海南霉素 10 克。用于鸡球虫病。混饲。每 1 000 千克饲料添加本品 500～750 克。蛋鸡产蛋期禁用；休药期 7 天。

（14）赛杜霉素钠预混剂　赛杜霉素钠预混剂每 1 000 千克中含赛杜霉素 50 克。用于鸡球虫病。混饲。每 1 000 千克饲料添加本品 500 克。蛋鸡产蛋期禁用；休药期 5 天。商品名又称禽旺。

（15）地克珠利预混剂　地克珠利预混剂每 1 000 克中含地克珠利 2 克或 5 克。用于畜禽球虫病。混饲。每 1 000 千克饲料添加 1 克（以有效成分计）。蛋鸡产蛋期禁用。

（16）莫能菌素钠预混剂　莫能霉素钠又名瘤胃素，对 6 种主要鸡球虫都有效。莫能霉素对马属动物毒性大。莫能菌素钠预混剂每 1 000 克中含莫能菌素 50 克或 100 克或 200 克。用于鸡球虫病和肉牛促生长。混饲。鸡，每 1 000 千克饲料添加 90～110 克；肉牛，每头每天 200～360 毫克。以上均以有效成分计。蛋鸡产蛋期禁用；泌乳期的奶牛及马属动物禁用；禁止与泰妙菌素、竹桃霉素并用；搅拌配料时禁止与人的皮肤、眼睛接触；休药期 5 天。商品名又称瘤胃素、欲可胖。

（17）杆菌肽锌预混剂　杆菌肽锌是杆菌肽与锌的络合物。其抗菌谱与青霉素相似。具有高效、低毒、吸收少、残留低、使用对象广等优点。杆菌肽锌预混剂每 1 000 克中含杆菌肽 100 克或 150 克。用于促进畜禽生长。混饲。每 1 000 千克饲料添加，犊牛 10～100 克（3 月龄以下）、4～40 克（6 月龄以下），猪 4～40 克（4 月龄以下），鸡 4～40 克（16 周龄以下）。以上均以有效成分计。休药期 0 天。

（18）黄霉素预混剂　黄霉素属多糖类抗生素，安全性高，不存在药物残留问题，对猪、牛、禽有促进生长和提高饲料转化率的作用。黄霉素预混剂每 1 000 克中含黄霉素 40 克或 80 克。用于促进畜禽生长。混饲。每 1 000 千克饲料添加，仔猪 10～25 克，生长、育肥猪 5 克，肉鸡 5 克，肉牛每头每天 30～50 毫克。以上均以有效成分计。休药期 0 天。商品名又称富乐旺。

（19）维吉尼亚霉素预混剂　维吉尼亚霉素品质稳定无代谢毒素，抗菌性高且无耐药性，它能影响肠道内菌落，减缓肠蠕动，延长饲料在消化道内滞留时间，增加养分吸收机会起到促生长作用。维吉尼亚霉素预混剂每 1 000 克中含维吉尼亚霉素 500 克。用于促进畜禽生长。混饲。每 1 000 千克饲料添加本品，猪 20～50 克，鸡 10～40 克。休药期 1 天。商品名又称速大肥。

（20）喹乙醇预混剂　喹乙醇是化学合成的抑菌促生长药物。

其本身毒性不大，但与其同属一类的卡巴氧对染色体有致畸作用。喹乙醇预混剂每1 000克中含喹乙醇50克。用于猪促生长。混饲。每1 000千克饲料添加本品1 000～2 000克。禁用于禽；禁用于体重超过35千克的猪；休药期35天。

(21) 那西肽预混剂 那西肽预混剂每1 000克中含那西肽2.5克。用于鸡促生长。混饲。每1 000千克饲料添加本品1 000克。休药期3天。

(22) 阿美拉霉素预混剂 阿美拉霉素预混剂每1 000克中含阿美拉霉素100克。用于猪和肉鸡的促生长。混饲。每1 000千克饲料添加本品，猪200～400克（4月龄以内），100～200克（4～6月龄），肉鸡50～100克。休药期0天。商品名又称效美素。

(23) 盐霉素钠预混剂 盐霉素钠可明显抑制鸡的毒害艾氏、柔嫩艾氏、巨型艾氏、堆型艾氏和哈氏球虫。与其他抗球虫剂之间无交叉耐药性。盐霉素安全、有效，对环境无污染。盐霉素钠预混剂每1 000克中含盐霉素50克或60克或100克或120克或450克或500克。用于鸡球虫病和促进畜禽生长。混饲。每1 000千克饲料添加，鸡50～70克；猪25～75克；牛10～30克。以上均以有效成分计。蛋鸡产蛋期禁用；马属动物禁用；禁止与泰妙菌素、竹桃霉素并用；休药期5天。商品名又称优素精、赛可喜。

(24) 硫酸黏杆菌素预混剂 硫酸黏杆菌素可促进动物生长，预防集约化饲养中常见的大肠杆菌和沙门氏菌引起的疾病。对环境无污染。其缺点是大量使用可导致肾中毒。硫酸黏杆菌素预混剂每1 000克中含黏杆菌素20克或40克或100克。用于革兰氏阴性杆菌引起的肠道感染，并有一定的促进牛、猪、鸡生长的作用。混饲。每1 000千克饲料添加，犊牛5～40克，仔猪2～20克，鸡2～20克。以上均以有效成分计。蛋鸡产蛋期禁用；休药期7天。商品名又称抗敌素。

（25）牛至油预混剂 牛至油预混剂每 1 000 克中含 5 -甲基-2 -异丙基苯酚和 2 -甲基- 5 -异丙基苯酚 25 克。用于预防及治疗猪、鸡大肠杆菌、沙门氏菌所致的下痢，促进畜禽生长。混饲。每 1 000 千克饲料添加本品，用于预防疾病，猪 500～700 克，鸡 450 克；用于治疗疾病，猪 1 000～1 300 克，鸡 900 克，连用 7 天；用于促生长，猪、鸡 50～500 克。商品名又称诺必达。

（26）杆菌肽锌、硫酸黏杆菌素预混剂 杆菌肽锌、硫酸黏杆菌素预混剂每 1 000 克中含杆菌肽锌 50 克和硫酸黏杆菌素 10 克。用于革兰氏阳性菌和阴性菌感染，并具有一定的促进猪、鸡生长的作用。混饲。每 1 000 千克饲料添加，猪 2～40 克（2 月龄以下）、2～20 克（4 月龄以下），鸡 2～20 克。以上均以有效成分计。蛋鸡产蛋期禁用；休药期 7 天。商品名又称万能肥素。

（27）土霉素钙 土霉素与钙、镁等金属离子形成稳定的络合物，从而提高稳定性，减少吸收。土霉素钙每 1 000 克中含土霉素 50 克或 100 克或 200 克。对革兰氏阳性菌和阴性菌均有抑制作用，用于促进猪、鸡生长。混饲。每 1 000 千克饲料添加，猪 10～50 克（4 月龄以内），鸡 10～50 克（10 周龄以内）。以上均以有效成分计。蛋鸡产蛋期禁用；添加于低钙饲料（饲料含钙量 0.18%～0.55%）时，连续用药不超过 5 天。

（28）吉他霉素预混剂 吉他霉素也叫白霉素。饲喂后迅速吸收由尿排出。对猪、鸡有促进生长、改善饲料效率的作用。吉他霉素预混剂每 1 000 克中含吉他霉素 22 克或 110 克或 550 克或 950 克。用于防治畜禽慢性呼吸系统疾病，也用于促进猪、鸡生长。混饲。每 1 000 千克饲料添加，用于促生长，猪 5～55 克，鸡 5～11 克；用于防治疾病，猪 80～330 克，鸡 100～330 克，连用 5～7 天。以上均以有效成分计。蛋鸡产蛋期禁用；休药期 7 天。

（29）金霉素预混剂 常用的是盐酸金霉素。金霉素溶解度较差，在动物肠道中吸收率较低，在血液中的半衰期短，平均只有 5～6 个小时。金霉素预混剂每 1 000 克中含金霉素 100 克或 150 克。对革兰氏阳性菌和阴性菌均有抑制作用，用于促进猪、鸡生长。混饲。每 1 000 千克饲料添加，猪 25～75 克（4 月龄以内），鸡 20～50 克（10 周龄以内）。以上均以有效成分计。蛋鸡产蛋期禁用；休药期 7 天。

（30）恩拉霉素预混剂　恩拉霉素对革兰氏阳性菌特别是肠内有害梭菌抑制作用很强。长期使用无抗药性。由于它改变了肠内菌群，因而能改善动物对饲料中营养物质的利用，促进猪、鸡增重，提高饲料转化率。恩拉霉素预混剂每 1 000 克中含恩拉霉素 40 克或 80 克。对革兰氏阳性菌有抑制作用，用于促进猪、鸡生长。混饲。每 1 000 千克饲料添加，猪 2.5～20 克，鸡 1～10 克。以上均以有效成分计。蛋鸡产蛋期禁用；休药期 7 天。

四、禁止生产、使用的药品、兽药和化合物

农业部、卫生部、国家药品监督管理局 2002 年 176 号公告发布了《禁止在饲料和单位动物饮水中使用的药物品种目录》，农业部 2002 年 193 号公告发布了《食品动物禁用的兽药及其他化合物清单》，均明确规定了在动物饲料和饮水中禁止使用的药物和其他禁用物质。违反规定生产、经营和使用违禁药物的将受到法律的严厉制裁，直至追究刑事责任。

在动物饲料和动物饮水中禁止使用的药品、兽药和化合物目录（共六大类 55 种）：

（一）肾上腺素受体激动剂（7）

盐酸克仑特罗（俗称瘦肉精）、沙丁胺醇、硫酸沙丁胺醇、莱克多巴胺、盐酸多巴胺、西马特罗、硫酸特布他林。

（二）性激素 （18）

己烯雌酚、雌二醇、戊酸雌二醇、苯甲酸雌二醇、氯烯雌醚、炔诺醇、炔诺醚、醋酸氯地孕酮、左炔诺孕酮、炔诺酮、绒毛膜促性腺激素、促卵泡生长激素、玉米赤霉醇、去甲雄三烯醇酮、甲基睾丸酮、丙酸睾酮、苯丙酸诺龙、醋酸甲孕酮。

（三）蛋白同化激素 （1）

碘化酪蛋白。

（四）精神药品 （19）

盐酸氯丙嗪、盐酸异丙嗪、地西泮（安定）、苯巴比妥、苯巴比妥钠、巴比妥、异戊巴比妥、异戊巴比妥钠、利血平、艾司唑仑、甲丙氨脂、咪达唑仑、硝西泮、奥沙西泮、匹莫林、三唑仑、唑吡旦、安眠酮、其他国家管制的精神药品。

（五）抗菌类 （9）

氯霉素（包括琥珀氯霉素）、氨苯砜、呋喃唑酮、呋喃它酮、呋喃苯烯酸钠、硝基酚钠、硝呋烯腙、甲硝唑、地美硝唑。

（六）各种抗生素滤渣

第2章

无公害饲料的筛选及配制技术

一、筛选原则

无公害饲料的筛选应遵循以下原则：

（一）品种多样营养全面化

饲料品种非常多，各有各的不同的营养成分（附表一），配制饲料的目的就是根据饲料的不同营养成分和家畜的营养需求，尽可能多选一些品种。品种多了，各种营养成分互相弥补，比"饲料单一"生产效果好。品种多了，配合的饲料营养全面，贴近自然以满足家畜生长、生产的需要，使畜产品尽可能贴近于自然化。

近些年来，养殖圈内，对配合饲料有种误解，对饲料的好坏评判只顾粗蛋白的含量，不顾氨基酸的平衡问题。为了说明氨基酸平衡的重要性。举例如图 2-1 所示。

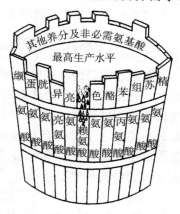

图 2-1 氨基酸配平与生产水平的关系示意图

该图的道理清楚地说明，在众多的氨基酸中，特别是必需氨基酸只要缺一种，也合成不了体蛋白，即使粗蛋白含量再多，也形成不了高的生产水平。这样，不但造成浪费，还对畜禽生长造成危害，排泄物对大自然环境造成污染，这是一个值得注意的问题。此外，选择饲料必须安全当先，慎重从事。对其品质、等级必须经过严格检测方能使用。发霉变质、有污染等不符合规定的原料一律不要使用。对某些含有毒有害物质的原料应经脱毒处理或限量使用。

（二）因地制宜经济合理化

我国地大物博，各地有各地的资源优势和产品特点。在筛选饲料时，应根据当地的特点选择营养价值较高的，而价格较低的饲料，充分利用当地的资源。比如：南方应充分应用稻糠、菜子粕（饼）类，北方就充分利用谷糠、麦麸、豆粕（饼）类。再就是充分利用秸秆、牧草（苜蓿）青贮，谷类壳、豆类壳的氨化。在坚持无公害、营养全面的原则基础上，尽可能降低饲料成本和饲养成本，获得最大的经济效益和较高的市场竞争力。

（三）计量器具规格标准化

在配制饲料的过程中，计量器具尤为重要，配制合格标准的饲料，就必须使用标准法定的计量器具。现在大型饲料厂家比较现代化，用电脑计量配方。虽然一般厂家不具备电算化条件，但起码要使用电子秤，在计量时精确到 0.01 克，还是比较精确。否则微量元素，维生素都用"毫克""国际单位"来计量，误差大了就影响饲料使用效果。

市场上有些混合器具也不规范。例如，立式混合搅拌机（器）在混合饲料过程中。由于各种原料的比重不同，容易分层，不易混合均匀。再就是转速快，使一些轻质的原料飞掉，按计量符合标准，实际生产出的饲料实际含量不足，特别是一些微量原料，就影响了饲料的使用效果。目前最好选用性能标准的卧式"双龙"搅拌混合机。这样的标准机器，转速可调，"双龙"双向搅拌，在生产过程中既不会造成浪费污染环境，又能够搅拌均匀，确保饲料的技术含量和改善工作人员的工作环境。

（四）添加剂科学化

有些现用的添加剂，已不符合无公害饲料的要求，实践表明，饲料中乱用、滥用、长期过量添加药物，危害极大。其一，畜产品中药物残留量超标，危害人类健康，制约了畜产品出口，消费量显著下降，影响了畜牧业的可持续发展。其二，长期过量添加抗菌素，扰乱了家畜肠道中的最佳微生态区系，影响了消化道的正常微生物消化，导致家畜的自身免疫力下降和疾病的多发。其三，造成一些恶性病原菌的抗药性，一旦家畜有病，抗菌素的治疗量不奏效。其四，影响饲料的代谢，造成隐性浪费，增加了饲料成本和饲养成本。其五，不良代谢物，特别是过量的重金属元素的排泄，严重污染环境，破坏大自然的生态平衡，这些问题在发达国家早已引起了高度重视。

造成这些不良后果，原因是多方面的。一方面是科学的发展有阶段性，有个从不认识到认识的过程，在这一过程中往往会导致顾此失彼。另一方面是由于科技不普及，为追求片面效益出现一些伪科学，对科学极不尊重。所以说，配制无公害饲料一定要遵循科学，重视科学，这是获得持久高效的基本准则。

二、饲料的配制技术

（一）预混料的配制技术

预混料是由同一类的多种添加剂或不同类的多种添加剂按一定配比制作而成的匀质混合物。家畜常用的预混料添加剂比例有1%～5%。其特点是技术含量高，一般散养小客户，不便配制。

为了方便散养客户饲养方便，市场上出现了各种畜禽 1% 预混料，5% 的预混料，其组合成分是多维素（各种不同含量的维生素）微量元素，常量矿物元素，部分蛋白质饲料，非营养性添加剂和载体。由于添加剂的成分在预混料中占的比例很少，大多以毫克/千克，国际单位/千克计算。

1. 配方的设计　根据不同家畜的不同生长阶段，不同的生产性能不同的代谢能而确定出不同的营养需求量。再根据多种添加成分的精确含量和当地所采用饲料的营养成分的含量和各营养成分的转化率，精确地计算出所配饲料的各种添加成分的重量。家畜营养成分的需求量与全价日粮营养成分的含量在理论上应相等，这叫平衡饲料，也称配平。应注意的是在计算中，应将估计出现的误差考虑在内。实践证明，存放时间超过三个月的预混料，应多添加维生素 B 类。据最新报道，在猪的饲料中多添加维生素 B 类，能增加瘦肉率，这一些经验性的因素也应考虑在内。

理想的配方来源于实践，在理论配方的基础上，根据生产的效果，组分之间进行调整。什么叫科学配方。"不多不少，吃了正好"这就是科学配方。当然这八个字包含着多学科的知识和实践经验。

2. 维生素的预处理　由于维生素的添加量很少，一般先用少量载体将维生素进行稀释，再与大量原料混合，这样才能保证维生素的混合均匀。常用的维生素有：水溶性维生素，维生素 B 类包括：维生素 B_1（硫胺素）、维生素 B_2（核黄素）、维生素 B_3（泛酸）、维生素 B_6（吡哆醇）、维生素 B_{11}（叶酸）、维生素 B_{12}、维生素 H（生物素）、维生素 pp（烟酸）。脂溶性维生素类包括：维生素 A、维生素 D、维生素 E 等。

3. 微量元素的预处理　微量元素就是用量极少的元素，虽然量极少，但在体内的生理作用极大，一旦缺乏，影响体内代谢，就影响生长，影响生产。可以说是"小字辈起着大作用"。

所以在饲料配制中不容忽视。

家畜常用的微量元素有两种形式：一种是无机盐形式。如：硫酸锰、硫酸铜、硫酸锌、硫酸亚铁、亚硒酸钠、碘化钾、氯化钴等。有些无机盐易吸水结块。所以用时，须先进行粉碎处理。碘化钾和氯化钴在预混料中用量极微，为便于混合均匀，通常将二者准确称量。然后，多以 1∶15～1∶20 的比例溶解于水，再分别照 1∶500 的比例喷洒在石粉等载体、吸收剂上进行预混合。另一种是有机盐形式。如：氨基酸锌、氨基酸铜、蛋白精（锌、锰、铜、钴等氨基酸络合物的混合物）。这类有机盐，结构是络合物比较稳定，便于运输、贮存、使用。据有关报道：有利于微量金属元素的吸收，减少从粪便中的排出，以利于保护生态环境。

4. 载体和稀释剂的选择　载体是能够承载或吸附微量活性添加成分的微粒。微量成分被承载体所承载后其本身的物理特性某些发生改变或不再表现出来，而所得"混合物"的有关物理特性（如流动性，粒度等）基本取决于载体的特性。通常对载体的基本要求是：

（1）载体本身为非活性物质，对所承载的微量成分有良好的吸附能力而不损害其活性；

（2）对配合饲料的主要原料有良好的混合性；

（3）化学稳定性好，不具有药理活性；

（4）价格低廉。

所谓稀释剂是指混合于一组或多组微量活性组分中的物质，它可将活性微量组分的浓度降低，并把颗粒与颗粒彼此分开，减少活性成分之间的相互反应、颉颃，以增加活性成分的稳定性。

稀释剂的特性是：

（1）稀释剂本身为非活性物质，不改变添加剂的性质；

（2）稀释剂的有关物理特性，如粒度、相对密度等应尽可能与相应的微量组分相接近，粒度大小要均匀；

（3）稀释剂本身不能被活性微量成分所吸收、固定；

（4）稀释剂应是无毒无害的家畜可食用的物质；

（5）水分含量低、不吸潮、不结块、流动性好；

（6）化学性稳定，不发生化学变化，pH 为中性，应在 5.5～7.5 之间；

（7）不带静电荷。

常用的稀释剂和载体有沸石粉、石粉、膨润土、玉米蛋白粉等。

5. 预混程序及技术　预混料加工的程序一般是：预处理的维生素→部分动物蛋白→矿物质→预处理的微量元素→抗氧化剂、防结块剂、防霉剂。

预混技术关键掌握以下几点：

（1）防止和减少有效成分的损失，保证预混料的稳定性和有效性，选择稳定性好的原料。在维生素方面，宜选择经过稳定化处理的原料；使用硫酸盐等微量元素，应尽量减少其结晶水，或改用氧化物，最好选用有机盐类微量元素。控制氯化胆碱的用量，因其吸水性强，对维生素有破坏作用；应加入质量好的抗氧化剂，防结块剂，防霉剂等。

（2）微量组分的稳定性　在正常贮存和使用条件下，预混料中的微量元素，维生素等组分的物理、化学性质稳定。但当水分含量过高时，其稳定性差，损失率也大，所以应严格控制预混料的含水量，最好不超过 5%。

（3）氨基酸的添加　特别是一些必需氨基酸的添加剂，直接影响到饲料的转化和生产性能的回报，以及对环境的污染，应特别重视。

（4）药物的添加　除国家已明令禁止使用的药物剂，其他药物和一些化学成分最好不要乱添加，否则效果弊大于利，为了防病可添加一定比例的天然添加剂。如：异麦芽低聚糖（双歧因子）、微生态制剂、酶制剂、中草药粉等。

试验证明：饲料中添加异麦芽低聚糖，可取代一些抗生素药物添加，还能改善肠道环境，保护有益菌群，抑制有害菌群。提高机体抗病能力和免疫力，减少有毒有害物的排泄，保护生态环境。生产的畜产品无药物残留，其品质大大提高。

6. 包装与贮存　预混料包装袋大多用三合一纸袋，或外编内塑袋，其优点是防水、避光、不漏料和不易损坏。一般20～25千克/袋。其袋子外面注明名称和各项指标。若销售，应注明商标、产地等一些法定事项。由于预混料中含多种活性微量成分，其相互作用机会增加，贮存过程中应注意防潮，防虫害、鼠害。

（二）浓缩料的配制技术

浓缩料是由微量元素、维生素、氨基酸、非营养性添加剂、矿物质和蛋白质饲料组成，亦可用5％预混料和蛋白质饲料混合，是一种半成品饲料，不能单一使用。与一定比例的能量饲料和粗饲料相混合，可得到全价饲料。其特点，科技含量高，便于无条件的小型养殖、散养殖户使用。

1. 配制原则

（1）满足或接近标准原则　按设计比例加入能量饲料乃至蛋白质饲料或麸皮、秸秆等之后，总的营养水平应达到或近似各种家畜的营养需要量。

（2）依据动物特点　依据家畜的不同种类、不同品种、不同生理阶段，不同的生产性能来设计不同的浓缩饲料。

（3）质量保护原则　应严格控制水分含量，使用优质的防霉剂，抗氧化剂等。

（4）适宜比例原则　应根据不同地质的资源特点，确定适宜的比例，以方便养殖和经济实惠。

2. 生产技术

（1）所用原材料在配成全价料后不应超过其合理的使用

范围。

（2）浓缩料中微量成分需事先配成预混料，这样能充分保证浓缩料的混合均匀性，也能方便生产。

（3）计量与混合　除微量成分用电子秤计量，大量原料可用磅秤，大多数浓缩饲料厂采用微机自动计量装置。可用卧式双龙混合机混合。

3. 包装与贮存　浓缩料可用有内衬的编织袋贮存，包装重量一般为 20～40 千克/袋。袋上醒目注明品名、各种主要指标。若出售，注明一切法定事项。贮存应注意防潮、防晒、防虫害、防鼠害。应尽量缩短贮存时间。

（三）颗粒料的生产技术

颗粒料是将配制好的全价料或精料加工成颗粒状，是饲料工业中比较先进的加工技术。

1. 加工方法　目前常用的颗粒压制机有两种。一种是将风干粉料加适量的水（10％左右）均匀拌和，通过颗粒饲料机压成颗粒状。另一种是将风干粉通过颗粒机直接压成颗粒状。在颗粒形成过程中，温度上升到 95～105℃，能产生以下良好效果：一是能使饲料中的淀粉等发生一定熟热化，产生较浓的香气味，提高饲料的适口性；二是能使谷物、豆饼和大豆中的胰蛋白酶抑制因子等发生变性作用，减少对消化的不良影响；三是能杀灭寄生虫卵和其他病原微生物，减少各种寄生虫病及消化道疾病；另外，颗粒饲料加工时增温，可使饲料中维生素遭到一定程度的破坏，据有关估测，维生素约损失 10％～15％。

2. 成品规格　加工成的优质颗粒料，感官指标应色泽一致，无发霉变质、结块及异味；水分含量，北方不大于 14％，南方不大于 12.5％；颗粒粗细，长短应根据家畜的品种而调整控制。

3. 贮存方法及措施　为减少饲料的霉变有效成分的损失，

最好尽快调节使用。在贮存保管时，应采取以下措施。

（1）严格控制水分含量　降低、控制饲料中的水分含量，是安全贮存的关键。在颗粒饲料加工过程中应严格控制水分含量，颗粒饲料出机后要及时冷却、蒸发水分。必要时可晾晒，使水分含量降至安全水。

（2）添加防霉剂　雨季加工的颗粒饲料应添加防霉剂，以抑制霉菌及其他微生物的生长繁殖，减少霉菌毒素的污染。目前常用的防霉剂有丙酸钠、丙酸钙和胱氨醋酸钠等。用量可根据保存期长短、含水量高低、季节等酌情添加。防霉剂应在粉料中添加均匀，方可取得良好效果。

（3）贮存室干燥　贮存颗粒饲料的环境应通风、干燥，盛器应干净无毒，最好用内塑外编袋运装。如存放期较长，饲料不应直接放在地上，底层最好能用木条垫起，以防饲料回潮。

（4）缩短贮存期　饲料加工后应立即饲喂，尽可能缩短饲料的贮存期，以减少营养的损失和霉菌的生长。实践证明，随着饲料存放时间的延长，维生素、微量元素的效果明显下降，饲料吸潮，极易发霉变质，造成浪费。

（5）防止虫害、鼠害　在实际生产中，严重的虫害、鼠害不仅吃掉大量饲料。还可引起饲料的污染变质，特别是鼠害还有传播病菌危险。建仓库时应注意选用能防虫害、鼠害的材料，以防为主，必要时也可用药杀鼠。

（四）牛、羊精料混合料的配制技术

牛、羊精料混合料又称精料补充料，是为补充牛、羊青粗饲料的营养不足而配制的全价日粮。其配制技术与全价配合料相同。

1. 配制原则

（1）可以由浓缩料生产精料混合，常用的浓缩料有 50%，再加上 50% 的能量饲料进行配制。

（2）可用预混料生产，根据预混比例或提供的配方配制。

（3）还可以将各种微量成分直接与常量成分混合成精料混合料时，应将微量成分预处理，按配预混料的程序配制生产，然后再将全部原料一起混合。

2. 生产程序与技术 以常规蛋白质饲料生产精料混合料的配制程序与单胃家畜全价饲料配制程序相同，由于复胃家畜能够利用非常规蛋白质饲料，常称非蛋白质含氮化合物，如尿素。因此，着重介绍一下非蛋白含氮化合物生产应用问题。

利用非蛋白质类含氮化合物来配制反刍家畜精料时，应考虑把这类化合物的含氮量折算成粗蛋白质的量，一方面可以设法延缓氨的释放速度；另一方面选用能较快提供碳架的碳水化合物或脂类饲料。使用非蛋白质含氮化合物，主要是借助瘤胃微生物的作用来进行氨基酸和蛋白质的合成。因此在饲料配合时应首先考虑增强微生物活动所需条件，适当补充必要的营养素和硫、磷、钙、维生素 A、维生素 D、益生素、低聚糖等。

反刍动物的精料还可利用液体非蛋白质类含氮饲料，但在配制时必须遵循严格的投料程序，以防止形成冻胶状或发生盐析现象。

投料可按如下顺序进行：

（1）在混水中溶解含氮化合物使之成为溶液，含氮化合物可以是干的或液状尿素、磷酸二铵、聚磷酸铵等。

（2）投入温热的糖蜜 糖蜜作为能源之一可使用甜菜糖蜜、甘蔗糖蜜、玉米糖蜜、高粱糖蜜等等。糖蜜的温度一般控制在45℃左右。

（3）加入磷源 可用水溶性聚磷酸铵、磷酸二铵、磷酸钠、磷酸以及一价磷酸钙和磷酸钙等。

（4）投入钙质和食盐 钙源用乙酸钙或氯化钙。

（5）添加溶在水中的微量元素和硫酸钠，微量元素宜用水溶性好的硫酸盐。

（6）添加可在水中弥散的维生素 A 棕榈酸酯。

（7）加入水中稳定的低聚糖类。

将上述按顺序充分拌匀后再脱去水分，可用膨润土粗粉作载体进行稀释，然后再与能量饲料混合成精料。或者将粗料粉碎后与精料混合制粒，成为全价混合日粮。

第**3**章

牛的全价日粮配制技术

一、牛的消化特点及其营养要求

（一）消化特点

反刍动物（牛、羊）有四个胃：瘤胃、网胃、瓣胃、皱胃。如图 3-1 所示，前三部分合称为前胃，前胃的黏膜没有腺体，只有皱胃也称作真胃有能分泌胃液的腺体。反刍动物真胃的功能同单胃动物的胃相同，前胃除了特有的反刍、食管反射和瘤胃运动外，还有微生物的独特的生理作用。

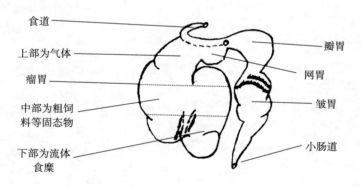

食道

上部为气体

瘤胃

中部为粗饲料等固态物

下部为流体食糜

瓣胃

网胃

皱胃

小肠道

图 3-1　胃的示意图

1. 瘤胃　成年牛的瘤胃最大，约占胃总容积的 80%，呈前后稍长，左、右略扁的椭圆形囊状，几乎占据整个腹腔左侧。瘤胃前端至膈，后端达盆腔前口，其后腹侧部超过正中平面而突入腹腔右侧。

一般情况下，成年反刍动物吞咽的食团经食管先进入瘤胃的前庭。由于精料的食团较重，秸秆或草料的食团比较松软，在瘤胃的运动下所食入的饲草、饲料就会分层；上层多为粗料，而下面为流体。瘤胃内容物比较浓稠，含水量为84%～94%，瘤胃内上部气体通常含二氧化碳、甲烷及少量氮、氢、氧等。饲料内约70%～85%的可消化干物质和约50%粗纤维在瘤胃内消化，产生挥发性脂肪酸（VFA）、CO_2、NH_3 以及合成蛋白质和 B 族维生素。因此，瘤胃（包括网胃）消化在反刍动物的整个消化过程中占有特别重要的地位，其中瘤胃微生物起着主导作用。

（1）瘤胃的特点　成年反刍动物瘤胃容积庞大，大型牛约为140～230升，小型牛约为95～130升，几乎占整个腹腔的左半，约为 4 个胃总容积的80%。它具有下列一些特点。

①瘤胃好似一个厌氧的高效发酵罐，瘤胃内容物高度乏氧，瘤胃上部的气体，通常含二氧化碳、甲烷及少量氮、氢、氧等。瘤胃有节律性地运动将所食入的饲草、饲料连同瘤胃液中的瘤胃微生物相混合，让微生物充分接触所食入的饲草、饲料以便更好地进行分解。

②由于微生物发酵产生大量的热，瘤胃内的温度通常高达38.5～40℃。

③瘤胃液 pH 通常变动于 5～7.5 之间，呈中性偏酸，很适合厌氧微生物的繁殖。渗透压接近于血液的水平。

④瘤胃微生物主要为厌气性纤毛虫和细菌。1 毫升瘤胃液中，约含细菌 $0.4～6.0×10^9$ 个和纤毛虫 $0.2～2.0×10^6$ 个，总体积约占瘤胃液的 5%～10%，瘤胃微生物若按鲜重计算，绝对量达 3～7 千克。

纤毛虫属厌氧类，分不同的种类，有"微型反刍动物"之称，它在瘤胃内能分解淀粉等糖类产生乳酸和少量挥发性脂肪酸（VFA）、发酵果胶、半纤维素和纤维素，产生较多量的挥发性脂肪酸。此外，纤毛虫还具有水解脂类、氢化不饱和脂肪酸、降解蛋白质及吞噬细菌的能力。一般情况下，犊牛生长至3～4个月时瘤胃内才建立起各种纤毛虫区系。

影响瘤胃内纤毛虫的数量和种类因素：a. 当日粮粗纤维含量高时，瘤胃内能够分解纤维素的纤毛虫数量明显增加；当日粮中淀粉含量高时，瘤胃内能够利用淀粉的纤毛虫数量增加。b. 纤毛虫的数量还受饲喂日粮次数的影响，次数越多，数量越多。c. 瘤胃内的pH也是一个重要影响因素，当饲喂高精料日粮时，瘤胃内pH降至5.5或更低，纤毛虫的活力降低，数量减少或完全消失。

纤毛虫和细菌作为优质的微生物蛋白质可以很好地被机体吸收和利用，纤毛虫的蛋白质含丰富的赖氨酸等必需氨基酸，它的品质超过细菌蛋白。

细菌是瘤胃中最主要的微生物，数量大、种类多，能够发酵糖类、分解纤维素、乳酸、蛋白质以及合成蛋白质、维生素等。分解纤维素类细菌约占瘤胃内活菌的1/4，能分解纤维素、纤维二糖及果胶等。纤维素最终分解产生乙酸、丙酸、丁酸、二氧化碳、甲烷等。合成蛋白质的主要是一些嗜碘菌。

瘤胃微生物不仅与宿主（牛、羊）之间存在着共生关系，而且微生物之间彼此也存在相互制约、相互共生关系。纤毛虫能吞食和消化细菌，还可利用细菌体内的酶类来消化营养物质。当瘤胃纤毛虫完全消失时，细菌数目大量增加，维持瘤胃内一定的消化水平。瘤胃内各种细菌之间也存在共生。同时，有其他许多细菌，虽然并不直接分解纤维素，不过能发酵纤维素降解的代谢产物，从而有助于纤维素的继续分解。

瘤胃微生物在整个消化过程中具有两大优点：一是能够消化非反刍动物不能消化的纤维素、半纤维素等物质，提高纤维性饲料的利用率；二是瘤胃微生物能合成必需氨基酸、必需脂肪酸和B族维生素等物质供机体利用。瘤胃微生物消化不足之处是微生物发酵使饲料中能量损失较多，优质蛋白质被降解和一部分碳水化合物发酵生成 CH_4、CO_2、H_2 及 O_2 等气体，排出体外而流失。

（2）瘤胃内的消化代谢过程　在瘤胃微生物作用下，饲料在瘤胃内发生一系列复杂的消化过程，现分述如下。

①纤维素的分解和利用。纤维素主要靠瘤胃细菌和纤毛虫体内的纤维素分解酶作用，通过逐级分解，最终产生挥发性脂肪酸，主要是乙酸、丙酸和丁酸。

一般情况下三种酸的比例，随日粮种类以及饲喂制度等变动较大，大体为乙酸∶丙酸∶丁酸＝70∶20∶10，举例见表3-1。

表3-1　乳牛瘤胃内挥发性脂肪酸的含量（％）

日　粮 \ 挥发性脂肪酸	乙　酸	丙　酸	丁　酸
精　料	59.60	16.60	23.80
多汁料	58.90	24.85	16.25
干　草	66.55	28.00	5.45

当动物采食干草或其他粗料时，瘤胃内乙酸通常占脂肪酸混合物的60％～70％，丙酸占15％～20％，丁酸占10％～15％。挥发性脂肪酸中的乙酸和丁酸是反刍动物生成乳脂的主要原料，瘤胃吸收的乙酸约有40％为乳腺所利用参与乳脂的合成。因此，奶牛日粮中必须强调粗料的均衡供给；丁酸具有高能价值，是乳汁中乳糖、酪蛋白的主要原料。β-羟丁酸具有合成乳脂作用；丙酸是糖的前体，通过瘤胃壁吸收的丙酸约有65％在瘤胃上皮内转变为葡萄糖和乳酸，具有升高血糖浓度的作用。正常情况下，瘤胃内乳酸生成较少，当动物摄取含大量块根、块茎类饲料或玉米、小麦等碳水化合物饲料，瘤胃内乳酸含量升高。但乳酸

是一种中间产物，在瘤胃内极不稳定，仍可发酵生成乙酸和丙酸，只有长期饲喂大量含糖的饲料时，才会发生乳酸在瘤胃内的蓄积，引起反刍动物的瘤胃酸中毒。

牛瘤胃一昼夜所产生的挥发性脂肪酸提供的热能，约占机体所需能量 60%～70%。瘤胃发酵产生的最终产物——挥发性脂肪酸（VFA）被吸收，有一些参与瘤胃壁的代谢；进入血液中的挥发性脂肪酸，一部分进入肝脏转化，一部分直接为组织利用，作为能量来源和构成细胞的原料。

②糖类的分解和合成。瘤胃微生物分解淀粉、葡萄糖和其他糖类产生低级脂肪酸、二氧化碳和甲烷等。瘤胃微生物能利用饲料分解所产生的单糖和双糖合成糖原贮存于其体内，待微生物随食糜进入小肠被消化后，这种糖原再被动物所消化利用，成为反刍动物机体的葡萄糖来源之一。泌乳牛吸收入血液的葡萄糖约有60%被用来合成牛乳。因此，日粮能量不足将会影响泌乳产量。

③蛋白质的分解和合成。反刍动物能同时利用饲料的蛋白质和非蛋白氮，构成微生物蛋白质供机体利用。

瘤胃内蛋白质分解和氨的产生：食入的饲料蛋白质在瘤胃内被分为两部分，一部分为降解蛋白（RDP），约占 50%～70%，在瘤胃内被微生物蛋白酶分解为氨基酸，继而被脱去氨基生成氨、二氧化碳和有机酸。另一部分为未降解蛋白（RUP），约占30%～50%，这部分蛋白质未被分解而直接排入后段消化道。为了提高未降解蛋白的量，在实际生产中常用甲醛溶液或鞣酸等对饲料中蛋白质进行包被处理，可以显著降低被瘤胃微生物分解的量，从而提高日粮蛋白质的利用效率。

饲料蛋白质降解产生的氨和饲料中的非蛋白氮，如尿素、铵盐、酰胺等被微生物分解后产生的氨，一部分氨被微生物利用合成微生物蛋白质，另一部分被瘤胃壁代谢和吸收参与尿素再循环，其余则进入瓣胃。

在生产中，常常用尿素代替日粮中约 30%蛋白质。由于尿素在瘤胃内脲酶作用下分解产生氨的速度要比瘤胃微生物利用氨速度快好几倍，所以必须降低尿素在瘤胃内分解的速度，避免瘤胃内氨贮积过多发生机体中毒。延缓尿素分解速度的方法有：抑制脲酶活性、糊化淀粉包被尿素或制作尿素衍生物。除此以外，在瘤胃微生物利用氨合成氨基酸的过程中，氮代谢和糖代谢是密切相互联系的。因此，日粮中供给易消化糖类，使微生物合成蛋白质时能获得充分能量，也是一种必要手段。

④维生素合成。瘤胃微生物能合成某些 B 族维生素和维生素 K。所以，在一般情况下奶牛日粮中不需要添加此类维生素。幼龄犊牛，由于瘤胃还没有完全发育，微生物区系没有充分建立，有可能患 B 族维生素缺乏症。成年反刍家畜，当日粮中钴的含量不足时，由于缺钴瘤胃微生物不能完全合成维生素 B_{12}（氰基钴胺素），于是动物出现食欲抑制，幼畜生长不良。

（3）嗳气与反刍

①气体的产生与嗳气。饲料在微生物作用下发酵产生大量的二氧化碳和甲烷等气体，牛一昼夜可产生气体约 600～1 300 升，二氧化碳约占 50%～70%，甲烷约占 20%～45%。

嗳气是由于瘤胃内气体增多，压迫瘤胃的感受器所引起的一种反射动作。所嗳出的气体，一部分嗳气经口腔排出，另一部分进入呼吸系统，并通过肺部毛细血管吸收入血。牛嗳气平均为 17～20 次/小时。

瘤胃鼓气分为原发性瘤胃鼓气和继发性瘤胃鼓气两种。原发性瘤胃鼓气多是因为所食入的饲草、饲料在瘤胃内产生一种稳定性的泡沫，使瘤胃内正常发酵的气体化为泡沫而不能游离。大量饲喂未经浸泡处理的大豆、豆饼及苜蓿、甘薯秧和生长迅速而未成熟的豆科植物、幼嫩的小麦、青草等可引起发病；小麦、玉米等加工过程中粉碎过细，喂量过多；饲料保管不当发霉、变质或经雨淋、潮湿后饲喂，常引起鼓气发生。

②反刍。反刍动物在摄食时，饲料不经充分咀嚼就匆匆吞咽

进入瘤胃，在休息时再返回到口腔仔细咀嚼的过程。反刍动物在进食后通常经过 0.5～1 小时后才开始反刍，每一次反刍的时间平均为 40～50 分钟，然后间歇一段时间再开始第二次反刍。成年母牛一昼夜约进行 6～8 次反刍，而犊牛的次数则更多。

犊牛大约在出生后第三周出现反刍，反刍时间出现的早晚与粗饲料进食的早晚有关，如果训练犊牛提早采食粗料，则反刍可提前出现。给犊牛饲喂成年牛逆呕出来的食团，犊牛的反刍甚至可提前 8～10 天出现。

2. 网胃　网胃在四个胃中最小，成年牛约占胃容积的 5%，呈前后稍扁的梨形，位于季肋部正中矢面上，约与第 6～8 肋间隙相对。反刍动物采食的饲料粗糙部分刺激前胃感受器，引起神经兴奋上传到逆呕中枢，逆呕中枢又将兴奋下传到与逆呕相关的肌肉，引起收缩。网胃首先收缩，一部分内容物被挤到瘤胃前庭，另一部分则进入瓣胃。因此，可以认为网胃在反刍动物的反刍过程中起着重要的作用。由于网胃前面与膈紧贴，当牛吞食异物时，常因网胃收缩而穿过胃壁和膈引起创伤性心包炎。

网胃沟（又称食管沟）的作用：网胃沟起自贲门，止于网瓣胃孔。犊牛在吮吸乳汁时，网胃沟闭合成管状，乳汁经网胃沟和瓣胃管直接进入皱胃。当犊牛在用桶喂乳时，由于缺乏吮吸刺激，网胃沟闭合不完全，部分乳汁溢入瘤胃产生乳酸发酵引起腹泻。

3. 瓣胃　牛的瓣胃约占胃总容积的 7%～8%，呈两侧稍扁的球形，位于腹腔右侧，约与第 7～11 肋间隙下半部相对。瓣胃黏膜形成百余片互相平行的皱褶，称瓣胃叶，从横切面上看很像一叠"百叶"，又称百叶胃。

自网胃进入瓣胃的流体食糜含有许多微生物、细碎的饲料以及微生物发酵的产物。当食糜通过瓣胃的叶片之间时，一部分水分被瓣胃上皮吸收，另一部分被挤压进入皱胃，食糜变干。较大的食糜颗粒被叶片的粗糙表面揉捏和研磨，变得更为细碎。瓣胃内约消化 20%纤维素，吸收约 70%食糜中的 VFA。此外，氯化钠等也可在瓣胃内被上皮吸收。

4. 皱胃　皱胃约占胃总容积的 7%～8%，呈一端粗一端细的弯曲长囊，位于右季肋部和剑状软骨部，约与第 8～12 肋骨相对。

皱胃是反刍动物胃的有腺部分，结构和功能同非反刍动物的单胃类似，分胃底腺和幽门腺两部分。皱胃胃液高度酸性而且是连续分泌的，不断地破坏来自瘤胃的微生物。蛋白酶分解微生物蛋白质是皱胃的主要机能。

（二）营养要求

1. 奶牛能量要求　我国奶牛饲养试行标准对奶牛统一采用产奶净能，并将 3.138 千焦产奶净能（相当于 1 千克含乳脂 4%的标准乳能量）作为一个奶牛能量单位（NND）。

$$NND = \frac{产奶净能（兆焦）}{3.138 兆焦}$$

例：1 千克干物质含量为 89%优质玉米，产奶净能有 9.012 兆焦

则，
$$NND = \frac{9.012}{3.138} = 2.87$$

理解为 1 千克玉米所含能量与 2.87 千克标准奶所含能量相当。

标准奶的折算：牛奶的能量值随牛奶成分尤其是乳脂率而变化，一般将不同乳脂率的牛奶折算成含乳脂 4%的标准乳。

$$4\%标准乳的乳量（千克）= 0.4M + 15F$$

式中　M——未折算的牛奶数量（千克）；

F——牛奶中乳脂含量（千克）。

例：10 千克含乳脂为 3.6%的奶，折算成标准牛奶的量为：

$$4\%标准乳量 = 0.4 \times 10 + 15 \times 10 \times 3.6\% = 9.4 千克$$

牛奶能量的含量常用公式 $y=342.65+99.26\times$乳脂率（$r=0.9402$，$p<0.01$）来计算。

例：1 千克乳脂率为 3.5% 的牛奶所含能量为：

$$y=342.65+99.26\times3.5=2.89 \text{ 兆焦}$$

（1）成年母牛的能量需要

①维持的能量需要。我国奶牛饲养标准中成母牛维持的能量需要采用 0.356 兆焦/千克代谢体重。第一泌乳期的能量需要在维持基础上增加 20%（$85+85\times20\%=0.427$ 兆焦/千克代谢体重），第二泌乳期增加 10%（0.391 兆焦/千克代谢体重）。放牧运动时，能量消耗明显增加，牧草丰盛时可增加 10%〔如果同时又是头胎牛则维持需要为 $85\times（1+20\%+10\%）=0.462$ 兆焦/千克代谢体重〕，牧草稀疏时可增加 20%。在丘陵或山区放牧时，需要量还要增加，增加量约为维持需要的 50%。

奶牛生存的适宜温度为 5~25℃。在超过或低于这个范围时，维持能量需要增长。例如，维持需要在 5℃时为 $93W^{0.75}$，0℃时为 $96W^{0.75}$，-5℃时为 $99W^{0.75}$，-10℃时为 $102W^{0.75}$，-15℃时为 $105W^{0.75}$。总的计算，温度每下降 1℃，维持能量需要增加 1.2%。中等到严重程度的热应激维持需要量应增加 7%~25%。例如，温度在 26℃时，增加维持需要的 10%，30℃时增加维持需要的 22%，32℃增加维持需要的 29%，35℃时增加维持需要的 34%。

②产奶牛的体重变化与能量需要。当产奶母牛日粮的能量不足时，母牛往往动用体内贮存的能量去满足产奶的需要，结果体重下降。反之，当日粮能量过多，多余能量在体内沉积，体重增加。每千克增重相当于 8 千克标准乳的能量，每千克减重约相当于 6.56 千克标准乳。

③妊娠母牛的能量需要。母牛在妊娠最后 3 个月，胎儿的增重速度很快，能量沉积显著增加。妊娠 6 月，7 月，8 月，9 月时，每天应在维持基础上增加 1.33，2.27，4.00 和 6.67 个奶牛

能量单位。

④生长和肥育牛的能量需要。维持的能量需要量，我国奶牛饲养标准对生长奶牛的维持能量以产奶净能（NE_L）来表示。生长奶牛的维持能量需要为 0.585 兆焦/千克代谢体重（MJ/kg$W^{0.75}$）。

生长肉牛的维持净能需要量＝0.322 兆焦/千克代谢体重

⑤增重的能量需要。增重的能量需要是根据不同生长阶段所沉积能量的多少确定的。英国 ARC（1975）根据不同体重在不同增重速度条件下能量沉积的研究，提出了生长和肥育牛的能量沉积公式：

$$\frac{增重的能量}{沉积（兆焦）}=\frac{增重（千克）\times[1.5+0.004\ 5\times体重（千克）]}{1-0.30\times增重（千克）}$$

例如，体重 150 千克生长牛要求有 1 千克的日增重，则，

$$增重的能量沉积=\frac{1\times[1.5+0.004\ 5\times150]}{1-0.30\times1}=13.012\ 兆焦$$

合 4.14 个奶牛能量单位

生长公牛的维持能量需要量与生长母牛相同，由于生长公牛能量利用效果比生长母牛稍高，故生长公牛增重的能量需要量按生长母牛的90％计算。

（2）日粮中的干物质和粗纤维

产奶母牛干物质采食量的计算：

干物质进食量（千克）＝0.062$W^{0.75}$＋0.40y　　精粗比为60：40

干物质进食量（千克）＝0.062$W^{0.75}$＋0.45y　　精粗比为45：55

式中　W——体重（千克）；

y——日产奶量（千克）。

干物质采食量的估计值在特殊情况下需要做出调整。例：在泌乳前 3 周下调 18％。一般情况下日粮中粗纤维占 15％～17％，

酸性洗涤纤维 19%～20%，中性洗涤纤维 25%～28%为适宜。奶牛饲喂以玉米或苜蓿青贮为主要饲草，以干粉碎玉米为主要淀粉源的情况下，日粮干物质中总纤维推荐为 25%，其中 19%纤维须来自饲草。

2. 蛋白质的营养要求

（1）奶牛的小肠蛋白质营养体系　日粮蛋白质进入瘤胃，被降解蛋白质称之为瘤胃可降解蛋白质（RDP），没有降解的蛋白质被称为非降解蛋白质（RUP）。传统的粗蛋白质或可消化蛋白体系没有反映出降解与非降解部分的比率，降解部分转化为微生物蛋白质的效率，以及非降解部分在小肠被吸收利用的情况。

（2）新蛋白体系基于　反刍动物随食物进食的含氮物质包括非蛋白氮和真蛋白，真蛋白在瘤胃内一部分被降解，另一部分未降解。非蛋白氮（100%降解）和真蛋白中的被降解部分共同作为合成微生物蛋白的原料，在瘤胃内合成微生物体。非降解蛋白和微生物体进入消化道下段，主要在小肠经消化、吸收供动物利用。因此，反刍动物的蛋白质需要，实质上是由饲料中非降解蛋白和瘤胃微生物蛋白提供。而降解蛋白又是合成瘤胃微生物体的原料，如图 3-2 所示。

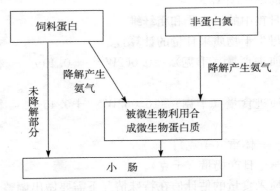

图 3-2　小肠蛋白质示意图

小肠蛋白质的评定：

小肠蛋白质＝饲料瘤胃非降解蛋白质＋瘤胃微生物蛋白质

饲料瘤胃非降解蛋白质＝饲料蛋白质－饲料瘤胃降解蛋白质

小肠可消化蛋白质＝小肠蛋白质×小肠消化率

$$＝（饲料瘤胃非降解蛋白质＋瘤胃微生物$$
$$蛋白质）×小肠消化率$$

目前对微生物蛋白质合成量的评定有两种方法，一种是通过饲料瘤胃降解蛋白质进行评定，另一种是通过瘤胃可发酵有机物进行评定。饲料在瘤胃的降解蛋白质转化为微生物蛋白质的效率为 0.9；微生物蛋白质在小肠的消化率为 0.70；饲料非降解蛋白质在小肠的消化率为 0.65。

$$\begin{pmatrix}饲料的小肠\\可消化蛋白质\end{pmatrix}＝\begin{pmatrix}饲料瘤胃\\降解蛋白质\end{pmatrix}×\begin{pmatrix}降解蛋白质转化为\\微生物蛋白质的效率\end{pmatrix}×$$
$$\begin{pmatrix}微生物蛋白质的\\小肠消化率\end{pmatrix}+\begin{pmatrix}饲料非降\\解蛋白质\end{pmatrix}×\begin{pmatrix}小肠\\消化率\end{pmatrix}$$
$$＝（饲料瘤胃降解蛋白质×0.9×0.70）＋$$
$$（饲料非降解蛋白质×0.65）$$

小肠可消化粗蛋白质转化为体沉积蛋白的效率采用 0.60；小肠可消化粗蛋白质转化为奶蛋白的效率采用 0.70。

例：1 千克含粗蛋白为 8.1% 的玉米，蛋白降解率为 41.13%，则其小肠可消化蛋白质含量为：

$$玉米粗蛋白量＝1\,000×8.1\%＝81 克$$
$$降解蛋白量＝81×41.13\%＝33.3 克$$
$$非降解蛋白量＝81－33.3＝47.7 克$$

根据以上公式，1 千克玉米的小肠可消化蛋白质＝33.3×0.9×0.7＋47.7×0.65＝52 克

查营养需要表（奶牛营养需要修订第二版），该玉米的瘤胃可发酵有机物（FOM）含量为 0.359 千克/千克，另一种是根据用可发酵有机物评定小肠可消化粗蛋白质。当瘤胃氮源满足瘤胃

微生物蛋白质的合成需要时，瘤胃微生物蛋白质（MCP）与瘤胃可发酵有机物（FOM）的比值为一常数（MCP/FOM＝136），因此，该玉米用可发酵有机物评定的微生物蛋白质＝0.359×136＝48.8克。

瘤胃能氮平衡＝用瘤胃可发酵有机物评定出的微生物蛋白质量－用瘤胃降解蛋白质评定的瘤胃微生物蛋白质量

饲料在瘤胃的降解蛋白质转化为微生物蛋白质的效率为0.9，所以该玉米的

瘤胃微生物蛋白质量＝33.3×0.9＝30克

瘤胃能氮平衡＝48.8－30＝18.8克

结果为正值，说明瘤胃能量有富余，如果结果为零则表明平衡良好，如果为负值则表明应增加瘤胃中的能量。根据瘤胃能氮平衡的结果，如果能量有富余，可以利用添加非蛋白氮的方法增加小肠可消化蛋白的含量。以尿素为例：

尿素的有效用量（ESU）

$$ESU＝\frac{瘤胃能氮平衡}{2.8×0.65}＝\frac{18.8}{2.8×0.65}＝10 \text{克}$$

式中　2.8——尿素的粗蛋白当量；

0.65——尿素氮被瘤胃微生物利用的平均效率。

（1）维持的蛋白质需要量　维持的可消化粗蛋白质的需要量为3.0克×体重$^{0.75}$，200千克体重以下用2.3克×体重$^{0.75}$；小肠可消化粗蛋白质的需要为2.5克×体重$^{0.75}$，200千克体重以下用2.2克×体重$^{0.75}$。

例如，体重为500千克的奶牛，其维持的可消化粗蛋白质需要为3.0×500$^{0.75}$＝317.1克，其维持的小肠可消化粗蛋白质需要为2.5×500$^{0.75}$＝264.3克

（2）产奶的蛋白质需要量　产奶的蛋白质需要量取决于奶中的蛋白质含量。在乳蛋白质没有测定的情况下，亦可根据乳脂率进行测算：

乳蛋白率（％）＝2.36＋0.24×乳脂率（$p<0.01$，$n=330$）

国内的奶牛产奶氮平衡试验结果表明，可消化粗蛋白质用于奶蛋白的平均效率为0.6，小肠可消化粗蛋白的效率为0.7，所以：

产奶的可消化粗蛋白质需要量＝牛奶的蛋白质量/0.60

产奶的小肠可消化粗蛋白质需要量＝牛奶的蛋白质量/0.70

例：体重为500千克的奶牛日产乳脂率为3.5％的奶20千克，则其产奶的可消化粗蛋白质需要为：

乳蛋白率（％）＝2.36＋0.24×3.5＝3.2

产奶的可消化粗蛋白质需要为：

20×3.2％/0.60＝1.07千克＝1 070克

产奶的小肠可消化粗蛋白质需要为：

20×3.2％/0.70＝0.91千克＝910克

（3）生长牛的蛋白质需要量　生长牛的蛋白质需要量取决于体蛋白质的沉积量。

增重的蛋白质沉积（克/日）＝ΔW×(170.22－0.173W＋0.000 178W^2)

$$× (1.12－0.125 8\Delta W)$$

式中　ΔW——日增重（千克）；

W——体重（千克）。

生长牛日粮可消化粗蛋白用于体蛋白质沉积的利用效率为55％。幼龄时效率较高，体重40~60千克可用70％，70~90千克可用65％。生长牛日粮小肠可消化粗蛋白的利用效率为60％。

例：体重200千克，日增重1千克

增重的蛋白质沉积＝1×(170.22－0.173×200

＋0.000 178×200²)

× (1.12－0.125 8×1)

＝129克

增重的可消化粗蛋白质需要量＝129/0.55＝235克/日

增重的小肠可消化蛋白质需要量＝129/0.60＝215克/日

（4）妊娠的蛋白质需要量　妊娠的蛋白质需要量按牛妊娠各阶段子宫和胎儿所沉积的蛋白质量进行计算。可消化粗蛋白质用于妊娠的效率按 65％计算；小肠可消化粗蛋白质的效率按75％计算。则在维持的基础上，可消化粗蛋白质的给量，妊娠6 个月时为 50 克，7 个月时为 84 克，8 个月时为 132 克，9 个月时为 194 克；小肠可消化粗蛋白质的给量，妊娠 6 个月时为43 克，7 个月时为 73 克，8 个月时为 115 克，9 个月时为169 克。

3. 奶牛矿物质微量元素的需要量

（1）钙、磷　维持需要按每 100 千克体重给 6 克钙和 4.5 克磷；每千克标准乳给 4.5 克钙和 3 克磷可满足需要。生长牛钙磷的需要，维持需要按每 100 千克体重给 6 克钙和 4.5 克磷，每千克增重给 20 克钙和 13 克磷。钙磷比为 2∶1 至 1.3∶1 达到较高的吸收效果。

当食入的钙量与需要的钙量比值越高时，钙的吸收率反而降低。当进食钙与需要钙之比为 1.0～1.5 时，达到 0.68 的较高吸收率；进食钙/需要钙值为 4.5～5.0 时，吸收率为 0.28。当食入的磷量与需要的磷量比值越高时，磷的吸收率也会下降。当进食磷/需要磷小于 1.5 时，吸收率为 0.58；进食磷/需要磷大于1.75 时吸收率为 0.39。

（2）食盐　维持需要按每 100 千克体重给 3 克，每产 1 千克标准乳给 1.2 克。精料中盐的含量一般占 1％，过多反而起不到调味的作用，失去促进食欲的效果，且降低适口性。较好的方法是与矿物质制成舔砖，自由舔食。

（3）钾　生长牛、肥育牛和奶牛对钾的需要量为日粮干物质的 0.6％～1.5％，青粗料中含有充足的钾，但不少精饲料的含钾量较低，故饲喂高精料日粮有可能缺钾。犊牛生长期钾的含量为 0.58％时最佳。在热应激条件下，日粮中钾的含量为 1.5％时能够获得最佳的泌乳性能。日粮中钾含量降低将会影响奶牛采食量和产奶量。

（4）镁　镁在瘤胃发酵中起着重要作用。哺乳犊牛每千克体重进食 12～16 毫克镁能维持血液镁的正常水平。日产 10 千克奶的产奶母牛需 13.8 克，日产 20 千克奶的需 20.1 克，日产 30 千克的需 26.4 克。成年怀孕母牛日需 7.8～9.4 克。50～400 千克的生长牛每天的需要量，日增重 0.33 千克的为 0.4～6.6 克，日增重 0.5 千克的为 0.5～7.0 克，日增重 1.0 千克的需 0.8～8.0 克。有些禾本科草场在早春时会出现含镁不足，而引起一种叫做"青草痉挛症"的疾病。日粮中高钠会增加尿镁的排出，含有高钾的日粮会降低镁的吸收。NRC（1989）推荐镁的需要量为日粮干物质的 0.4%，过高将影响奶牛采食量以及引起腹泻。

（5）硫　缺硫会影响牛对纤维素的消化和所产生的挥发性脂肪酸的比例。日粮硫的需要量为干物质的 0.20%。在饲喂尿素的日粮中，为了满足瘤胃微生物合成氨基酸的需要，以提高尿素的利用率，每 100 克尿素可给 3 克无机硫，日粮中硫氮比为 10～12∶1 为最佳状态。缺硫症状与缺蛋白质相似。

（6）碘　给妊娠母牛单一饲喂玉米青贮或大量饲喂豆饼，会造成犊牛甲状腺肿大，大量喂十字花科的青饲料时，应提高日粮中的含碘量。维持需要每 100 千克体重给 0.6 毫克碘。泌乳牛需碘较多，为 1.5 毫克/100 千克体重。

（7）钴　钴是维生素 B_{12} 的成分，饲料中缺钴会降低维生素 B_{12} 合成量。钴缺乏的早期症状是生长迟缓、消瘦、失重。比较严重的症状是肝中脂肪降解，极度贫血。牛对钴的需要量为每千克饲料干物质中含 0.07～0.1 毫克。

（8）铜　铜缺乏的典型症状是毛的色素沉积，尤其在眼睛周围，皮屑脱落也是反刍动物缺铜的症状。饲料中铜的含量一般为所需的 3～4 倍，每千克日粮干物质中含 4 毫克铜就能满足肉牛的需要，对于犊牛每天进食 10 毫克铜可满足需要，产奶牛每千克日粮干物质中含 10 毫克，能够满足要求。钼能影响铜的吸收，在日粮含钼和硫酸盐多的地区可提高 2～3 倍的需要量。缺铜地区可在食盐中加 0.5％的硫酸铜。高铁和高硫日粮共同作用影响铜的吸收。

（9）钼　每千克饲料干物质中含 0.01 毫克或再低一些可满足需要，每千克饲料含钼 20 毫克可引起中毒。日粮中不提倡补充钼。

（10）铁　缺铁会引起贫血。每千克饲料中含铁 80 毫克以上就可满足需要。只喂奶的犊牛容易因为缺铁而贫血，前 4～8 周在日粮中每天补充 30 毫克铁，或在初生和 8 周龄时注射 500 毫克铁足以防止贫血。对 20 周龄以内的喂奶犊牛补铁能促进增重。

（11）锰　缺锰会导致生长受阻，骨骼畸形，生殖紊乱，新生儿畸形。NRC 的肉牛生长需要每千克日粮中含有 20 毫克可以满足生长牛的需要。ARC（1980）推荐每千克日粮含锰 10 毫克可满足奶牛的生长，20～25 毫克每千克干物质可维持动物的正常繁殖。日粮含锰量为 16～17 毫克/千克干物质时，会出现缺乏症状。多数粗饲料每千克干物质中含有 30 毫克以上的锰，因此一般情况下不需要补充锰。高浓度的钙、钾、磷日粮促进锰的排出，日粮中过量的铁阻止锰在犊牛体内的沉积。

（12）锌　缺锌奶牛采食量和生长速度下降，随着时间延长，蹄角质化，腿、头部（尤其是鼻部）和脖周围的皮肤出现角质化。每千克日粮干物质中肉牛需要量为 10～30 毫克，奶牛为 40 毫克。在多数情况下锌干扰铜的吸收，引起铜缺乏症。镉对锌和铜的吸收具有颉颃作用，并且也干扰肝脏和肾脏组织锌和铜的代谢。铅竞争性地抑制锌的吸收，也干扰锌功能的发挥，锡也能干扰锌的吸收。

（13）硒　缺硒与维生素 E 缺乏症状相似，表现为白肌病，和肌营养不良。症状为腿脆弱和硬化，跗关节弯曲，肌肉颤抖。心肌和骨骼肌可见明显的条纹且坏死。母牛妊娠后期补加或注射硒，会降低胎衣不下的发病率。每千克日粮干物质含硒 0.05～0.1 毫克时，便不会发生缺硒症状。对怀孕和泌乳母牛，每千克日粮干物质用亚硒酸钠补充 0.1 毫克能防止缺硒症。常推荐日粮含硒量为 0.35～0.40 毫克/千克干物质。每千克日粮干物质中含硒 5 毫克即可引起中毒。

（14）铬 铬能够提高干物质采食量和产奶量，降低应激犊牛的死亡率。添加水平尚未有标准数据。

矿物质元素的用量，是共性的经验总结。具体到生产中，因地域、土壤、水质、饲料原料等不同而有所不同。不过，当某种元素长期缺乏，对机体都有不同的影响（图 3-3）。

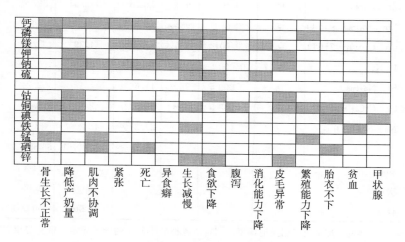

图 3-3 矿物质元素缺乏时造成影响的综合示意图

（资料提供：中欧奶类项目技术援助组营养学博士 John M Chesworth）

对于微量元素、维生素的合理组方，称谓预混添加剂。是一种技术性强、计算复杂的工作在此仅举一例（表 3-2）供参考。

表3-2 添加剂预混料配方举例

饲料添加剂名称	单位	每千克饲料添加活性成分含量	化合物含量	活性成分占活性化合物的量	每吨饲料添加活性化合物量	配100千克5%预混料
维生素A	国际单位	12 000		50万/克	24	48
维生素 D_3	国际单位	3 000		51万/克	6	12
维生素E	克	0.025		50%	50	100
烟酸	克	0.020		98%	20.41	40.82
K KCl	克	1.5	98%	52.45%	2 920	5 840
Mg MgO	克	4.5	98%	60.30%	7 760	15 520
Cu $CuSO_4 \cdot 5H_2O$	克	0.012	98%	25.46%	48.09	96.18
Fe $FeSO_4 \cdot 7H_2O$	克	0.040	98%	20.09%	203.17	406.34
Zn $ZnSO_4 \cdot 7H_2O$	克	0.100	98%	22.75%	448.53	897.06
Mn $MnSO_4 \cdot H_2O$	克	0.080	98%	32.51%	251.1	502.2
Co $CoSO_4 \cdot 7H_2O$	克	0.001	99.5%	20.97%	4.79	9.58
I KI	克	0.000 6	99%	76.45%	0.79	1.58
Se Na_2SeO_3	克	0.000 5	98%	45.66%	1.12	2.24
Cr $CrCl_3 \cdot 6H_2O$	克	0.000 5		19.51%	2.61	5.22
Na $NaHCO_3$	克	4.1		27.37%	15 200	30 400
$\sum$					26 940.61	53 881.22
膨润土	克				3 059.39	6 118.78
次粉	克				20 000	40 000
合计	克				50 000	100 000

具体的添加量应根据当地饲草、饲料中各种矿物元素的含量而定（资料提供：安宝珍）。

4. 维生素的需要量 奶牛需要维生素A、维生素D、维生素E和维生素K，然而，只有维生素A和维生素E必须由日粮供给。维生素K可由瘤胃和小肠中细菌合成。维生素D可通过紫外线辐射皮肤合成。许多饲料含有维生素A前体和维生素E，在某些条件下，不需要补充这两种维生素。但是，仅仅依靠饲料中含有的维生素和由紫外线照射合成的维生素 D 存在缺乏的可能性，因为饲料中维生素的浓度是变化的，且暴露在太阳中的时间是不确定的。现代奶牛饲养体系倾向于圈养，暴露在阳光中的时间和青绿饲料饲喂量减少了，这就要求增加对维生素 A、维生素 D 和维生素 E 的补充。

（1）维生素 A　又名视黄醇，是保证暗光下视觉的必要物质，维持机体正常生长和发育（包括胎儿生长）、精子发生，骨骼系统和上皮组织维护。早产、胎衣不下和犊牛发病率、死亡率高均是怀孕母牛缺少维生素 A 的表现。每天补饲 150 000～250 000 国际单位或 300～600 毫克的 β-胡萝卜素可降低乳腺感染和产乳热的发病率。生长奶牛对维生素 A 的需要量为 80 国际单位/千克体重。成年奶牛及干奶牛对维生素 A 的需要量为 110 国际单位/千克体重。

要求额外添加维生素 A 的情况有：

①低粗料日粮（瘤胃破坏程度高，β-胡萝卜素的摄入量少）。

②大量玉米青贮和少量干草的日粮。

③含低质粗料的日粮（β-胡萝卜素含量低）。

④面临传染病原的威胁（对免疫系统的需求提高）。

⑤免疫机能可能降低的时期（分娩前后）。

对泌乳牛和非泌乳而言，维生素 A 的安全摄入上限是 66 000 国际单位/千克日粮。

（2）维生素 D　能够提高小肠上皮细胞转运 Ca、P 的活性，增强甲状腺旁腺激素的活性，提高骨钙吸收，此外还与维持免疫系统功能有关。

维生素 D 缺乏降低维持 Ca、P 平衡的能力，更多导致血浆中 P 水平较少导致 Ca 水平下降。最终幼小动物出现佝偻病，成年动物出现骨软化。

通常，提供 10 000 国际单位/天（16 国际单位/千克体重）

的维生素 D 可满足妊娠后期母牛的需要。成年奶牛对维生素 D 的需要量为 30 国际单位/千克体重。

（3）维生素 E　新鲜饲草含丰富的维生素 E。因此，推荐值以牛采食贮存粗料为基础。妊娠最后 60 天，喂贮存粗料的干乳牛和生长母牛维生素 E 添加量为 1.6 国际单位/千克体重（大约80 国际单位/千克干物质采食量）。对泌乳牛推荐的维生素 E 补充量为 0.8 国际单位/千克体重（大约为 20 国际单位/千克干物质采食量），这一推荐量以降低乳房炎发生率为基础。根据典型的饲料的摄入量和饲料中维生素 E 的平均含量，对妊娠后期和泌乳牛推荐总量（补充量＋饲料中含有的维生素 E）大约为 2.6 国际单位/千克体重。其中，基础日粮为泌乳母牛平均提供给 1.8 国际单位/千克体重（从饲喂风干草时约 0.8 国际单位/千克体重到饲喂牧草时约 2.8 国际单位/千克体重），为干乳期奶牛提供 1 国际单位/千克体重（在 0.5～2.3 国际单位/千克体重之间）。

（4）维生素 K　一组具有抗出血作用的醌化合物的总称。瘤胃细菌能够合成大量的维生素 K，且反刍动物日粮通常含有富含叶绿醌的青绿饲草和牧草，一般不会出现维生素 K 缺乏情况。

（5）水溶性维生素　瘤胃微生物能够合成大部分水溶性维生素（生物素、叶酸、烟酸、泛酸、维生素 B_6、维生素 B_1、维生素 B_2），而且大部分饲料中这些维生素的含量都很高。反刍动物能够合成维生素 C。动物真正缺乏这些维生素的情况很少见。犊牛在采食合成日粮时，会诱导性 B 族维生素缺乏症，但吃奶时很少发生。代乳料中必须添加 B 族维生素。

二、牛的全价日粮的混配比例

（一）肉用牛

1. 犊牛期的日粮混配

（1）犊牛的哺育　从出生到断奶肉用犊牛一般跟随母牛采用

哺乳的方式。初乳中营养物质含量丰富，免疫球蛋白能够提高哺乳犊牛的抗病力，初乳中的镁能够促进犊牛排出胎便。因此，应使初生犊牛尽早吸吮到初乳。肉用母牛产奶量较低，平均6～7千克，哺乳次数一般为每天4～6次。哺乳犊牛的生长发育受母牛奶量的直接影响。犊牛的哺乳期一般为4个月以上，最长不超过6～7个月。为了充分利用母牛的泌乳潜力，节省母牛的饲养费用，一头产犊母牛可以同时哺育2～3头同时出生的犊牛。

母牛多在春季产犊，接着便进入春夏放牧季节，在放牧饲养条件下，如早春产犊，在北方草场还接不上青草，为保证母牛的产奶量，需喂饲青干草，青贮或精料。待牧草返青后，犊牛跟随母牛放牧饲养既能保证母牛的产奶量，亦能促使犊牛采食青草。

肉牛生产主要以放牧饲养为主，春季牧草正值幼嫩时期，水分含量较多，粗蛋白含量可达13%，粗纤维含量可达26%，母牛泌乳旺盛犊牛日增重高。夏季青草的粗纤维含量不太高仍有较高的粗蛋白质含量，犊牛仍能保持较好的日增重。秋季的牧草无论是蛋白质还是能量都不能满足生长发育的需要。因此必须进行补饲，尽早采食青饲料促使犊牛瘤胃发育。

对于奶用肉牛，为了增加商品奶的数量可采用早期断奶方法，将犊牛哺乳到8周龄断奶。为了刺激犊牛瘤胃的发育，应在出生后1～2周时开始饲喂混合精饲料，在精料的饲喂量达到1千克左右即可进行断奶（表3-3）。

表3-3　断奶前的精料补饲

周　　龄	2	3	4	5	6	7	8
混合精料（千克）	0.1	0.1～0.2	0.3	0.5	0.5	0.6	0.9

断奶后的饲养与肉犊牛基本上相似，日粮蛋白质水平在15%左右，提供优质的豆科或蛋白质含量高的禾本科干草。

（2）犊牛饲料配合　犊牛至少在3～4周龄以前必须以液体饲料为主，因为只有液体饲料才能不经过瘤胃而直接进入皱胃，从而更有效地消化吸收。用奶桶哺喂犊牛时，由于缺乏必要的吮吸反射，犊牛食管沟闭合不全，部分牛奶进入瘤胃发酵产生乳酸引起拉稀。犊牛在1～2周龄时几乎不进行反刍，3～4周龄时才开始反刍。因此，犊牛料在配合时（表3-4、表3-5）要求饲料具有较高的消化率和营养全面的特点。

表 3-4　犊牛料配方举例

饲　　料	配方 1	配方 2
玉米	40	60
燕麦	30	15
豆饼（40%蛋白）	20	15
磷酸二钙	10	10
微量元素盐	1	1
维生素 A（国际单位/100 千克）	440 000	440 000
维生素 D（国际单位/100 千克）	110 000	110 000

表 3-5　典型犊牛配合饲料的营养成分含量

项　　目	含　　量
粗蛋白	18%
粗脂肪	2%
粗纤维	8.0%
钙	0.7%
磷	0.6%
钠	0.4%
镁	0.2%
维生素 A	14 000 国际单位/千克
维生素 D_3	3 000 国际单位/千克
维生素 E	33 国际单位/千克

出生后一周即可饲喂，40～50日龄时应当减少奶的喂量增加精料的喂量，直到3～4月龄，喂量为犊牛体重的1%左右。同时提供优质干草促进瘤胃的生长发育。

（3）犊牛育肥　小牛肉的生产，犊牛自出生后到3～5个月的时间充分喂给全乳或代乳粉，以不引起下痢为标准，平均日增重为1.2千克左右，当体重达到150千克左右即可进行屠宰。由于牛奶或代乳粉中缺乏铁元素，所生产的牛肉色泽较淡，又称"白牛肉"。代乳粉营养水平：最低含乳蛋白20%，如掺有大豆蛋白应提高到22%～24%，其他动、植物类蛋白不宜添加；代乳粉至少应含有10%的脂肪，动物性脂肪优于植物性脂肪，不含脂肪的代乳料会引起犊牛频繁下痢；粗纤维低于0.5%；犊牛能利用的碳水化合物只有乳糖和葡萄糖，真胃中没有分解淀粉的淀粉酶，淀粉含量高的日粮容易引起犊牛下痢。在3周内的代乳料最多用10%淀粉，3周后可加量。

2. 生长期的日粮配合　6月断奶后的犊牛已进入育成牛阶段，此阶段的特点是：瘤胃及其他消化器官已达到成年牛相近的水平，能够采食各种饲料以满足营养需求。这一时期日增重较出生时要迅速（图3-4），当达到性成熟时期日增重基本停止。因此，此阶段必须要加强饲养。

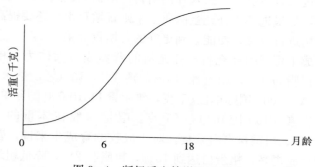

图3-4　断奶后牛犊增重示意图

日粮供给：提供易消化的优质干草，喂量大约为体重的1.2%～2.5%，干草的粗蛋白含量为11%～15%，能量（TDN）为51%～55%，钙0.4%～1.2%，磷0.15%～0.25%。适当补饲精料，精料的比例一般应占日粮干物质的25%～30%。这阶段的饲养有两种方式，一种是舍饲育肥法，饲喂大量优质干草和精料，特点是生长快，脂肪在肌纤维间分布均匀，大理石纹明显，肉嫩质优。另一种是放牧饲养，补饲少量的精料，特点是生长快，脂肪沉积少，一般进行后期肥育。但是容易导致腹腔脂肪的沉积，肌纤维间的脂肪含量少。

春季产犊放牧饲养，只经过一个冬季于第二年秋季出栏，全饲养过程约18个月。根据我国草场情况，冬季适当补饲，则杂交牛18个月活重可达300千克。如果经过两个冬季，势必延长到2.5岁才能出栏，出栏率降低，饲养成本增加。采用18个月龄活重300千克出栏，则平均日增重必须达500克以上。从初生到3月龄哺乳时期的日增重最高平均达到895克；4～6月龄由于母牛奶量减少，日增重下降到450克左右。在哺乳后期母牛奶量开始减少的同时对犊牛进行补饲可以达到较高的日增重。7～12月龄断奶后正值冬季，在放牧的基础上每头补给0.65千克玉米和干草的条件下，日增重208克，为增重的最低阶段；13～15月龄又进入青草阶段，虽未补饲精料，但仍能达到782克的日增重效果，如果进一步补充蛋白质水平则日增重水平还要提高。如果对牧场进行改良，便能收到更好的日增重效果。

育成牛育肥的补充料：补充料的营养成分大体为：粗蛋白14%，粗脂肪1%，粗纤维13%，钙1%，磷1%，钠0.15%，维生素A 30 000国际单位/千克，维生素D_3 10 000国际单位/千克，维生素E150国际单位/千克。喂量一般在体重的1%～1.5%。青、粗饲料自由采食。对于放牧的育成牛来说，营养成分应当相应提高，粗蛋白达到16%，粗脂肪2%，降低粗纤维的量到8%。维生素类也相应增加。为防止球虫病的发生，可以在日粮中加入一定量的瘤胃素 100 毫克/千克左右。瘤胃素的主要作用是调控反刍动物的消化代谢过程，提高瘤胃内挥发性脂肪酸丙酸的比例，降低乙酸的比例，减少甲烷的产生。丙酸是糖的前体，因而对肉牛的增重有利。

3. 育肥期的日粮配合　对于放牧饲养的肉用牛，在青年时期由于营养水平较低，骨骼发育快而肌肉生长慢，对这样的牛我们称为架子牛。架子牛的育肥一般在 2 岁前 3～4 个月的时间，超过 2.5 岁后肉牛生长较慢。而对于 1 岁以下的架子牛育肥，则需要的时间又会太长。如肉牛在较差的草场断奶体重约 160 千克，冬季日增重 0.3 千克，则 1.5 岁时体重只能达到 300 千克，如在最后 3 个月进行强度肥育，保持 1 千克的日增重，则屠宰时体重可达 350 千克，且肉质较好。在这段时间内，在肉牛自由采食青粗饲料的基础上，第一个月每头牛供给 2 千克左右的混合精料，第二个月增加 0.5 千克，第三个月再增加 0.5 千克。精料一般由玉米、豆饼和麸皮等组成。肉牛的日增重可达到 1 千克左右，整个育肥期可增重 100 千克左右。

持续肥育分两种方式，一种是断奶后采用放牧补饲的肥育方式，消耗精料较少，草场载畜量较高。另一种是在专业化肥育场持续集中肥育，采用舍饲方式，供给充足的青贮、粗饲料颗粒、甜菜渣或酿酒副产品和混合精料，日增重在 0.8 千克以上，持续肥育充分利用肥育牛此阶段高增长率的特点，因此，能够获得较高的增重。农副产品是肥育肉牛的重要饲料，能降低饲养成本。如甜菜渣粗纤维含量平均 20%，其能量价值供给相当于玉米的 60%，缺点是可消化粗蛋白质、维生素 A、钙磷等含量较低。因此适当补充尿素或蛋白质、矿物饲料就能达到较好效果。粮食酒糟、马铃薯青贮等都是肥育牛良好的能量饲料。

淘汰牛的育肥，一般情况下，这种牛已过了快速生长期，所以育肥期应当适当缩短到 2～3 个月的时间，时间过长会造成淘汰牛体内脂肪大量沉积。淘汰牛的育肥通常采用舍饲拴系的方式，适当限制运动。供应优质的干草、青草等粗料，配合一定数量的精饲料。也可以采用放牧的形式，视牧草质量的好坏适当补充一定量的精料。

肉牛饲料的合理搭配：牛是反刍动物，瘤胃内的微生物具有很好利用粗纤维的特性，粗饲料中的纤维素能够促进肉牛的正常反刍和咀嚼，不断分泌唾液保持瘤胃的正常环境和正常的消化功能。当日粮中精料喂量过多时，瘤胃内乳酸含量升高容易造成机体酸中毒，继而引发各种疾病。因此，肉牛饲养中必须强调优质粗饲料的供应。从粗蛋白含量和饲料的可消化性上看，常用粗饲料中青干草、豆秸、玉米秸比麦秸、稻草和谷草等质量要好。玉米秸粗蛋白可达 5.7% 左右，干物质消化率可达 50%。对于肉牛来说是一种较好的粗饲料，但是玉米秸有比较硬的外壳，影响肉牛的采食。目前最好的方法是用揉碎机将玉米秸进行揉碎处理，变成松软的饲料。经氨化处理可以增加玉米秸粗蛋白的含量，提高玉米秸的消化率。

非蛋白氮的利用：非蛋白氮在瘤胃内分解形成氨气能够被瘤胃微生物所利用合成菌体蛋白，菌体蛋白是反刍动物营养需要中蛋白质的重要来源之一。瘤胃内的氨气是由日粮中降解部分蛋白质产生的。因此，在一定的范围内增加瘤胃内氨的浓度可以提高菌体蛋白的产量。非蛋白氮特别是尿素，已在养牛业中广泛利用。尿素中氮的含量为 46.7%，1 千克尿素的含氮量相当于2.6~2.9 千克粗蛋白质所含的氮量或者是相当于 5~8 千克油饼类所含的氮量。一般认为尿素取代日粮总氮的 25% 左右时效果较好。使用尿素时应注意以下几个问题：

①日粮蛋白质超过 13% 时再添加尿素效果差。这是因为13% 的蛋白质日粮所释放的氨足够供给微生物合成氨基酸的需要。

②供给充足的碳源与尿素释放的氨相结合，淀粉在瘤胃内发酵快，与尿素释放的速度相适应，能够提供足够的能量供给微生

物合成蛋白质。添加量为 1 千克淀粉加入 100 克尿素。

③日粮中补充硫、磷、铁、锰、钴等，氮与硫的比例以10～14：1为宜。

④代替日粮蛋白的尿素用量应逐渐加入，大约 2～4 周的适应期。

⑤氨中毒。由于氨在瘤胃内分解的速度比微生物利用氨利用的速度快好几倍，因此，多余的氨在瘤胃内蓄积容易引起氨中毒现象。延缓尿素分解的方法有：抑制脲酶活性、糊化淀粉包被尿素、制作尿素衍生物。一般奶牛日粮中尿素的用量决不要超过日粮干物质的 1%，肉牛尿素的添加量不超过精料的 3%。给氨中毒的牛灌服冰醋酸或冷水使瘤胃降温可以防止死亡。

精饲料：只喂麦秸的肉牛体重几乎不增加，甚至出现减重现象，进行氨化后的秸秆饲喂肉牛，日增重也只有 200 克左右。因此，要使肉牛有一定的增重提高出栏率，必须添加一定量的精料。常用的精料有玉米、豆饼、棉饼、麸皮、大麦、高粱等。瘤胃微生物利用氨合成氨基酸的过程中，氮代谢和糖代谢是密切联系的，增加精料的喂量可以使微生物在合成蛋白质时获得充足的能量。一般精料的喂量为 2～3 千克，肉牛日增重可达 1 千克左右。过分强调粗饲料的喂养会造成肉牛日增重较低，饲养周期长，出栏率低，肉牛的屠宰年龄偏高，肉质差。

（二）奶牛

1. 怀孕期日粮混配

（1）妊娠期特点　胎儿前期是器官发育、形成的重要时期，虽然增重不多，所需营养量也不大，但却是胚胎发育的关键时期。这时如营养不全或缺乏，往往引起胚胎死亡或先天性的畸形。蛋白质和维生素 A 不足，最可能引起早期胚胎死亡。

胎儿增重主要在最后的两三个月，需要较高的营养物质用于增重，妊娠期间约有 50% 的蛋白质和 50% 以上的能量是在最后

1/4 时期沉积的。母体由于代谢增强，所需营养物质也较多。妊娠母牛的维持需要也随胎儿的需要增加而增加，在妊娠后期的能量代谢往往可提高 30％～50％。这时营养不全或缺乏会导致胎儿生长缓慢，同时也影响到母牛的健康和生产。

妊娠期能量的需要：母牛在妊娠最后 3 个月，胎儿的增重速度很快，能量沉积显著增加。在营养标准上应当适当增加奶牛对能量和蛋白质的需要（表 3-6）。妊娠 6 月，7 月，8 月，9 月时，每天应在维持基础上增加 1.33，2.27，4.00 和 6.67 个奶牛能量单位。

表 3-6　妊娠的最后 4 个月蛋白质需要在维持基础上的给量

妊娠月份	6	7	8	9
可消化粗蛋白（克）	50	84	132	194
小肠可消化粗蛋白（克）	43	73	115	169

一般情况下，怀孕最后两个月所需营养建议：

①怀孕晚期奶牛膘情＜3 级（查附录 4）

怀孕第八月（干奶期第一月）；维持量＋相当 5 千克产奶量

怀孕第九月（干奶期第二月）；维持量＋相当 10 千克产奶量

②泌乳晚期奶牛膘情良好（3～3.5 级）

怀孕第八月（干奶期第一月）；维持量＋相当年 2 千克产奶量

怀孕第九月（干奶期第二月）；维持量＋相当 7 千克产奶量

③奶牛膘情超过 3.5 级，减少饲喂量，增加运动量

如果是初产母牛，妊娠最后两个月的生长和妊娠限额应达到日增重 1 000 克。

（2）怀孕初期　奶牛产后适宜的配种时间在 60～100 天，这一时期刚好是奶牛的产奶高峰期阶段或高峰期奶量开始下滑阶段。这一时期的特点是：奶牛逐渐恢复旺盛的食欲，采食量与体重正处于逐渐恢复的阶段。

这阶段的饲养原则是：在满足胎儿营养需要的同时最大限度地满足泌乳的营养需要。日粮采用偏精料型，精料中应加大大麦等易消化饲料比例，而少用玉米、高粱等。可以适当加一点动物性脂肪以提高日粮的能量浓度。能量的供应要比需要值高出4～5个奶牛能量单位。蛋白质的供应也要比需要值高出10%～15%，添加部分不易降解的蛋白饲料，例棉籽饼、苜蓿颗粒、加热处理的干草等。供给优质的干草和青绿料，可以适当添加部分糟渣类粗料，最好能添加苜蓿草粉。

（3）怀孕中期　奶牛发情配种以后，由于孕激素的作用泌乳量下降较快，此阶段的营养要求是尽量维持泌乳在较高的水平，使每月泌乳量下滑幅度在4%～7%。这阶段的营养需要按照饲养标准基本能够满足奶牛泌乳、增重和胎儿增长的需要。这段时期在饲料的供应上，日粮配合要多样化，多添加些青粗料，将初期高出营养标准的能量及蛋白饲料逐渐降低到与产奶水平相适应，以防奶牛过度肥胖。蛋白质供应应当视粗料的质量和泌乳量而定，一般可占全价日粮的14%～18%。

（4）怀孕后期　这一阶段包括两部分，一部分实际上是泌乳后期阶段，另一部分实际上是干奶期阶段。在这个时期，奶牛营养配合要突出以优质青粗料为主，精料供应为辅的方针。在泌乳后期，此时泌乳量下降到最低，胎儿增重幅度逐渐加大，这一时期要求奶牛在满足泌乳及胎儿增重的基础上有一定的增重，一般日增重为0.3～0.5千克，视奶牛膘情而定，至泌乳结束时膘情达到3～3.5级。这样在干奶期可以不必顾及奶牛膘情而只满足胎儿的生长需要，日粮可以优质青粗料为主。但在产前2～3周仍要增加精料的喂量，以适应产后较高的泌乳要求。在产前2～3周，要降低日粮中钙的浓度，训练奶牛动用骨钙的能力来满足泌乳的需要。能量需要妊娠6月、7月、8月、9月时，每天应在维持基础上增加1.33、2.27、4.00和6.67个奶牛能量单位。蛋白质的需要6月、7月、8月、9月时，每天应在维持的基础上供给可消化粗蛋白 50 克、84 克、132 克、194 克。具体的日粮配合在后面的章节中都有较详细的叙述。

2. 干奶期日粮混配

（1）干奶期的特点　一方面胎儿迅速地生长发育，需要较多营养。另一方面是奶牛乳腺停止泌乳活动进行修复、修整的时期，也是母牛进一步改善营养状况，为下一泌乳期更好、更持久地生产准备必要的条件。实践证明，干奶期短于 6 周将会降低下一泌乳期的产量，正常情况下干奶期为 60 天（50～75 天）。

（2）干奶前期饲养　自干奶之日起至泌乳活动完全停止，乳房恢复正常松软为止，大约 1～2 周时间称为干奶前期。干奶的方法有三种：①逐渐干奶法。指进入干奶阶段，减少多汁料的饲喂，改变挤奶次数，当奶量降至 3～4 千克停止挤奶，多用于高产奶牛，一般要经过 1～2 周的时间。逐渐干奶法由于容易影响胎儿的生长发育，因此，一般不采用此法。②快速干奶法。对于中低产奶牛自干奶之日起减少精料及多汁料的喂量，同时打乱挤奶次数，由日挤 3 次到第二天挤奶 1 次，以后隔一天挤 1 次，到产量达 8～10 千克停止挤奶，一般经过 5～7 天。③骤然干奶法。在干奶日突然停止挤奶，高产牛可在停奶后 7 天再挤一次，乳房内乳汁一般经 4～10 天后可以完全吸收。无论采用何种方法进行干奶，要时刻注意干奶时乳房的变化情况，只要乳房不出现红肿、疼痛、发热、发亮等现象就不要管它。干奶时应当在挤净乳汁后用青霉素软膏对乳头进行封闭。

在此期间尽量不用多汁料及副料如酒糟和渣类等饲料，以青粗料为主，适当搭配精料。一般情况下奶牛在干奶后 7～10 天乳房呈现干瘪，这时就可以逐渐增加精料及多汁饲料，在 1 周内达到妊娠奶牛的饲养标准。根据青粗料的质量和母牛膘情确定精饲料的喂量，对于膘情欠佳的母牛可仍用泌乳牛料，营养标准要求一般可按日产量 10～15 千克时的饲养标准进行饲喂。而对膘情良好的母牛可以只喂给充足的优质干草。详情见怀孕最后两个月营养需要建议。

（3）干奶后期的饲养　干奶前期结束后至分娩前的一段时间为干奶后期，大约 6 周的时间。胎儿体重的大约 70％是在干奶期阶段完成的，需要较高的营养物质用于增重，妊娠母牛的维持需要也随胎儿需要量的增加而增多。经过漫长的泌乳期后，奶牛大多处于比较瘦弱状态，此阶段的主要任务是在保障胎儿有全面充足的养分供应的同时，对泌乳后期未能达到适宜膘情的奶牛要有适当的增重，至临产前体况丰满度在中上水平，膘情评定在 3～3.5 级之间。试验分析结果表明，低质青粗饲料只能满足奶牛维持能量需要的 78％～82％和维持蛋白质的 90％～95％，此期胎儿及母牛都要有一定的增重，这就不能仅依赖青粗料，特别是对较瘦的母牛，即使是优质青粗料也难以满足需要。所以，对高产牛和瘦牛要增加精料的喂量，适当减少青粗饲料的喂量。

传统的做法是在干奶工作完成后（分娩前 6 周左右）开始加喂精料。开始时每天喂 0.5～2.5 千克，以后每周酌情增加 0.5～1.5 千克，到分娩前一周精料的喂量约每百千克体重达到 1～1.5 千克。精料的喂量要根据母牛膘情及健康、食欲等状况来决定，使母牛习惯于充分采食精料。这种逐渐加料方法的好处是：随着胎儿及母体增长速度的加快而逐渐增加营养。训练母牛采食大量精料的能力，避免母牛泌乳初期不能大量利用精料而出现的消瘦过快、产量下降过快和酮病发生率高等现象，有利于产后迅速增加营养。使瘤胃微生物群适应分娩后及时补喂精料的需要。但是；现代奶牛饲养的原则是使泌乳晚期奶牛具有良好的膘情，因为干奶期奶牛体内增加能量储备的效果低于整个泌乳期使奶牛增重效果，不过，这种泌乳后期逐渐加料的方法容易使奶牛产犊时膘情过肥，同时也可能导致因胎儿过大而造成难产现象。

目前国内部分牛场采用干奶期限制饲喂的方式，目的就是防止母牛过肥、胎儿过大而带来的分娩障碍。

均衡供料法：在整个干奶后期喂比较一致的精料，日粮的营养标准可按日产量 10～15 千克时的标准供给。大约每百千克体重供应 1～2 千克的优质干草、3 千克左右的玉米青贮或青绿饲料，精料的日喂量为 3～4 千克，使母牛能有所增重。直至分娩前 1 周左右，才根据母牛食欲等情况适当控制喂量（表 3-7），使母牛在分娩前达到应有的膘情和习惯于采食精料。

表 3-7　分娩前一周每日加精料量的参考数（千克）

高峰期日产量 干奶时母牛膘情	20	30	40	50
瘦	4.0	6.0	8.0	10.0
中等	3.2	5.1	7.0	9.0
良好	2.4	4.3	6.2	8.0

母牛产后尤其在泌乳初期将流失大量的钙，极易造成母牛产后乳热症的发生。产前饲料中补充大量钙会降低母牛甲状旁腺从骨骼中转换钙质的活力，因此，产前 2～3 周的时间，应适当降低母牛每日摄入的钙量，促使甲状旁腺活跃，训练母牛动用体钙的能力。有的地方奶牛日粮中钙的供给量只是依靠日粮本身所含的量，不再额外补充钙。建议干奶后期钙的供给量要低于 100 克，磷的摄入量在 45 克以上，同时应满足维生素 D 的需要。对于有乳热症病史的奶牛，在干奶期钙的供给量要较饲养标准低 20%，在产犊后立即喂饮碳酸钙或磷酸钙溶液（200 克碳酸钙或磷酸钙溶入 1 升水中），或者在产前 3～7 天内注射维生素 D_3，产后迅速提高日粮中钙量来满足泌乳的需要。对于高产奶牛，在产后头几天适当掌握泌乳的数量也是一种防止钙流失的有效途径。对于初产母牛，因为身体还没有完全发育成熟，产后头几天适当控制泌乳量也是必要的。产前对母牛进行低钙饲养，训练母牛采食较多的精料和达到一定的健康水平，对于母牛产后采食较多的精料，满足泌乳对钙的需求是相当重要的。母牛在产前一周内如果出现乳房过度水肿，则应当减少或停止饲喂精料和多汁

料。以禾本科干草及秸秆为主的日粮中，应适当多加一些麦麸等略带轻泻性的饲料以防便秘。如日粮中粗料以青料、青贮或豆科干草为主的则无此必要。

这段时期要的日粮供应要充分体现以优质粗饲料为主精料为辅的原则，精料的喂量要根据粗饲料的质量和奶牛膘情来确定，防止奶牛过肥。奶牛过肥多数产后食欲不振，容易引起代谢性疾病如酮病。干奶牛过肥，体脂过多也是造成难产的一个重要原因。实践证明，饲喂高水平精料容易引起乳热症的发生和促进隐性乳房炎发病，而且精料喂量过多容易造成机体酸中毒并随后出现奶牛蹄叶炎等症状。饲喂量过多还会在产犊时出现浮肿，悬韧带承重过度致使乳房下垂。除了正确的干奶外，应当密切注意乳房的变化，在干奶期对各种类型乳房炎的治愈率要远远超过在泌乳时期的治愈率，例如抗生素对感染葡萄球菌的乳房炎的治愈率在泌乳期为 25％，而在干奶期的治愈率达到 60％～70％。

注意事项：接近分娩时期，要根据母牛膘情和食欲来调整喂量，注意乳房的变化情况，防止乳房过度充胀。乳房过度充胀往往容易引起炎症或者被迫进行产前挤奶。

3. 产奶期日粮混配

（1）初产期的饲养　泌乳开始到产量到达最高峰阶段称为泌乳早期阶段，这一阶段的产量往往占整个泌乳期产量的一半。高峰期的出现一般约在产后 30～60 天内，低产牛出现得早些，泌乳曲线较平。高产牛达到高峰期较迟，大约在产后 50～60 天，此后逐渐下降（图 3-5）。

产后的两个周左右的时间称为泌乳初期，也叫身体恢复期。此期奶牛的特点：消化机能较弱，奶牛食欲较差，乳房有水肿现象，子宫处于逐渐恢复时期，也是最易感染的时期。此期的泌乳量呈快速上升阶段，而且由于初乳中各种营养成分的含量远远高于常乳中营养成分含量，奶牛处于能量负平衡阶段。泌乳初期（50～70 天）的高产奶牛可能失重 35～55 千克，膘情相应下降

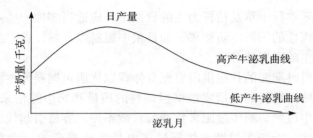

图 3-5　高低产牛泌乳曲线对比示意图

1~1.5 级。青年母牛可能失重 15~25 千克，膘情下降约 1 级（表 3-8）。这一时期的工作重点是，在积极预防产后瘫痪和繁殖障碍等常见病的基础上，迅速补足奶牛的所需营养夺取高产。

表 3-8　理想的膘情等级评定表

项　目	生长/生产阶段	理想的膘情等级
生长牛	6~12 月龄	2.5
	初配期	2.5
	产犊期	3.5
成母牛	产犊期	3.0~3.5
	产奶高峰期	2.0
	产奶中期	2.0~2.5
	干奶期	3.0~3.5

　　对于高产奶牛，产后 4~5 天内乳房内的乳汁不应挤干，第一天挤出的奶量只满足犊牛饮用即可，第二天可挤出日泌乳量的 1/3，第三天挤出日泌乳量的 1/2，直到第 4~5 天即可将奶全部挤干。

　　对于中低产奶牛开始时即可将奶全部挤干。在饲喂方面，对于食欲较差的奶牛开始几天可只喂优质干草。对于产后乳房无水肿、体质健康、消化系统正常的奶牛，产后就要加喂多汁饲料和精料，到 1 周时即可增加到正常喂量。有人认为产后不应及时补料，要控制一段时间后才加料，不然会影响生产和健康，甚至认为产后出奶多会引起产后瘫痪，这是没有根据的。

母牛的生产性能在很大程度上受与泌乳有关的激素分泌的影响，例甲状腺素、催乳素和生长素，泌乳早期这些激素分泌量是均衡的，泌乳倾向较强，抗外界干扰较强。随着泌乳期的进展，泌乳倾向会相应减弱，所以要在产前把牛养壮，并使习惯于采食相当的精料，产后及时加强营养，才能充分发挥奶牛生产潜力。

在泌乳早期补喂时产量增加幅度较大，在泌乳中、后期补喂，产量却随着泌乳阶段的进展而下降。一般情况下，高峰期的日产量每上升 1 千克，整个泌乳期产量将至少增加 250 千克。泌乳早期体重过度减低与其繁殖力是正相关的，体重下降最多的牛，产后发情时间延长且难受孕。营养性的不孕往往是由于日粮不足，特别是能量或矿物质不足。这种及早补饲的方法对泌乳潜力大的高产牛起到很明显的作用，但对低产牛效果不大。因此，饲养水平应按牛的生产力来决定。

母牛产后一般 2～3 天即能恢复旺盛食欲，这时可根据乳房水肿状况采用"引导饲养法"，粗料在自由采食的基础上，每日增加精料 0.5～1.5 千克。一般来说，只要产量随精料喂量的增加而增加，就应当喂给充足的饲料。即使加料至与产量基本相适应时，仍应继续增加，使日粮比实际产奶量高 3～5 千克奶所需要的营养。等到增料而奶量不再上升后才将多余的饲料降下来。降料要比加料慢些，逐渐降至与产量相适应。精料的喂量可根据当地的奶价从饲养成本方面考虑是否有继续增加的必要。

（2）高峰期的饲养　从泌乳初期到产奶高峰（8～10 周）的阶段是泌乳盛期。这一时期的特点是：奶牛食欲恢复正常，采食量上升；乳房水肿消失，泌乳功能增强，奶牛处于能量负平衡阶段。体重下降将直接导致产后母牛繁殖的困难，当奶牛的平均膘情下降到 2 级以下时，只有少数奶牛可进入发情期，而进入发情期的奶牛中只有 50％左右能够受胎。营养性的不孕往往是由于日粮不足，特别是能量或矿物质不足。因此，在饲料配合上应当增加高能量精饲料的供应量，限制较低能量的粗饲料供应，维持高峰期产奶量。如果产犊时膘情良好（3～3.5级），这阶段奶牛可从自身贮备（脂肪）中转化出所缺营养以达到产奶高峰。但是这阶段奶牛仍处于"蛋白质缺乏区"，而蛋白质缺乏无法从自身贮备中加以弥补。因此，在这一阶段应该增加蛋白质需要量的10%～15%，使日粮中粗蛋白质水平达到20%～30%。

产奶量的估算　估算的泌乳高峰期产量约为总泌乳期产量的56%。因此，以泌乳高峰产量估算的整个泌乳期产量见表3-9。

表3-9　泌乳期产量的估算

千克/日	千克/305日
10	$10×0.56×305=1\ 708$
20	$20×0.56×305=3\ 416$
30	$30×0.56×305=5\ 124$
40	$40×0.56×305=6\ 832$
50	$50×0.56×305=8\ 540$

由于饲养管理不当，会造成高峰期产量不高而且高峰期持续时间短，下降快。为此，应采取以下几点措施：

①提高日粮能量浓度。泌乳盛期奶牛体内营养物质处于负平衡状态，而奶牛采食的高峰期则出现在泌乳高峰期后2周左右的时间。因此，在泌乳高峰期奶牛体重将不可避免地出现下降现象。在营养不足的情况下，高产牛体重下降可达35～55千克，体重的下降不仅是体脂的消耗，也包括蛋白质和钙、磷的消耗，体重下降过多必将影响健康和生产。只有通过添加动物性或植物性脂肪来提高日粮中的能量浓度才能满足泌乳高峰奶牛的能量需要，一般每千克精料添加脂肪60～80克。试验证明，奶牛日粮通过添加脂肪，可提高奶产量和乳脂肪含量。但是任何形式的脂肪添加，将会降低奶中蛋白质的含量。为了防止瘤胃微生物对脂

肪的降解作用，可以使用添加保护剂的方法对日粮中所添加的脂肪进行保护，常用甲醛、丹宁和脂肪酸钙皂。

②增加过瘤胃蛋白的含量。日粮中的蛋白质在瘤胃微生物的作用下，大部分被降解成为氨，其中部分氨被瘤胃微生物利用合成菌体蛋白，只有约 30%～50% 的蛋白质则直接进入后段消化道被消化吸收。采用人工包被的方法对日粮中的蛋白质或氨基酸进行包被处理，降低其在瘤胃内的降解率或者饲喂低降解率蛋白质饲料，提高十二指肠中可消化吸收氨基酸的数量，就可以在一定程度上解决或缓解组织蛋白质不足的矛盾。

通常，增加过瘤胃蛋白含量的方法有：①糊化处理。加热处理干草后可使进入小肠的氨基酸量提高 50%。②日粮颗粒化处理如苜蓿草粉加工成颗粒状，能够减少在瘤胃内停留的时间从而减少瘤胃对蛋白质（氨基酸）的降解作用。③选择降解率低的蛋白质饲料，如同等条件下棉籽饼的瘤胃蛋白质降解率要比豆饼和花生饼的降解率低。④添加脲酶抑制剂，能使尿素、饼类饲料中的氮在奶牛瘤胃中逐步缓慢地释放。周健民用脲酶抑制剂作的实验表明，每千克日粮中添加 25 毫克脲酶抑制剂，使其产奶量增加 16.7%，大量生产实践也证明了这一点。

（3）泌乳后期的饲养　这一时期的特点：产奶量缓慢下降，母牛体质逐渐恢复，体重开始增加（图 3-6）。一般来说，每月

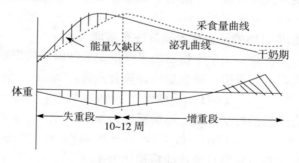

图 3-6　泌乳期体重变化示意图

产量约相当于上月产量的 93%～96%（下降 4%～7%）。

这一时期工作的重点是：控制每月产奶量下降幅度在 4%～7%以内，在维持产量缓慢下降的同时要求奶牛有一定的增重。奶牛自产犊后 20 周应开始增重，日增重幅度保持在 0.5 千克左右，如果奶牛膘情良好，日增重可以保持在 0.3 千克左右。这一时期的饲料供给应当按照饲养标准供应，争取进入干奶期时奶牛膘情达到 3 级。用于高产奶牛泌乳高峰期过后或中等产量奶牛，日粮中可消化粗蛋白含量为 15%～20%。

在干奶前的 2 个月时间，母牛已到妊娠后期，产奶量急剧下降，胎儿生长发育加快，母牛需要消耗大量的营养物质满足胎儿生长及泌乳的需要。这一时期应尽可能多地给奶牛供应优质粗饲料，适当地饲喂精料，每周或每两周按产量调整精料一次，对于早期瘦弱或体重下降较多的，饲养水平应当比维持和产奶的水平稍高，让奶牛体质得以迅速恢复。现代养牛理论是：在奶牛泌乳末期就应当有适宜的膘情 3～3.5 级。因此，干奶期的前期饲养可以主要放在保证胎儿营养需要上，奶牛日粮就可以以优质粗饲料为主而不必兼顾母牛膘情。但在分娩前两周左右仍然应当逐渐增加精料喂量，至分娩前 1 周精料的采食量约为 1～1.5 千克/100 千克体重，让母牛适应高精料日粮，以利于分娩后可以及早加料催奶。同时应做好产前的一切准备工作，保证胎儿的正常生长发育，防止母牛流产。

4. 奶牛日粮的配合技术及其注意事项

（1）采食量　奶牛干物质的采食量受多种因素的影响，变化范围较大，一般来说，采食量的计算公式为：

$$DMI = 0.062W^{0.75} + 0.40Y$$

适合于偏精料型日粮，即精粗比为 60：40

$$DMI = 0.062W^{0.75} + 0.45Y$$

适合于偏粗料型日粮，即精粗比为 45：55

式中　DMI——为干物质采食量；

W——为奶牛体重（千克）；

Y——为日标准奶产量（千克）。

对于泌乳前 3 周的奶牛，干物质采食量降低以上标准的 18%。

例如体重 500 千克的奶牛日产标准奶量为 30 千克，则所采食日粮干物质为 $DMI = 0.062 \times 500^{0.75} + 0.40 \times 30 = 18.56$ 千克（选择偏精料型日粮）。

牛有利用青粗料的生理特点，所以要经济有效地发挥乳牛的生产潜力，必须首先以最大的努力去解决好优质青粗料常年均衡供应的问题，由优质的青粗饲料供给的干物质应占日粮总干物质的 60% 左右。如果奶牛日粮能量供应不足，奶牛则首先牺牲生长和泌乳的需要，以满足维持及繁殖的需要，当能量严重不足或长期不足时，奶牛繁殖功能也将受到影响，产后体重下降过多的牛受孕率较低。

以全日粮计，奶牛采食的干物质为体重的 2.8%~3.2%，高产牛可采食到体重的 3.5%，短期内甚至达到体重的 4%。奶牛对青粗料的采食量以干物质计约为体重的 1.8%~2.5%。实际采食量受适口性等多种因素的制约。母牛以玉米青贮为唯一粗饲料时，其采食量为其体重的 2.2%~2.5%，而以优质豆科干草为日粮时，采食量大于其体重的 3% 是很常见的。当向玉米青贮中添加蛋白质补充料、尿素或其他氨化物时，其采食量可被提高。

影响采食量的因素除奶牛体重、泌乳量、及健康等因素外，还有①当粗料作为日粮的主要成分时，日粮中中性洗涤纤维（NDF）含量高，瘤胃的充满程度是干物质采食量的限制因素，物理调节起主要作用。当饲喂高精料日粮时，日粮中中性洗涤纤维（NDF）含量低，牛的能量需要成为干物质采食量的限制因素，化学调节起主要作用。②日粮添加脂肪酸会使干物质采食量下降，脂肪可能抑制瘤胃发酵和纤维的消化。由此又会影响瘤胃容积和降低食糜流通速率。③奶牛温度的适中区为 5～20℃，在极低温度环境下，干物质采食量并不随代谢率的增加而增加，因此动物是处于能量负平衡状态下，并且将用于生产的能量转移到用于产热为目的。有报道认为，在奶牛受热应激条件下，采食量比温度适中区奶牛的干物质采食量下降 55%。④增加奶牛喂料的次数，奶牛干物质采食量与体重将增加，增加饲喂次数的好处可能是瘤胃发酵变得更加稳定和一致。在早晨，至少 6 个小时没有喂料情况下，饲喂发酵能力高的碳水化合物能引起瘤胃酸性环境，降低采食量和纤维消化。早晨先饲喂饲草能够在瘤胃中形成纤维食团，提供了饲草或饲草消化引起的唾液分泌的缓冲能力。⑤饲喂中等或较长的饲草可以延长采食时间，因而增加唾液分泌和降低瘤胃流通速度。

（2）适宜的精、粗比例　我国奶牛日粮普遍存在着精料水平偏高、粗纤维不足问题。当日粮中精料比例超过 70% 时，粗料采食量对于正常的瘤胃发酵便会不足，微生物产量明显降低。过高的精料含量一方面造成大量的能量不能被微生物及时利用而浪费；另一方面会产生大量的挥发性脂肪酸，降低了瘤胃的 pH 抑制了细菌对纤维素的降解。并且，大量产酸还增加了酸中毒的几率，乳脂率下降明显。通常这种下降也伴随着产奶量的降低和典型的"脂肪牛"综合征问题。奶牛 40%～60% 的能源来自挥发性脂肪酸。因此，组织泌乳牛日粮首先要考虑如何满足瘤胃微生物的需要。组织高产牛日粮时要选择易发酵、易消化的饲料以促进瘤胃微生物对饲料的降解。

过高的精料喂量不仅增加饲养成本，而且产奶牛罹患代谢疾病、生殖疾病的风险加大。优质青粗料可满足奶牛营养的 70%，过多利用精料并不一定能达到多采食和提高产量的效果，而且，往往收到相反的效果。

从表 3-10 看出：产奶量并没有随着精料比例的增加而上升，相反却下降。瘤胃内乙酸比例下降，丙酸的比例增加，而乙酸是合成乳脂的主要原料，丙酸则被利用来合成体脂。所以在奶牛的饲养上不能过分强调精料，精料喂量不能超过体重的2%～2.5%，必须强调解决好优质青粗料。大量试验表明：奶牛日粮中以精料占40%～60%，粗纤维占15%～17%，酸性洗涤纤维19%～20%，中性洗涤纤维25%～28%为适宜。

表 3 - 10　不同日粮组成对代谢的影响

日　粮	采食代谢能（兆焦）	奶中能量（兆焦）	体组织增加能量（兆焦）	瘤胃内乙酸分子比
干草：精料 60：40	161.92	64.02	−6.28	65
干草：精料 40：60	161.92	58.99	+0.42	59
干草：精料 20：80	157.73	45.61	10.88	53

随着产奶量的增高，奶牛所需精料量也是逐渐增加的，而且，每产1千克牛奶所需的精料量也是逐渐上升的（表3-11）。因此，在奶价较低精料价格又较高的地区，应当考虑饲养成本，不应当一味地追求高产。

表 3 - 11　泌乳母牛精饲料供应量（仅供参考）

每天产奶量（千克）	<10	10～15	15～20	20～25	25～30	>30
每产1千克奶的精料量（千克）	<0.10	0.15	0.20	0.25	0.30	0.35
每头牛每天的精料量（千克）	<2	3～4	4～5	5～6	7～9	>10

（3）日粮配合注意事项　玉米和稻米产品在混合精料中应该限量添加，因为这些配料使奶中乳脂非常松软，松软的乳脂将会迅速酸败。黄豆类精料也不宜大量使用，因为它的脂肪含量高，较高的脂肪含量将会降低乳中蛋白质的含量。某些饲料如块根块茎类或其残渣要特别注意发霉或泥土污染。芝麻和向日葵产品滋味不佳。青粗料中豆科比禾本科要好，秸秆及其氨化产物比较适合用于肉牛生产。

各种饲料在瘤胃内降解速率存在着一定的差距，例如，粗饲料中稻草干物质降解率较低，为 20%～35%，玉米青贮干物质降解率较高为 48.66%，这也是稻草干物质采食量和营养价值明显低于玉米青贮干物质的重要原因。同种粗饲料不同的产地其降解率也存在着不同。因此，在配合奶牛日粮时，应当充分考虑降解率的高低，合理搭配。当奶牛的日粮为偏粗料型时，应当添加一些较易消化的大麦类，而少用玉米、高粱。优质豆科牧草较禾本科牧草易发酵和消化，母牛采食豆科牧草要比采食禾本科牧草高 20%，当日粮粗料以豆科牧草为主时可以合理搭配一些不易消化的玉米、高粱等。

各种精料的最大用量：

玉米副产品	40%～50%
小麦副产品	25%
米糠	0～20%
大麦胚芽	10%
椰子产品	50%
玉米、小麦、大麦等籽实	75%
大豆饼	25%
葵花子饼	10%
油菜子饼	10%（促甲状腺肿素）
花生饼	20%
棉子饼	20%（犊牛不喂，棉酚）
饴糖	15%（腹泻）
干甜菜渣	25%
干酒糟	25%
尿素	2%
糖类	5%（腹泻）

（4）饲喂方式　目前国内对奶牛精饲料的供给一般采用分餐饲喂的方式，而对于粗饲料的供给一般采用均衡供应法，即自由采食。从满足瘤胃的需要上来说，应该采用连续饲喂的形式，对

于易分解的营养物质应整天均衡地供应或增加饲喂次数。例如尿素，易溶解的蛋白质，可溶性碳水化合物及淀粉等，某些脂肪酸，可溶性矿物质、B族维生素。

研究表明，在某一阶段饲喂大量精料，将会降低瘤胃 pH（图3-7），pH 降低对瘤胃会产生不利的影响。正常 pH 为 $5.5\sim6.5$，出现波动现象主要是因为唾液中 HCO_3^- 的中和作用致使 pH 上升。为了减少这种现象的发生，可以采取以下措施：

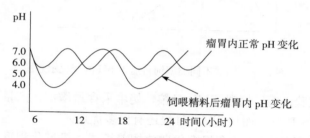

图 3-7　瘤胃内 pH 变化示意图

①在精料的日供应量不变的情况下，增加精料的饲喂次数，3~4 次/天。

②精料不要磨得太细。

③颗粒饲料在瘤胃内降解慢，所以最好饲喂颗粒饲料。

④饲喂优质的粗饲料。

多次饲喂能更好地改变饲料在瘤胃内发酵的条件，使日粮及粗纤维能最大限度地进行消化，并充分利用了瘤胃利用氨和产生挥发性脂肪酸的功能，从而日粮得到最大限度的利用。

全混日粮饲喂法 TMR（Total Mixed Ration）是指根据奶牛在泌乳各阶段的营养需要，把切短的粗饲料、精饲料和各种添加剂进行充分混合而得到的一种营养相对平衡的日粮。

TMR 饲养方式可以对多种饲料进行处理，既可以处理混合精、粗料，又可以单独处理某一类饲料。例如，在对谷物进行处理时，可以加入 3% 的 NaOH 溶液对谷物进行碱化处理，碱化处理的好处是碱化处理后的谷物 pH 达到 11 左右，不需要晒干就可以贮存或直接饲喂，改善瘤胃因为采食大量精料而出现的 pH 急剧下降现象如图 3-8 所示。

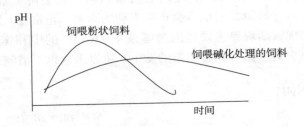

图 3-8　饲喂不同类型饲料瘤胃 pH 的变化示意图

试验证明：饲喂 TMR 日粮，奶牛采食量增加，产量可以提高 5%～10%。而且 TMR 日粮还有更多优点。

①TMR 日粮适合规模化散放饲养模式，机械化程度高，饲养管理省工、省时，节约劳力。

②便于控制日粮的营养水平，保证各项营养指标和精粗比例，维持瘤胃内环境的相对稳定，有效防止高产奶牛的酸中毒。

③适口性较好，干物质采食量增加，避免牛挑食，减少饲草浪费，提高饲料利用率。

应用 TMR 日粮对饲养管理有较高的要求，要定期对个体牛的产奶量、乳成分、体况以及牛奶质量进行检测，这是科学饲养的基础。对不同泌乳阶段和产奶量以及不同体况的奶牛要进行合理分群，根据不同阶段的奶牛营养要求配制不同的 TMR 日粮。也可以全群只用一个 TMR，对高产奶牛可额外补充精料。

（5）日粮的常规配合　对非生产牛来说，日粮应含粗蛋白质 11%。对泌乳牛来说日粮的粗蛋白质含量就要高许多，一般含有 13%～14%的蛋白质和 17%左右的粗纤维，具体的含量根据产奶水平确定。例如日产 30 千克奶的奶牛，日粮就需含 15% 蛋白质；若日产 59 千克奶，日粮就需含 19% 粗蛋白。喂低蛋白日粮不但产量会下降，而且泌乳的持续性也差，泌乳曲线下降也快，所以在高产牛日粮中供应充足的蛋白质，对生产和健康都很重要。

奶牛对蛋白质的常规需求量：精料中蛋白质含量的高低要根据产奶量和所提供的粗饲料的蛋白含量来确定。一般奶牛日粮干物质含 13%～14% 的粗蛋白质即能满足需要，如粗饲料以豆科为主，粗料本身已含约 14% 以上的蛋白质，那么精料含 13% 左右的粗蛋白足够。若粗料以玉米青贮为主，由于玉米青贮中蛋白质含量较低，精料中的蛋白质含量要在 20% 左右才能满足需要。

一般奶牛在各种粗料情况下精料应含蛋白质、钙和磷的参考（按 90% 干物质计）见表 3 - 12。

表 3 - 12　精粗料营养成分配合表

粗料种类	粗料含粗蛋白质（%）	精 料 应 含		
		粗蛋白质（%）	钙（%）	磷（%）
豆科饲料	14 或以上	12（10～14）	0	0.7
豆科禾本科饲料	10～14	14～16	0.5	0.7
玉米青贮或禾本科	6～10	16～24	1.0	0.7
玉米＋0.5 尿素青贮	10～12	14～16	1.0	0.7
全禾本科草		18～20		

以全日粮计，钙应占 0.5%～0.6%，磷 0.4%，钙磷比应为 1.5～2：1，盐 0.5%～1%。

以下是奶牛各阶段可消化粗蛋白（DCP）的参考量：①断奶后早期混合料用于 5～6 月龄犊牛（断奶后至少 1 个月），可消化粗蛋白最低需要为 10%～20%。②育成牛混合料用于 6 月龄至约 1 岁半龄育成牛，可消化粗蛋白含量最低为 15%～17%。③蛋白质含量适中的混合料用于第一次产犊前的育成牛、干奶期母牛以及泌乳末期母牛可消化粗蛋白含量为 12%～14%。④高产奶牛混合料用于泌乳初期（12～15 周），最低可消化粗蛋白含量为 20%～30%。⑤标准混合料用于高产奶牛泌乳第二期或中等产奶量奶牛，可消化粗蛋白含量为 15%～20%。

当产奶量增加时，蛋白质与能量的比值缩小，例如：

蛋白质：能量　　　　　（DCP：NND×100）

维持＋5 千克产奶　　　　　　　　1：2.86

维持＋40 千克产奶　　　　　　　　1：2.06

也就是说高产牛对蛋白质的需要越来越重要。因此，奶牛场必须有各种蛋白质含量不等的精料供应。

每千克精料混合料中应至少含有 2.4 个奶牛能量单位，使 1 千克精料至少能生产 2 千克牛奶。如果每千克精料混合料中含有奶牛能量单位少于 2.4 个，表明精料的粗纤维或灰分含量较高。

多样化是配合奶牛日粮的一个特点，日粮一般应含有 2 种以上的粗饲料（干草、秸秆），2～3 种多汁饲料（青贮、块根块茎类）和 4～5 种以上的精饲料组成（玉米、麸皮、豆饼、豆粕、棉饼、菜子饼等）。为提高适口性，可以在配合精料时加些甜菜渣、糖蜜（成母牛最大量为 15%；犊牛最大量为 5%，防止腹泻）等饲料。全价日粮中优质干草或干草粉应占 15%～20%，青贮饲料占 25%～35%，多汁料占 20%，精饲料占 30%～40%。

（6）日粮配合举例

例：体重为 500 千克的头胎母牛，日产乳脂率为 3.5% 的乳 15 千克，怀孕 7 个月，考虑运动因素增加 10% 的能量需要，考虑天气因素 5℃。

则该奶牛的营养需要（根据《奶牛营养需要和饲养标准》第二版）见表 3-13。

表 3 - 13　成年母牛维持的营养需要（查附录二（1）表得）

体重（千克）	日粮干物质（千克）	奶牛能量单位（NND）	可消化粗蛋白（克）	小肠可消化粗蛋白（克）	钙（克）	磷（克）
500	6.56	11.97	317	264	30	22

因为奶牛处于较寒冷季节，所以维持的能量需要不是上表列出的 11.97 奶牛能量单位（NND），维持代谢应按 5℃时的需要 0.389 兆焦/千克代谢体重（$MJ/kgW^{0.75}$），则：

维持能量需要（NND）＝$93×500^{0.75}$＝41.145 兆焦，每个奶牛能量单位含产奶净能为 3.138 兆焦，则 41.145 兆焦÷3.138＝13.11（奶牛能量单位）。

运动因素增加维持需要的 10％和头胎因素增加 20％，共计增加维持需要的 30％（NND）＝13.11×（1＋30％）＝17.04（奶牛能量单位），再从附录中查出（表 3 - 14）。

表 3 - 14　每产 1 千克奶的营养需要（查附录二（2）表得）

乳脂率（％）	日粮干物质（千克）	奶牛能量单位（NND）	可消化粗蛋白（克）	小肠可消化粗蛋白（克）	钙（克）	磷（克）
3.5	0.37～0.41	0.93	53	46	4.2	2.8

怀孕 7 个月，每天应在维持需要上增加产奶净能 2.27（NND），增加可消化粗蛋白 84 克/天，增加小肠可消化粗蛋白为 83 克/天。

产 15 千克奶的能量需要为（NND）＝0.93×15＝13.95（奶牛能量单位），可消化粗蛋白的需要为 53×15＝795 克，小肠可消化粗蛋白的需要为 46×15＝690 克。

因此，该奶牛每天的能量需要为 17.04＋13.95＋2.27＝33.26（NND）

则，该奶牛中可消化粗蛋白质（DCP）的需要为 317＋84＋53×15＝1 196（克）

小肠可消化粗蛋白质的需要为 264＋73＋46×15＝1 027（克）

日粮干物质（DM）的需要量 $6.56+0.40×15=12.56$（千克）

钙（Ca）的需要为 $30+4.2×15=93$（克）

磷（P）的需要为 $22+2.8×15=64$（克）

由以上得出数据见表 3-15。

表 3-15　该奶牛的营养需要

日粮干物质（千克）	奶牛能量单位（NND）	可消化粗蛋白（克）	小肠可消化粗蛋白（克）	钙（克）	磷（克）
12.56	33.26	1 196	1 027	93	64

如此算出的结果每千克干物质所含奶牛能量单位为：$33.26/12.56=2.64$ 奶牛能量单位（NND），而在此日粮配合中只有豆饼的奶牛能量单位达到 2.64 奶牛能量单位（NND）。可见在此种日粮配合下奶牛处于能量负平衡阶段，需要增加高能量饲料如脂肪类饲料，否则计算出的结果奶牛干物质采食量要远高于理论计算值。以下仍利用上述事例在不添加脂肪的情况下进行营养配合训练。

使用方程法利用以下原料，玉米、玉米青贮、干草、麦麸、豆饼、棉饼和磷酸氢钙（表 2-16）来配制以上奶牛所需日粮。

表 3-16　所供日粮营养素含量

饲　料	DM（%）	NND	DCP（克/千克）	Ca（克/千克）	P（克/千克）
玉米青贮	22.7	0.36	10	1.0	0.6
干草	92.1	1.30	46	4.5	0.7
玉米	87.6	2.36	56	0.9	1.8
麦麸	89.3	1.89	90	1.4	5.4
豆饼	90.6	2.64	280	3.2	5.0
棉饼	89.6	2.34	211	2.7	8.1
磷酸氢钙	91.0			318.2	133.9

资料数据来源：《奶牛营养需要和饲养标准》修订第二版

首先满足奶牛的粗饲料用量，每百千克体重给 1～2 千克干草和 3 千克青贮，500 千克体重给 6 千克干草和 15 千克青贮。

首先满足奶牛的粗饲料用量（依据奶牛干物质的采食量应占体重的 2.8%～3.2% 和奶牛对青粗料的采食量应占体重的 1.8%～2.5%，则总采食量为 500×3.0%＝15 千克，粗料采食量为 500×1.8%＝9 千克，精粗比为 40∶60），每百千克体重给 1～2 千克干草和 3 千克青贮，500 千克体重给 6 千克干草和 15 千克青贮。由表 3‑15 和表 3‑16 计算得出结果见表 3‑17。对于缺少的部分用玉米、麸皮、豆饼和棉饼来补充。

表 3‑17 该奶牛所需营养水平与粗精料添加水平

	DM（千克）	NND	DCP（克/千克）	Ca（克/千克）	P（克/千克）
需要量	12.56	33.26	1 196	93	64
粗料供给量	8.93	13.2	426	33	11.8
需添加量	3.63	20.06	770	60	52.2

首先根据经验配合一份能量饲料和一份蛋白饲料（表 3‑18）。

表 3‑18 所配制的饲料每千克含营养素为

饲料类型	饲料组分			每千克饲料成分分析			
能量饲料	玉米（%）	麸皮（%）	磷酸氢钙（%）	NND	DCP（克/千克）	Ca（克/千克）	P（克/千克）
	70	28	2	2.18	64.4	7.38	5.45
蛋白饲料	豆饼（%）	棉饼（%）	磷酸氢钙（%）	2.44	241.3	9.26	7.77
	50	48	2				

设需要能量饲料 X 千克和蛋白饲料 Y 千克，则

$$2.18X+2.44Y=20.06$$

$$64.4X+241.3Y=770$$

求解方程得：$X=8.0$

$$Y=1.1$$

$X+Y=9.1$ 超过理论计算出的干物质缺少量 3.63 千克，这也

说明单纯的玉米等日粮不能够满足该奶牛的营养需求，必须额外添加高能量饲料。利用增加豆饼给量来获得较高的能量供给的方法不足取，过高的蛋白质投入一方面增加了饲养成本，另一方面由于高蛋白所带来的代谢障碍、肢蹄病等的发病率也将大大增高。

该奶牛的日粮精料配方为：

从表3-18得知玉米在能量饲料中占70%，则该日粮玉米的需要量为：

玉米：$8.0 \times 0.7 = 5.6$ 千克；

同理：麸皮：$8.0 \times 0.28 = 2.24$ 千克；

豆饼：$1.1 \times 0.5 = 0.55$ 千克；

棉饼：$1.1 \times 0.48 = 0.53$ 千克；

磷酸氢钙：$8.0 \times 0.02 + 1.1 \times 0.02 = 0.18$ 千克。

验证钙磷需要量：

Ca：$7.38 \times 8.0 + 1.1 \times 9.26 = 69$ 克；

P：$5.45 \times 8.0 + 7.77 \times 1.1 = 52$。

与所需添加量 Ca：64.5，P：52.9 相比所添加的 Ca，P 基本持平，无需再添加。利用能氮平衡理论来验证饲料中能量与氮的供应是否满足瘤胃微生物的需要，从饲养标准可以查到各种饲料蛋白质降解率和饲料瘤胃可发酵有机物的数值见表3-19。

表3-19　各种饲料蛋白质降解率和饲料瘤胃可发酵有机物

饲　料	DM（%）	NND	DCP（克/千克）	蛋白质降解率（%）	FOM（千克/千克）
玉米青贮	22.7	0.36	10	60	0.447
干草	92.1	1.30	46	40	0.384
玉米	87.6	2.36	56	50	0.561
麦麸	89.3	1.89	90	50	0.597
豆饼	90.6	2.64	280	50	0.633
棉饼	89.6	2.34	211	40	0.455

表中　DCP——可消化粗蛋白（克/千克）；

　　　FOM——瘤胃可发酵有机物（千克/千克）。

由此可以计算出由两种不同的评定方法分别得出的瘤胃微生物的数量见表 3-20。

表 3-20　利用降解蛋白和可发酵有机物所评定的瘤胃微生物的量

饲料	喂量	NND	粗蛋白质（克）	蛋白质降解率（%）	降解蛋白质（克）	FOM	FOM.MCP	RDP.MCP	平衡
玉米青贮	15	5.4	150	60	90	6.7	911	81	830
干草	6	7.8	276	40	110	2.30	313	99	214
玉米	6.02	14.2	337	50	169	3.38	460	152	308
麦麸	2.41	4.55	217	50	109	1.44	196	98	98
豆饼	0.55	1.45	154	50	77	0.35	48	69	—21
棉饼	0.53	1.24	112	40	45	0.24	33	41	—8
总计		34.64	1 246		600	14.41	1 961	540	1 421

表中　FOM——瘤胃可发酵有机物（千克/千克），其值可在饲养标准中查到。

　　　FOM.MCP——通过可发酵有机物评定的瘤胃微生物蛋白质量＝FOM×136。

　　　RDP.MCP——通过饲料降解蛋白评定的瘤胃微生物蛋白质量＝降解蛋白质量×0.9。

因为平衡的结果为正值 1 421，说明对合成瘤胃微生物蛋白质而言，瘤胃的可发酵有机物有富余，而降解蛋白质不足，因此，需要增加瘤胃降解蛋白质的量，利用添加尿素的方法补充：

$$尿素的有效用量＝\frac{1\ 421}{2.8×0.65}＝781 克$$

该日粮中为保证瘤胃微生物的正常产量应该添加尿素 781克。该量已超过尿素的正常只占日粮干物质的 1% 的要求，进一步说明该奶牛日粮中能量不足，应当额外添加高能物质如脂肪。

修订版奶牛饲养标准对奶牛的营养标准要求增加了小肠可消化蛋白、饲料瘤胃降解蛋白质和非降解蛋白质、瘤胃能氮平衡、瘤胃微生物蛋白质合成量的预测等。因此，传统的手工计算方法对于大量的营养素要求就显得异常繁杂。借助于先进的微机工具和合理的配方程序才能得到合理的营养配方，为促进奶牛业的发展提供良好的营养指导。

"汇全"牌奶牛精料补充料就是本书作者按新修改奶牛饲养标准，精心设计、计算，反复筛选调试，研制成的。实践证明"汇全"牌饲料是营养合理的成熟配方。其主要特点：一是决对是无公害饲料；二是能发挥奶牛的最大生产性能；三是能预防奶牛的乳腺炎、隐形乳腺炎、代谢病和其他疾病。明显提高奶牛的免疫力和抗病能力。为产无抗奶、保健奶奠定了基础。四是产的奶是无抗、无公害的优质奶。乳脂、乳蛋白相应提高 25％、30％。有些奶业生产企业（雀巢、得怡）收奶早就以质论价。这样就实现了高产、稳产、优质、高效的生产目的。这就是饲料的科技内涵所在。

此外，乳脂、乳蛋白不但含量都有相应提高，而且它的有效成分的内部结构也发生了微妙变化。乳蛋白中的降压肽有明显变化，高血压人喝了这种奶能降低血压，正常血压人喝了对血压没有任何影响。乳脂中的共轭亚油酸、必需脂肪酸都有明显提高，具有很强的生理活性，对高血脂、高血糖、心脑血管疾病和肿瘤发生都有很好的预防和保健作用。此项研究是该行业科技前沿的热门研究课题。有关专家正在积极地研究。请有识之士与作者（田振洪，13953188906）联系。

第4章

羊的全价日粮配制技术

一、羊的消化特点及其营养要求

（一）羊的消化特点

1. 胃肠结构及其机能特点　羊的胃不同于单胃动物，有 4 个胃，总容量为 29.6 升。前 3 个胃总称前胃，胃黏膜无腺体组织。

瘤胃，又名草胃，位居腹腔左半部，容积为 23.4 升，占总容量的 79%。黏膜为棕黑色，表面有密集的乳头。蜂巢胃，又名网胃，呈球形，容积为 2.0 升，内壁如蜂巢状，与瘤胃紧连在一起，其消化生理作用基本相似，能分解消化食物。重瓣胃，又叫瓣胃，内有无数褶膜，容积为 0.9 升，对食物进行机械压榨作用。皱胃，又名真胃，为圆锥形，容积为 3.3 升，胃腺分泌胃液，主要有盐酸和胃蛋白酶，食物在胃液作用下，进行化学性消化。

小肠是羊消化吸收的主要器官，平均长度约 25 米，与体长之比为 25~30：1，细长而曲折，能产生蛋白酶，当胃内容物进入小肠后，经各种消化酶的作用，分解为各种简单的营养物质而被绒毛上皮吸收。未消化的食物被推入大肠。大肠长 4~13 米，主要功能是吸收水分和形成粪便。凡未被消化的营养物质，可在大肠微生物的作用下继续消化吸收，剩余残渣成为粪便排出体外。

山羊的瘤胃比绵羊小，但小肠的长度比绵羊稍长些。

2. 反刍机能特点 羊在短时间内能采食大量草料，经瘤胃混合和发酵，随即出现反刍活动，逆呕食团于口中，经咀嚼后再咽入腹。每次反刍持续 40～60 分钟，有时可达 1.5～2 小时，一天的逆呕食团数约为 500 个。羊每天反刍时间约为放牧采食时间的 3/4，为舍饲采食时间的 1.6 倍。

3. 瘤胃的消化特点 各种家畜对粗纤维的消化利用能力有很大差别。单胃动物，猪只有 18%，马为 30%，而复胃动物，牛为 55%，羊最高，可达 65%。

羊的瘤胃中繁殖着大量的微生物，1 克瘤胃内容物中有 500 亿～1 000 亿个细菌，1 毫升瘤胃液中含有 20 万～400 万个纤毛虫，其中细菌起主导作用。羊依赖微生物的作用，能将 50%～80% 的纤维分解消化。在瘤胃发酵过程中，纤毛虫先使纤维组织变得疏松，然后细菌通过水解酶的作用，将纤维分解为乙酸和丙酸等挥发性低级脂肪酸，由瘤胃壁吸收进入肝脏，成为能量的主要来源，或被运送到脂肪组织中形成体脂肪。绵羊一昼夜分解碳水化合物形成挥发性脂肪酸的数量约 500 克，可提供羊对总能量需要的 40%，主要是乙酸。

依赖微生物的作用，可将草料中的部分非蛋白质结构的含氮化合物（尿素和氨化物）合成为菌体蛋白。草料中的氨化物含量，一般占粗蛋白质总量的 1/3～1/2，具有与蛋白质同等的营养价值。

绵羊由瘤胃转到真胃的蛋白质约为 82% 是菌体蛋白，这些菌体蛋白在胃肠蛋白酶的作用下，在小肠内被消化吸收。据测定，绵羊在干草精料日粮中，一昼夜可从瘤胃获得 30 克的菌体蛋白。纤毛虫和细菌的菌体蛋白的生物学价值约为 80%，但前者的消化率为 91%，比后者高 17 个百分点，且富含赖氨酸。

依赖微生物的作用，可在羊体内合成硫胺素、核黄素、

维生素 B_{12} 和维生素 K 等维生素，满足自身需要，不必另外补充。

从一种日粮改变为另一种日粮，微生物种群随之发生变化，而且这种变化进程很缓慢。日粮转变过急、过大，会发生消化紊乱，必须遵循逐渐过渡的原则。

4. 羔羊的消化特点　初生时期的羔羊，起主要作用的是皱胃（真胃），其他3个胃的作用很小。此时瘤胃微生物区系尚未形成，无消化粗纤维的能力，不能采食和利用草料，对淀粉的耐受量很低，小肠消化淀粉的能力也很有限。吸吮的母乳直接进入真胃，由真胃分泌的凝乳酶进行消化。随着日龄的增长和采食植物性饲料的增加，前3个胃的体积逐渐增大，一般在20日龄后出现反刍活动，真胃凝乳酶的分泌逐渐减少，其他消化酶分泌增多，对草料的消化分解能力逐渐加强。

（二）羊的营养要求

羊所需要的营养物质，主要是碳水化合物、蛋白质、脂肪、矿物质、维生素和水。碳水化合物和脂肪是羊活动所需热能的主要来源，蛋白质是羊体生长和组织修复的主要原料，矿物质、维生素和水对调节生理机能起重要作用，而矿物质又是骨骼构成的主要成分。为确保羊的正常生活和生产，要求日粮中的营养物质必须齐全，且在数量上必须达到规定的标准。

羊因品种、生理机能、生产用途、年龄、性别和体重等的不同，对各种营养的需要也不一样。如毛用羊对含硫氨基酸（主要是胱氨酸）的需要较高，肉用羊则对碳水化合物及脂肪的需要量较大。妊娠后期及哺乳前期的母羊，除对蛋白质和热能的要求较高外，对钙、磷的需要也明显较多。奶山羊除必须满足其对能量的需要外，更应供给较多的蛋白质营养，奶山羊的产奶量越高，所需要的蛋白质越多。

一般说来，各类羊的营养水平是按裘皮、羔皮、羊毛、羊肉、羊奶的顺序，需要量逐渐增高。生产羔皮的母羊，如妊娠后期给以过分优质的饲养，反而会降低羔皮的品质，图案不清晰，毛卷松散。肉毛兼用品种对蛋白质的要求比毛肉兼用品种高。羔皮羊和裘皮羊除一般营养物质外，还对某些无机元素尤其是微量元素有特殊要求。

1. 维持饲养对营养的需要　维持饲养，是指羊维持正常消化、呼吸、循环和体温等生命活动所需要的营养。羊每日所得到的营养大部分用来维持生命活动，当这种最低需要得不到满足时，就会动用体内原有的养分，使体重减轻，导致各种不良后果。空怀、干奶的成年母羊、非配种期的成年公羊，大都处于维持状态。山羊维持饲养的需要，一般与同体重的绵羊相似，但冬季所需要的饲料量略少于绵羊。

蛋白质是一切生命活动的物质基础，是所有生活细胞的基本组成成分，同时也是组成各种生命活动所必需的酶、激素、色素和抗体等的原料。羊对蛋白质的需要，实际上是对氨基酸的需要。羊所必需的氨基酸有 8 种，当某种氨基酸严重缺乏时，其他氨基酸再多，也不能相互替代，会严重影响饲喂效果。所喂草料的多种多样，是营养全价的保证。

羊对热能的需要与其活动程度有关，放牧比舍饲的羊多消耗 10%~100% 的热能，依游走距离远近而异。

羊需要多种矿物类饲料，常量元素有钙、磷、钠、钾、氯、镁、硫等，微量元素有铁、铜、锌、硒、碘、钴和铜等，缺一不可。一般最容易出现不足的矿物质是钙、磷和食盐。一只体重 50 千克的空怀成年母羊，每日需钙 5.6 克，食盐 8~10 克。

在维持饲养中，同样需要维生素的供给，特别是维生素 A 和维生素 D 的补充。一只 50 千克的母羊，每日需维生素 A 4 400 国际单位或胡萝卜素 10 毫克、维生素 D 600 国际单位。

2. 繁殖对营养的需要　营养对羊的繁殖力有很大影响，营养的好坏对繁殖力的正常发挥至关重要，它能直接影响内分泌腺体对激素的合成与释放。公羊每射 1 毫升精液，约消耗 50 克可消化蛋白质。为确保公母羊有较高的繁殖力，必须供给足量的蛋白质。精液中含有白蛋白、球蛋白、核蛋白和黏液蛋白等高质量的蛋白质，大部分必须从饲料中直接取得。

维生素 A 对公母羊的繁殖力有极大影响，不足时公羊精液品质变差，性欲下降；母羊则阴道、子宫、胎盘黏膜角质化，影响受胎，易流产。维生素 D 不足，会导致母羊和胚胎钙、磷代谢障碍。维生素 E 不足时，生殖上皮和精子形成发生病理变化，母羊早产。饲料中钙、磷缺乏，影响公羊精子形成，造成母羊不孕或流产。

3. 胚胎发育对营养的需要　母羊在妊娠期所需要的营养较多，一是供给胎儿生长发育所需要的营养，二是母羊本身需要储备一定营养，为分娩后的泌乳做准备，特别是育成初配受孕母羊，由于自身尚需继续生长发育，故所需的营养更多些。妊娠前期如营养不足，常会影响到胎儿着床，造成胚胎被吸收或流产，后期营养缺乏，则会使胎儿发育受阻，即使以后饲养得到改善，也难以补偿。妊娠前期，胚胎发育缓慢，对营养主要是质的要求，数量少但营养需全面。妊娠后期胎儿发育很快，在正常饲养条件下，胎儿和母羊合计可增重 7～8 千克，如双羔或多羔时，合计可增重 15～20 千克，其中蓄积纯蛋白质总量可达 1.8～2.4 千克，内有 80% 是在妊娠后期蓄积的。如体重 50 千克的成年母羊，每日需可消化蛋白质 90～120 克。妊娠后期母羊的热能代谢，比空怀母羊高 15%～20%。

4. 生长对营养的需要　羊的生长，实际是肌肉、骨骼和各器官组织的增长，其中主要是体内蛋白质和矿物质的增加。从出生至 8 月龄，是羊一生中生长发育最快的时期。

羊由出生哺乳到 1～1.5 岁开始配种，有两个显著不同的生长发育阶段，即哺乳阶段和断奶后的育成阶段。体重增长速率，前者快于后者，公羊快于母羊。

羔羊在哺乳前期（前8周），主要靠母乳生长发育，哺乳后期（后8周），靠母乳和补饲。整个哺乳阶段，羔羊生长发育迅速，日增重可达200～300克。羊毛生长也很快，细毛羊断奶时毛长可达4～5厘米。此时期对蛋白质的质和量均有很高要求。每增加1千克活重，约消耗母乳5千克。

羊的育成阶段，主要依靠所食的草料维持生长发育。此阶段增重虽不及哺乳期快，但在8月龄前如饲养条件适宜，日增重仍可保持在150～200克。

育成阶段的营养充足与否，对羊体格的形成关系很大。羊体躯各部分的生长发育强度不同，头部、四肢及皮肤等是早期发育的部分，胸腔、骨盆、腰部和肌肉组织等，是晚期发育且需时间较长的部分。羊的体尺增长，出生前主要是高度诸方面的体尺增长占优，出生后长度方面的体尺增长逐渐加快，最后是深度和宽度的体尺强烈增长。如养羊生产中见到有的成年羊，四肢很长，体躯单薄，胸窄而浅，后躯短小的情况，这是因在哺乳阶段营养还好，而在断奶后，营养跟不上所致。

处于育成时期的羊，对蛋白质仍有较高要求，如断奶后直至1.5岁时每日需可消化粗蛋白质105～110克，与2～4月龄的母羔相当。育成期的公羊，每日要求供给可消化粗蛋白质135～160克，其中最主要的是赖氨酸。

羊在哺乳和育成阶段，骨骼生长迅速，对钙和磷的要求非常迫切。如长期钙、磷缺乏或比例失调，会导致食欲减退，生长迟缓，增重慢，饲料利用率降低。

生长中的羊对维生素A和维生素D的要求仍很迫切。维生素不足，使皮肤组织角质化，神经系统退化，性机能不良，易感染疾病。维生素D不足，则生长不良，或发生佝偻病。

5. 泌乳对营养的需要 母羊一昼夜的泌乳量，母绵羊一般在泌乳前半期为 1.2～1.5 千克，后半期为 0.6～1.0 千克。带双羔母羊相应高出 20%～30%。乳汁中含干物质 150～250 克，其中脂肪 60～80 克，蛋白质和乳糖各 60～80 克。

羊奶中含有的乳酪素和蛋白质是生物学价值最高的蛋白质。饲料中供给的纯蛋白质，需高出乳中所含纯蛋白质的 1.4～1.6 倍。如供给不足，既影响产奶量，还会降低乳脂含量，使羊的体况下降。

母羊泌乳期的营养需要约为空怀期的 2～3 倍。每产 1 千克乳，需能量 6.28 兆焦，可消化蛋白质 66 克，钙 3.6 克，磷 2.4 克。

乳中灰分以钙、磷、钾、氯为主，1 千克羊奶中含钙 1.74 克、磷 1.29 克、氯 1.3 克、钾 0.8 克，钠、铁、镁等含量较少。乳脂率与乳中所含的钙、磷、镁量正相关，必须确保磷酸氢钙和食盐的日常供给。老龄的产后母羊易患钙缺症，高产泌乳母羊易患缺镁症，行动蹒跚，肌肉强直，抽搐。

维生素对泌乳有重大作用。维生素 B 和维生素 C 可在羊体内合成，一般不缺，但维生素 A 和维生素 D 必须由饲料供给。

6. 产毛的营养需要 羊毛的生长，是随着绵羊的生长、繁殖和泌乳同时进行的。因此，没有单独为产毛制定的营养需要。但绵羊的营养水平与产毛性能有密切相关性，营养水平高，产毛性能好，营养水平低，产毛性能也低。

产毛的能量需要，包括合成羊毛消耗的能量和羊毛本身所含的能量两部分。绵羊用于产毛的能量需要，与维持生长、繁殖、肥育的营养需要相比，所占比例不大，约为 10%左右，与产乳的营养需要相比，则更小。如 1 只体重 50 千克的绵羊，每天需要净能 4 602 兆焦，而用于产毛只有 418 兆焦。但是能量水平对产毛的数量和质量有很大影响。能量水平提高时，产毛量增加，毛的直径也增大，而能量水平下降时，产毛量即减少，毛的直径缩小。当营养不足时，养分转为毛的最大转化率会显著降低。

角质蛋白是羊毛的基本成分，由18种氨基酸和许多多肽链组成。多肽链之间则是由胱氨酸的二硫键和盐键相连接。

1只产毛量为6千克的羊，每天长毛沉积的蛋白质约为6.7克，需供给22克可消化蛋白质。

蛋白质品质对羊毛生长有影响，其中含硫氨基酸即胱氨酸和蛋氨酸，对羊毛生长的影响更明显些。如在绵羊日粮中直接补饲胱氨酸，同时供给足量的蛋白质饲料，对提高产毛量有良好效果，每天给予326克蛋白质和2.4克胱氨酸的公羊，可产毛8～9千克，而喂给199.2克蛋白质和2.4克胱氨酸的公羊，仅产毛5.6千克。

胱氨酸不仅占角质蛋白总量的9%～14%，还含有3%～5%的有机硫，在毛囊发生角质化过程中，有机硫是一种重要的刺激素，含量高不但产毛多，而且弹性和手感也好。绵羊的硫代谢水平较高，需硫量大于其他家畜，在日粮干物质中氮硫比例以保持5～10：1为好。高产细毛羊一年中沉积到羊毛中的硫约400克。

绵羊瘤胃的微生物可利用非蛋白氮合成蛋白质。在其日粮中饲喂尿素等非蛋白氮时，应注意硫的补充，以使微生物有足够的硫合成硫的氨基酸。

矿物质除硫外，铜对羊毛品质也有较大影响。绵羊缺铜时的明显症状是毛弯曲减少，严重时会造成毛纤维弯曲消失，同时引起铁代谢紊乱，出现贫血和产毛量下降。

维生素A具有保持皮肤的功能。羊毛是皮肤的衍生物。维生素缺乏时，会导致表皮及毛囊过度角质化，汗腺和皮脂腺机能失调，分泌减少，皮肤粗糙，影响毛的正常生长。夏秋季绵羊可采食大量青草，获取丰富的胡萝卜素，一般不缺，但冬春季需注意补给维生素 A，产毛高的绵羊对维生素的需要量较多，更应及时补喂。

羊瘤胃微生物可以合成维生素 B 族、维生素 K 和维生素 C，除维生素 A 外，一般还需补喂维生素 D 和维生素 E 即可。

7. 肥育对营养的需要 羊经肥育后既能增加羊体肌肉和脂肪的可食部分，又可改善肉的品质。所增加的肌肉组织主要由蛋白质构成，还含有 $1\%\sim6\%$ 的脂肪，而增加的大部分脂肪，主要蓄积于皮下结缔组织、腹腔和肌肉内。

无论肥育羔羊或成年羊，供给的营养必须超过本身维持营养所必需的营养物质，才有可能在体内增长肌肉和积蓄脂肪，肥育羔羊体重的增长，包括生长和肥育两部分，生长是肌肉组织和骨骼的增加，前者主要是蛋白质，后者是脂肪的沉积。对蛋白质的需要量，肥育羔羊显著高于成年羊肥育。肥育效果也以肥育羔羊好，因为羔羊增重快，饲料利用率高，成本低，最为有利。

二、羊的全价日粮混配比例

羊的日粮配方是根据羊每日干物质进食量及营养需要量，多采用试差法计算的。

日粮配合的原则：一是配合日粮中所含养分，必须满足羊维持生命、生长、繁殖、泌乳、肥育等的需要量。能量、粗蛋白质（氨基酸指标可不考虑）、钙、磷及钙、磷比例、维生素 A、维生素 D、维生素 E、食盐和硫、锌、硒等其他营养指标。二是不仅应考虑日粮中养分是否能满足羊的需要，还必须考虑日粮中的容积大小，因为这是保证羊正常消化的物质基础，即既要做到营养全面，又要满足其生理需要。如以 60 千克体重的母羊为例，干物质总需要量（包括精、粗料），维持营养时应占活重 1.8%，妊娠后期或哺乳期应占活重 3.5%。三是注意充分发挥瘤胃中微生物的作用。在日粮组成中，要以青、粗饲料为主，精料为辅。四是选用饲料要多样搭配，禁用发霉、变质、有毒和影响羊产品的饲料。五是选用饲料要就地取材、价格低廉，保证供应。六是配方设计要根据不同季节、不同生理状况和生产水平等条件，相应进行调整。

羊日粮配合的方法和步骤，首先以饲养标准中对羊所规定的营养需要量为依据，参考有关配方和以往的配方经验，将选用的各种饲料试定一个大概的比例，拟定出一个日粮配方，然后按饲料营养成分表（如有条件经实际分析测定更理想）提供的数值，计算出各种营养成分含量，最后将计算的营养成分含量相加，与营养需要量相比较，是否符合要求，若不足或超量，即行调整修改，直到达到或接近标准要求为止。

我国的绵羊、山羊（奶山羊除外）绝大多数是以放牧为主，只在枯草期和严寒的冬春季才给以适当补饲。迄今尚无一个统一的绵、山羊饲养标准。现将内蒙古、新疆制定的绵羊地方饲养标准及美国和前苏联的有关羊的饲养标准列出（表 4 - 1 至表 4 - 34），供实际应用时参考。

对各类羊饲养水平的共同要求：

（1）育成及空怀母羊　要求配种时应保持中等以上的膘情，需在配种前 5～6 周加强营养，约比标准提高 20%。

（2）怀孕母羊　怀孕前期（1～3 个月）母羊应有良好的体况，如膘情欠佳时，应在前期营养需要量的基础上增加 20%～30%。怀孕后期（4～5 个月）应将能量需要量增加 30%，可消化蛋白质增加 40%，补加更多的钙和磷。

（3）哺乳母羊　哺乳母羊的营养需要，取决于母羊的泌乳量，泌乳量越高，羔羊增重越快。哺乳母羊的营养需要量，可根据出生羔羊的 20～25 天的日增重来确定，对哺乳单羔和多羔的母羊，应分群喂养，区别对待。

（4）羔羊 羔羊生长越快，所需的营养物质也越多。对不同生产用途的羔羊，应给予不同的营养需要量。公羊正常生长所需的营养物质比母羔多一些，公母羔应分开喂养。

（5）肥育羊 为使 6～7 月龄羔羊达到屠宰体重，必须采取强度肥育，加强对哺乳母羊的饲养，羔羊应及早补饲。

（6）种公羊 全年保持良好体况。非配种期应给予中等以上的营养，配种期保持较高的营养水平。在开始配种前 1.5～2 个月即应加强补饲，逐步喂给配种期日粮。

（一）肉毛兼用羊的日粮混配

1. 哺乳羔羊 饲养标准见表 4-1。

表 4-1 哺乳羔羊（出生～90 日龄）饲养标准

体重（千克）	日增重（千克）	风干饲料（千克）	消化能（兆焦）	代谢能（兆焦）	粗蛋白质（克）	可消化粗蛋白质（克）	钙（克）	磷（克）	食盐（克）	胡萝卜素（毫克）
4	0	0.12	1.1	1.1	8.3	8.0	0.96	0.50	0.60	0.50
	0.10	0.12	1.9	1.9	35	34				
	0.20	0.12	2.8	2.7	62	60				
	0.30	0.12	3.7	3.6	90	86				
6	0	0.13	1.6	1.6	9.4	9.0	1.0	0.50	0.60	0.75
	0.10	0.13	2.6	2.5	36	35				
	0.20	0.13	3.4	3.3	62	60				
	0.30	0.13	4.2	3.8	88	85				
8	0	0.16	2.1	2.1	10	10	1.3	0.70	0.70	1.0
	0.10	0.16	3.1	3.0	36	35				
	0.20	0.16	4.1	3.9	62	60				
	0.30	0.16	5.0	4.6	88	85				

（续）

体重（千克）	日增重（千克）	风干饲料（千克）	消化能（兆焦）	代谢能（兆焦）	粗蛋白质（克）	可消化粗蛋白质（克）	钙（克）	磷（克）	食盐（克）	胡萝卜素（毫克）
10	0	0.24	2.8	2.6	22	17	1.4	0.75	1.1	1.3
	0.10	0.24	3.6	3.6	54	42				
	0.20	0.24	5.0	4.6	87	68				
	0.30	0.24	6.3	5.9	121	94				
12	0	0.32	3.4	3.1	24	19	1.5	0.8	1.3	1.5
	0.10	0.32	4.6	4.1	56	44				
	0.20	0.32	5.4	5.0	90	70				
	0.30	0.32	7.1	6.3	122	95				
14	0	0.4	3.9	3.6	27	21	1.8	1.2	1.7	1.8
	0.10	0.4	5.0	4.6	59	46				
	0.20	0.4	6.3	5.9	91	71				
	0.30	0.4	7.5	6.7	123	96				
16	0	0.48	4.6	4.1	28	22	2.2	1.5	2.0	2.0
	0.10	0.48	5.4	5.0	60	47				
	0.20	0.48	7.1	6.3	92	72				
	0.30	0.48	8.4	7.5	124	97				
18	0	0.56	5.0	4.6	31	24	2.5	1.7	2.3	2.3
	0.10	0.56	6.3	5.9	63	49				
	0.20	0.56	7.9	7.1	95	74				
	0.30	0.56	8.8	7.9	127	99				

（续）

体重（千克）	日增重（千克）	风干饲料（千克）	消化能（兆焦）	代谢能（兆焦）	粗蛋白质（克）	可消化粗蛋白质（克）	钙（克）	磷（克）	食盐（克）	胡萝卜素（毫克）
20	0	0.64	5.4	5.0	33	26	2.9	1.9	2.6	2.5
	0.10	0.64	7.1	6.3	65	51				
	0.20	0.64	8.4	7.5	96	75				
	0.30	0.64	9.6	8.8	128	100				

2. 育成羊

（1）饲养标准（表 4-2）

表 4-2　育成肉毛兼用绵羊饲养标准

月龄	活重（千克）	平均日增重（克）	干物质（千克）	饲料净能（兆焦）	蛋白质（克）		矿物质（克）					维生素		
					粗蛋白质	可消化蛋白质	钙	磷	硫	镁	食盐	胡萝卜素（毫克）	A（国际单位）	D（国际单位）
小母羊														
4	30	165	0.95	9.9～11.8	160	110	5.0	3.3	2.7	0.6	5	6	2 400	450
6	35	100	1.10	10.5～12.1	170	115	5.1	3.3	2.9	0.6	6	7	2 800	480
8	40	70	1.30	11.5～13.6	175	120	6.2	3.5	2.9	0.6	8	7	2 800	480
11	45	60	1.40	11.5～14.2	180	115	6.9	3.7	3.1	0.7	9	8	3 200	500
15	55	50	1.45	11.5～14.4	155	100	6.8	3.7	3.2	0.8	10	8	3 200	500
小公羊														
4	38	200	1.15	10.5～13.6	195	140	6.0	4.0	3.4	0.8	6	9	3 600	500
6	50	180	1.30	13.6～16.2	215	145	6.8	4.8	4.2	0.9	8	9	3 600	500
8	60	130	1.55	15.2～17.8	230	155	8.1	5.3	4.6	1.0	9	10	4 000	680
11	70	110	1.75	16.2～18.8	245	160	9.1	5.9	4.7	1.1	10	11	4 400	750
15	80	80	1.90	16.2～19.9	230	150	9.5	6.3	5.3	1.2	12	12	4 800	800

（2）微量元素需要量（表 4-3）

表4-3 育成羊微量元素需要量

月龄	活重(千克)	日增重(克)	每只每日(毫克)							每千克饲料干物质(毫克)						
			碘	钴	铜	锰	锌	铁		锌	碘	钴	铜	锰	铁	硒
小母羊																
2	20	200	0.30	0.36	7.3	40	30	36		30~40	0.3~0.4	0.4~0.5	7~10	40~50	50	0.1
4	30	165	0.3	0.4	8.0	45	33	45		30~40	0.3~0.4	0.4~0.5	7~10	40~50	50	0.1
6	36	100	0.30	0.41	8.0	48	36	47		30~40	0.2~0.3	0.3~0.4	5~8	40~50	50	0.1
8	40	70	0.30	0.40	8.1	52	40	49		30~40	0.2~0.3	0.3~0.4	5~8	40~50	50	0.1
11	46	60	0.28	0.39	8.2	54	44	52		30~40	0.2~0.3	0.3~0.4	5~8	40~50	50	0.1
12	53	50	0.28	0.39	8.3	55	48	58		30~40	0.2~0.3	0.3~0.4	5~8	40~50	50	0.1
小公羊																
2	24	250	0.36	0.45	9.0	45	36	45		30~40	0.3~0.4	0.4~0.5	8~10	40~50	50	0.1
4	38	200	0.40	0.46	10.2	50	40	50		30~40	0.3~0.4	0.4~0.5	8~10	40~50	50	0.1
6	50	180	0.38	0.51	11.0	58	45	56		30~40	0.2~0.3	0.4~0.5	8~10	40~50	50	0.1
11	73	100	0.38	0.57	12.1	69	52	69		30~40	0.2~0.3	0.3~0.4	7~10	40~50	40	0.1
15	84	80	0.38	0.58	13.4	70	58	75		30~40	0.2~0.3	0.3~0.4	7~10	40~50	40	0.1

3. 成年母羊

（1）饲养标准（表4-4）

表4-4　肉毛兼用成年母羊饲养标准

活重（千克）	干物质（千克）	饲料净能（兆焦）	粗蛋白质（克）	可消化粗蛋白质（克）	矿物质（克）					维生素		
					钙	磷	硫	镁	食盐	胡萝卜素（毫克）	A（国际单位）	D（国际单位）
空怀和妊娠12～13周内												
50*	1.60	11.0～13.1	120	70	5.3	3.1	2.7	0.5	10	10	4 000	500
60	1.75	12.0～14.1	140	80	6.2	3.6	3.1	0.6	12	12	4 800	600
70	1.90	13.1～15.2	160	90	7.0	4.0	3.5	0.7	13	15	6 000	700
妊娠最后7～8周												
50	1.70	15.2～18.3	185	115	8.4	3.8	4.9	0.8	11	20	8 000	750
60	1.85	16.2～19.4	200	125	9.5	4.5	5.6	0.9	13	22	8 800	900
70	1.95	17.3～20.4	220	135	10.3	5.1	6.3	1.0	15	25	10 000	1 000
泌乳6～8周以前**												
50	2.25	21.4～24.6	250	160	10.0	6.4	5.4	1.7	14	15	6 000	750
60	2.35	22.4～25.6	265	170	10.5	6.8	5.9	1.3	15	18	7 200	900
70	2.45	23.5～26.7	280	180	11.0	7.2	6.0	1.9	16	20	8 000	1 000
泌乳后期***												
50	2.05	17.3～20.4	200	120	7.5	4.8	4.8	1.3	12	12	4 800	600
60	2.20	18.2～21.4	215	130	8.5	5.2	5.2	1.5	14	14	6 400	700
70	2.30	19.4～22.5	230	140	9.5	5.8	5.8	1.6	16	16	7 250	800

*　空怀母羊体重。

**　双胎母羊产奶量高，应给其多补饲净能1.18兆焦。

***　计算母羊产奶力的标准，每昼夜为3.76兆焦。

（2）微量元素需要量（表4-5）

表4-5 成年羊母羊微量元素需要量

羊群类别	活重（千克）	每只每天（毫克）						每千克饲料干物质（毫克）						
		碘	钴	铜	锰	锌	铁	铜	锰	锌	钴	碘	铁	硒*
空怀和怀孕12～13周内	50	0.50	0.50	12	60	40	54	5～10	40～50	20～40	0.3～0.4	0.2～0.4	40	0.1
	60	0.57	0.58	14	69	46	62	5～10	40～50	20～40	0.3～0.4	0.2～0.4	40	0.1
	70	0.64	0.65	16	75	52	70	5～10	40～50	20～40	0.3～0.4	0.2～0.4	40	0.1
怀孕到最后7～8周	50	0.55	0.65	14	81	54	68	6～10	50～60	20～40	0.3～0.5	0.3～0.4	50	0.1
	60	0.63	0.75	16	83	62	78	6～10	50～60	20～40	0.3～0.5	0.3～0.4	50	0.1
	70	0.72	0.85	18	105	70	88	6～10	50～60	20～40	0.3～0.5	0.3～0.4	50	0.1
泌乳6～8周以前	50	0.85	1.08	18	110	110	110	8～10	50～60	30～50	0.4～0.7	0.4～0.5	50	0.1
	60	0.98	1.24	20	120	125	120	8～10	50～60	30～50	0.4～0.7	0.4～0.5	50	0.1
	70	1.10	1.40	22	130	142	130	8～10	50～60	30～50	0.3～0.7	0.4～0.5	50	0.1
泌乳后期	50	0.66	0.85	15	95	76	95	7～10	50～60	20～40	0.3～0.6	0.3～0.4	50	0.1
	60	0.74	0.94	17	105	84	105	7～10	50～60	20～40	0.3～0.6	0.3～0.4	50	0.1
	70	0.80	1.04	19	115	92	115	7～10	50～60	20～40	0.3～0.6	0.3～0.4	50	0.1

* 硒为最低量值。

4. 肥育羊

（1）舍饲肥育（表4－6）

表4－6　羔羊舍饲肥育饲养标准

活重（千克）	平均日增重（克）	饲料干物质（千克）	饲料净能（兆焦）	蛋白质（克）		矿物质（克）					维生素		
				粗蛋白质	可消化蛋白质	钙	磷	硫	镁	食盐	胡萝卜素（毫克）	A(国际单位)	D(国际单位)
20	200	0.70	7.74	100	85	3.7	2.8	2.1	0.5	4	5	2 000	250
30	100	0.90	9.41	140	95	4.8	3.2	2.7	0.6	6	6	2 400	400
40	100	1.10	11.09	160	105	5.3	3.3	2.9	0.6	8	6	2 400	430
50	100	1.35	13.08	180	115	6.3	3.9	3.2	0.7	10	7	2 800	450
60	100	1.55	14.12	200	122	7.3	4.0	3.4	0.8	11	7	2 800	450
20	150	0.80	8.36	125	100	4.1	3.0	2.6	0.5	4	6	2 400	300
30	150	0.95	10.46	155	105	5.7	3.3	3.3	0.6	6	6	2 400	450
40	150	1.25	12.97	180	120	6.0	3.7	3.7	0.7	8	7	2 800	480
50	150	1.45	14.85	200	135	7.2	4.3	4.1	0.7	9	8	3 200	500
60	150	1.60	16.75	220	145	8.3	4.3	4.2	0.8	10	8	3 200	500
20	200	0.85	9.10	140	110	4.3	3.1	2.7	0.5	5	6	2 400	300
30	200	1.10	11.92	170	120	6.1	3.6	3.5	0.7	6	7	2 800	480
40	200	1.40	14.64	200	130	6.7	4.2	4.2	0.8	8	9	3 600	500
50	200	1.65	17.26	215	140	8.2	4.9	4.6	0.8	10	9	3 600	600
60	200	1.80	17.99	230	150	9.0	5.0	4.7	0.9	11	10	4 000	680
20	250	0.95	10.46	155	125	5.2	3.8	2.9	0.6	6	8	3 600	400
30	250	1.15	12.66	190	130	6.5	3.9	3.8	0.7	7	9	3 600	500
40	250	1.35	15.48	215	145	6.8	4.3	4.0	0.8	8	10	4 000	680
50	250	1.70	18.62	230	155	8.5	5.1	5.1	0.9	10	11	4 400	750
20	300	1.00	12.55	175	130	5.3	4.0	3.0	0.7	6	10	4 000	400
30	300	1.25	13.60	180	135	6.6	4.4	3.8	0.8	7	10	4 000	500
40	300	1.50	16.74	185	140	7.2	4.5	4.2	0.9	8	11	4 400	680

（2）国外羔羊肥育（表4-7、表4-8）

表4-7 美国羔羊肥育饲养标准

体重（千克）	日增重（克）	每只每日干物质		能量			粗蛋白质（克）	钙（克）	磷（克）	维生素A（国际单位）	维生素D（国际单位）
		用量（千克）	占体重（%）	总消化养分（千克）	消化能（兆焦）	代谢能（兆焦）					
肥育羔羊4～7月龄											
30	295	1.3	4.3	0.94	17.2	14.2	191	6.6	3.2	1 410	20
40	275	1.6	4.0	1.22	22.6	18.2	185	6.6	3.3	1 880	24
50	205	1.6	3.2	1.23	22.6	18.4	160	5.6	3.0	2 350	24
早期断奶羔羊，中等生长速度											
10	200	0.5	5.0	0.40	7.5	5.9	127	4.0	1.9	470	10
20	250	1.0	5.0	0.80	14.6	12.1	167	5.4	2.5	940	20
30	300	1.3	4.3	1.00	18.4	15.1	191	6.7	3.2	1 410	20
40	345	1.5	3.8	1.16	21.3	17.6	202	7.7	3.9	1 880	22
50	300	1.5	3.0	1.16	21.3	17.6	181	7.0	3.8	2 350	22
早期断奶羔羊，强度生长速度											
10	250	0.6	6.0	0.48	8.8	7.1	157	4.9	2.2	470	12
20	300	1.2	6.0	0.92	16.7	13.8	205	6.5	2.9	940	24
30	325	1.4	4.7	1.10	20.1	16.7	216	7.2	3.4	1 410	21
40	400	1.5	3.8	1.14	20.9	17.2	234	8.6	4.3	1 880	22
50	425	1.7	3.4	1.29	23.8	19.7	240	9.4	4.8	2 350	25
60	350	1.7	2.8	1.29	23.8	19.7	240	8.2	4.5	2 820	25

表4-8 前苏联羔羊肥育饲养标准

活重（千克）	日增重（克）	代谢能（兆焦）	干物质（千克）	粗蛋白质（克）	可消化蛋白质（克）	食盐（克）	钙（克）	磷（克）	镁（克）	硫（克）	胡萝卜素（毫克）	维生素D（国际单位）
肉毛兼用品种												
20	200	10.5	0.85	140	110	5	4.8	3.1	0.6	2.7	6	300
30	200	13.8	1.10	170	120	6	6.1	3.6	0.7	3.5	7	480
	150	11.3	0.95	155	105	6	5.7	3.3	0.6	3.3	6	450

（续）

活重（千克）	日增重（克）	代谢能（兆焦）	干物质（千克）	粗蛋白质（克）	可消化蛋白质（克）	食盐（克）	钙（克）	磷（克）	镁（克）	硫（克）	胡萝卜素（毫克）	维生素D（国际单位）
40	200	16.3	1.40	200	130	9	7.0	4.2	0.8	4.2	9	500
	150	13.4	1.25	180	120	8	6.0	3.7	0.7	3.7	7	480
50	200	19.2	1.65	215	140	10	8.2	4.9	0.8	4.6	9	600
	150	16.3	1.45	200	135	9	7.2	4.1	0.7	4.1	8	500
60	150	18.8	1.60	220	145	10	8.3	4.2	0.8	4.2	8	500
多胎品种												
12	220	8.4	0.73	135	106	4	4.4	2.8	0.5	2.2	5	300
15	180	8.8	0.80	146	110	5	4.8	3.2	0.6	2.4	5	350
26	170	12.1	1.11	165	114	7	6.4	3.5	0.7	3.0	8	400
36	150	12.6	1.14	178	116	7	6.9	3.8	0.7	3.4	10	450
40	130	14.6	1.35	200	130	8	7.2	4.0	0.8	3.6	11	500

（3）成年羊肥育（表4-9）

表4-9　前苏联成年羊肥育饲养标准

活重（千克）	日增重（克）	代谢能（兆焦）	干物质（千克）	粗蛋白质（克）	可消化蛋白质（克）	食盐（克）	钙（克）	磷（克）	镁（克）	硫（克）	胡萝卜素（毫克）	维生素D（国际单位）
肉毛兼用品种												
50	170	16.3	1.9	200	130	16	9.0	4.5	0.5	3.0	12	500
60	180	17.6	2.2	210	135	17	9.6	4.8	0.6	3.4	12	530
70	190	18.8	2.4	225	145	18	10.0	5.1	0.7	3.8	13	550
80	190	19.7	2.6	230	150	20	10.5	5.3	0.7	4.2	14	580
粗毛羊（中等强度育肥）												
50	160	16.3	1.9	180	120	12	9	3.8	0.5	3.0	10	500
60	180	18.8	2.2	205	135	14	10	4.2	0.6	3.4	12	600
70	185	19.7	2.6	215	140	15	10.5	4.5	0.6	3.5	13	650
80	200	20.9	3.0	230	150	17	11.5	4.8	0.7	3.8	14	700

（4）饲料配方（表4-10至表4-15）

表4-10　种公羊非配种期饲料配方

饲料组成	干草	玉米	豆饼	小麦麸	磷酸氢钙	盐砖	合计
比例（%）	73.82	14.14	2.36	8.90	0.52	0.26	100
营养价值	代谢能（兆焦/千克）　　8.33　　钙（%）　　0.45						
	粗蛋白质（%）　　　　10.49　　磷（%）　　0.20						

注：盐砖中含有铁、铜、锰、锌、碘、钴等微量元素。

表4-11　种公羊配种期饲料配方

饲料组成		混合牧草	玉米	豆饼	麻饼	麦麸	磷酸氢钙	食盐	矿物质添加剂	多维	合计
比例（%）	Ⅰ号	65.73	14.39	10.97	2.74	4.63	0.79	0.41	0.27	0.07	100
	Ⅱ号	72.06	11.73	8.94	2.26	3.67	0.66	0.42	0.20	0.06	100
营养价值	Ⅰ号	代谢能（兆焦/千克）　　8.74　　钙（%）　　0.85									
		粗蛋白质（%）　　　　15.28　　磷（%）　　0.42									
	Ⅱ号	代谢能（兆焦/千克）　　8.70　　钙（%）　　0.83									
		粗蛋白质（%）　　　　14.75　　磷（%）　　0.40									

表4-12　母羊妊娠后期（90~150天）饲料配方

饲料组成	混合牧草	玉米	麦麸	豆饼	磷酸氢钙	胡萝卜	矿物质添加剂	合计
比例（%）	53.32	25.65	5.17	2.58	2.0	0.36	0.92	100
营养价值	代谢能（兆焦/千克）　　7.45　　钙（%）　　0.85							
	粗蛋白质（%）　　　　8.73　　磷（%）　　0.36							

注：矿物质添加剂指矿物质盐砖包括食盐、铜、铁、锰、锌、钴、碘等微量元素。

表4-13　母羊泌乳前期（60天）饲料配方

饲料组成	干草	玉米	麦麸	麻饼	磷酸氢钙	食盐	合计
比例（%）	80.95	15.24	2.29	0.95	0.38	0.19	100
营养价值	代谢能（兆焦/千克）　　7.45　　钙（%）　　0.85						
	粗蛋白质（%）　　　　10.11　　磷（%）　　0.52						

表 4-14 育成母羊（11 月龄）饲料配方

饲料组成	混合牧草	玉米	麦麸	麻饼	磷酸氢钙	食盐	合计
比例（%）	84	7.55	6.72	0.96	0.61	0.16	100
营养价值	代谢能（兆焦/千克）		6.95		钙（%）	0.93	
	粗蛋白质（%）		8.73		磷（%）	0.39	

表 4-15 成年肥育羊饲料配方

饲料组成	比例（%）	营养价值	
干草或草粉	30	代谢能（兆焦/千克）	7.49
秸　秆	45	粗蛋白质（%）	7.5
混合精料	24.5	钙（%）	0.5
矿物质添加剂	0.5	磷（%）	0.25
合　计	100		

注：混合精料配方比例：玉米 75%、麦麸 10%、豆饼 12%、骨粉 2%、食盐 1%。

（二）绵羊的日粮混配

1. 种公羊 （表 4-16 至表 4-18）

表 4-16 种公羊非配种期饲养标准

体重（千克）	风干饲料（千克）	消化能（兆焦）	代谢能（兆焦）	粗蛋白质（克）	可消化粗蛋白质（克）	钙（克）	磷（克）	食盐（克）	胡萝卜素（毫克）
60	2.0	15.5～18.8	12.6～15.5	188～215	113～138	6.0	3.2	9.0	9.0
70	2.1	17.2～20.5	13.8～16.7	211～240	127～144	7.0	3.6	9.5	11
80	2.1	19.2～22.6	15.5～17.2	233～245	140～147	8.0	4.1	10	13
90	2.4	20.5～23.8	16.7～19.7	255～260	153～156	9.0	4.6	11	15
100	2.5	22.6～25.9	18.4～27.3	276～285	166～171	10.0	5.2	12	17

表 4-17 种公羊配种期饲养标准

体重 (千克)	风干饲料 (千克)	消化能 (兆焦)	代谢能 (兆焦)	粗蛋白质 (克)	可消化粗蛋白质 (克)	钙 (克)	磷 (克)	食盐 (克)	胡萝卜素 (毫克)
60	2.2	23.4~26.8	18.8~21.8	339~390	203~234	14	9.0	14	25
70	2.5	26.8~30.1	21.8~24.7	378~420	227~252	15	10	16	28
80	2.7	29.7~33.1	24.2~27.2	414~450	248~270	16	11	18	31
90	3.0	32.6~36.0	26.4~29.7	450~480	270~288	17	12	20	34
100	3.3	35.1~38.5	28.5~31.4	486~510	292~306	17	12	20	37

表 4-18 育成种公羊饲养标准

月龄	体重 (千克)	风干饲料 (千克)	消化能 (兆焦)	代谢能 (兆焦)	粗蛋白质 (克)	可消化粗蛋白质 (克)	钙 (克)	磷 (克)	食盐 (克)	胡萝卜素 (毫克)
4~6	30~40	1.4	14.6~16.7	11.7~13.39	150~167	90~100	4.0	2.5	7.6	6.5
6~8	37~42	1.6	16.7~18.8	13.4~15.1	158~192	95~115	5.0	3.0	8.6	7.5
8~10	42~48	1.8	18.8~20.9	15.1~17.2	167~208	100~125	5.5	3.5	9.7	8.5
10~12	46~53	2.0	20.1~23	16.3~18.8	183~225	110~135	6.0	3.8	11	9.5
12~18	53~70	2.2	20.1~23.4	16.3~18.8	200~233	120~140	6.5	4.2	12	11

2. 母羊（表4-19至表4-22）

表4-19　妊娠母羊前期（1～3个月）饲养标准

体重 （千克）	风干 饲料 （千克）	消化能 （兆焦）	代谢能 （兆焦）	粗蛋白质 （克）	可消化 粗蛋 白质 （克）	钙 （克）	磷 （克）	食盐 （克）	胡萝 卜素 （毫克）
30	1.3	9.2～11.7	7.5～9.6	110～130	66～78	2.8	1.8	6.0	8.0
40	1.6	11.3～12.6	9.2～10.46	116～140	70～84	3.0	2.0	6.6	9.0
50	1.8	13.8～15.1	11.3～12.6	124～150	75～90	3.2	2.5	7.5	9.0
60	2.0	14.6～15.9	12.1～13.4	132～160	80～96	4.0	3.0	8.3	9.0
70	2.2	15.5～16.7	12.6～14.6	141～170	85～102	4.5	3.5	9.1	9.0

表4-20　妊娠母羊后期（4～5个月）饲养标准

体重 （千克）	风干 饲料 （千克）	消化能 （兆焦）	代谢能 （兆焦）	粗蛋白质 （克）	可消化粗 蛋白质 （克）	钙 （克）	磷 （克）	食盐 （克）	胡萝 卜素 （毫克）
				单　胎					
30	1.6	13.8	11.3	133～140	80～84	5.2	3.3	7.0	9.0
40	1.8	15.1	12.6	146～160	88～96	6.0	3.5	7.5	9.0
45	1.9	15.9	13.4	152～170	92～102	6.5	3.7	7.9	9.0
50	2.0	16.7	14.6	159～180	96～108	7.0	3.9	8.3	9.0
55	2.1	18.0	15.1	165～190	99～114	7.5	4.1	8.7	9.0
60	2.2	18.8	15.9	172～200	104～120	8.0	4.3	9.1	9.0
65	2.3	19.7	16.7	180～210	108～126	8.5	4.5	9.5	9.0
70	2.4	20.9	17.6	187～220	113～132	9.0	4.7	9.9	9.0

（续）

体重 （千克）	风干 饲料 （千克）	消化能 （兆焦）	代谢能 （兆焦）	粗蛋白质 （克）	可消化粗 蛋白质 （克）	钙 （克）	磷 （克）	食盐 （克）	胡萝 卜素 （毫克）
双　　胎									
30	1.6	14.2	11.7	141～160	85～96	6.0	3.8	7.0	9.0
40	1.8	16.7	14.2	147～180	101～108	7.0	4.0	7.9	9.0
45	1.9	18.0	15.1	176～190	106～114	7.5	4.3	8.3	9.0
50	2.0	19.2	16.3	184～200	111～120	8.0	4.6	8.7	9.0
55	2.1	20.5	17.2	193～210	116～126	8.5	5.0	9.1	9.0
60	2.3	21.8	18.4	203～220	122～132	9.0	5.3	9.5	9.0
65	2.3	22.6	19.2	214～230	129～138	9.5	5.4	9.9	9.0
70	2.4	24.3	20.5	226～240	136～144	10.0	5.6	11.0	9.0

表 4 - 21　泌乳母羊（泌乳前两个月）饲养标准

体重 （千克）	风干 饲料 （千克）	消化能 （兆焦）	代谢能 （兆焦）	粗蛋白质 （克）	可消化 粗蛋 白质 （克）	钙 （克）	磷 （克）	食盐 （克）	胡萝 卜素 （毫克）
40	2.0	13.0～25.9	10.5～21.3	120～250	72～150	7.0	4.3	8.3	9.0
50	2.2	15.1～28.0	12.6～23.0	125～280	75～168	7.5	4.7	9.1	9.0
60	2.4	16.3～29.3	13.4～23.8	130～300	78～180	8.0	5.1	9.9	10.0
70	2.6	18.0～31.0	14.6～25.5	140～320	84～192	8.5	5.6	11.0	12.0

　　注：能量和蛋白质标准的下限适用于日产奶 0.2 千克的情况，能量和蛋白质标准的上限适用于日产奶 1.2 千克的情况。

表 4-22　育成母羊（4~18个月）饲养标准

体重（千克）	日增重（千克）	风干饲料（千克）	消化能（兆焦）	代谢能（兆焦）	粗蛋白质（克）	可消化粗蛋白质（克）	钙（克）	磷（克）	食盐（克）	胡萝卜素（毫克）
25	0.09	0.80	8.4~10.9	6.7~8.8	112~140	68~84	3.6	1.8	3.3	3.1
30	0	1.0	6.7~9.2	5.4~7.5	54~85	33~51	4.0	2.0	4.1	3.8
	0.03	1.0	7.9~10.5	6.3~8.8	75~106	46~64				
	0.06	1.0	8.8~11.3	7.1~9.2	96~127	58~76				
	0.09	1.0	9.2~11.7	7.5~9.6	117~148	71~89				
35	0	1.2	7.9~10.5	6.3~8.8	61~100	37~60	4.5	2.3	5.0	4.4
	0.03	1.2	8.8~11.3	7.1~9.2	82~120	50~72				
	0.06	1.2	9.6~12.1	7.0~10.0	103~141	68~85				
	0.09	1.2	10.9~13.4	8.8~10.9	123~162	75~97				
40	0	1.4	8.4~10.9	6.7~8.8	67~116	41~70	4.5	2.3	5.8	5.0
	0.03	1.4	9.6~12.1	7.9~10.0	88~137	53~82				
	0.06	1.4	10.9~13.4	8.8~10.8	108~157	66~94				
	0.09	1.4	12.6~15.1	10.0~12.6	129~179	78~107				
45	0	1.5	9.2~11.7	7.5~9.6	80~129	48~77	5.0	2.5	6.2	5.6
	0.03	1.5	10.9~13.4	8.8~10.9	100~149	61~89				
	0.06	1.5	11.7~14.2	9.6~11.7	120~169	78~101				
	0.09	1.5	13.4~15.9	10.9~13.0	140~189	85~113				
50	0	1.6	9.6~12.1	7.9~10.0	94~135	57~81	5.0	2.5	6.6	6.3
	0.03	1.6	11.3~13.8	9.2~11.3	114~153	69~92				
	0.06	1.6	13.4~15.9	10.9~13.0	135~174	82~104				
	0.09	1.6	15.1~17.6	12.1~14.2	146~185	93~111				

3. 美国绵羊饲养标准（表 4 - 23 至表 4 - 25）

表 4 - 23　绵羊日粮营养需要量

体重（千克）	体重（增或减）（克）	干物质采食量占体重		能量			粗蛋白质（克）	可消化蛋白质（克）	钙（克）	磷（克）	胡萝卜素（毫克）	维生素A（国际单位）	维生素D（国际单位）
		总消化养分（千克）	（%）	消化能（兆焦）	代谢能（兆焦）								
母羊维持													
50	10	1.0	2.0	0.55	10.13	8.28	89	48	3.0	2.8	1.9	1 275	278
60	10	1.1	1.8	0.61	11.21	9.20	98	53	3.1	2.9	2.2	1 530	333
70	10	1.2	1.7	0.66	12.13	9.96	107	58	3.2	3.0	2.6	1 785	388
80	10	1.3	1.6	0.72	13.26	10.88	116	63	3.3	3.1	3.0	2 040	444
母羊非泌乳期或妊娠最初 15 周													
50	30	1.1	2.2	0.60	11.05	9.04	99	54	3.0	2.8	1.9	1 275	278
60	30	1.3	2.1	0.72	13.26	10.88	117	64	3.1	2.9	2.2	1 530	333
70	30	1.4	2.0	0.77	14.18	11.63	126	69	3.2	3.0	2.6	1 785	388
80	30	1.5	1.9	0.82	15.10	12.38	135	74	3.3	3.1	3.0	2 040	444
母羊妊娠最后 6 周或泌乳最后 8 周（单羔）													
50	175（+45）	1.7	3.3	0.99	18.24	14.97	158	98	4.1	3.9	6.2	4 250	278
60	180（+45）	1.9	3.2	1.10	20.25	16.61	177	99	4.4	4.1	7.5	5 100	333
70	185（+45）	2.1	3.0	1.22	22.47	18.41	195	109	4.5	4.3	8.8	5 950	388
80	190（+45）	2.1	2.8	1.28	23.56	19.33	205	114	4.8	4.5	10.0	6 800	444
母羊泌乳初期 8 周（单羔）或泌乳最后 8 周（双羔）													
50	−25（+80）	2.1	4.2	1.36	25.02	20.50	218	130	10.9	7.8	6.2	4 250	278
60	−25（+80）	2.3	3.9	1.50	27.61	22.64	239	143	11.5	8.2	7.5	5 100	333
70	−25（+80）	2.5	3.6	1.63	30.00	24.60	260	155	12.0	8.6	8.8	5 950	388
80	−25（+80）	2.6	3.2	1.69	31.13	25.50	270	161	12.6	9.0	10.0	6 800	444

（续）

体重（千克）	体重（增或减）（克）	干物质采食量占体重		能量			粗蛋白质（克）	可消化蛋白质（克）	钙（克）	磷（克）	胡萝卜素（毫克）	维生素A（国际单位）	维生素D（国际单位）
		总消化养分（千克）	（%）	消化能（兆焦）	代谢能（兆焦）								
母羊泌乳初期8周（双羔）													
50	−60	2.4	4.8	1.56	28.76	23.56	276	173	12.5	8.9	6.2	4 250	278
60	−60	2.6	4.3	1.69	31.13	25.52	299	187	13.0	9.4	7.5	5 100	333
70	−60	2.8	4.0	1.82	33.51	29.49	322	202	13.4	9.5	8.8	5 950	388
80	−65	3.0	3.7	1.96	35.90	29.46	345	216	14.4	10.2	10.0	6 800	444
后备羔羊与1岁育成羊													
30	180	1.3	4.3	0.81	14.90	12.22	130	75	5.9	3.3	1.9	1 275	166
40	120	1.4	3.5	0.82	15.10	12.38	133	74	6.1	3.4	2.5	1 700	222
50	80	1.5	3.0	0.83	15.27	12.51	133	73	6.3	3.5	3.1	2 125	273
60	40	1.5	2.5	0.82	15.10	12.38	133	72	6.5	3.6	3.8	2 550	333
公羊　后备公羊与1岁育成公羊													
40	250	1.8	4.5	1.17	21.55	17.66	184	108	6.3	3.5	2.5	1 700	222
60	200	2.3	3.8	1.38	25.40	20.84	219	122	7.2	4.0	3.8	2 550	333
80	150	2.8	3.5	1.54	28.37	23.26	249	134	7.9	4.4	5.0	3 400	444
100	100	2.8	2.8	1.54	28.37	23.26	249	134	8.3	4.6	6.2	4 250	555
120	50	2.6	2.2	1.43	26.32	21.59	231	125	8.5	4.7	7.5	5 100	666
羔羊　育肥羔羊													
30	200	1.3	4.3	0.82	15.27	12.13	143	87	4.8	3.0	1.1	765	163
35	220	1.4	4.0	0.94	17.32	14.18	154	94	4.8	3.0	1.3	892	194
40	250	1.6	4.0	1.12	20.63	16.90	176	107	5.0	3.1	1.5	1 020	222
45	250	1.7	3.8	1.19	21.69	17.99	187	114	5.0	3.1	1.7	1 148	250

（续）

体重（千克）	体重（增或减）（克）	干物质采食量占体重		能量			粗蛋白质（克）	可消化蛋白质（克）	钙（克）	磷（克）	胡萝卜素（毫克）	维生素A（国际单位）	维生素D（国际单位）
		总消化养分（千克）	（千克）	（%）	消化能（兆焦）	代谢能（兆焦）							
羔羊　育肥羔羊													
50	220	1.8	3.6	1.26	23.18	19.00	198	121	5.0	3.1	1.9	1 275	278
55	200	1.9	3.5	1.33	23.35	20.08	209	217	5.0	3.1	2.1	1 402	305
早期断奶羔羊													
10	250	0.6	6.0	0.44	8.12	6.65	96	69	2.4	1.6	1.2	850	67
20	270	1.0	5.0	0.73	13.43	11.00	160	115	3.6	2.4	2.5	1 700	133
30	300	1.4	4.7	1.02	18.79	15.40	196	133	5.0	3.3	3.8	2 550	206

表 4-24　绵羊日粮干物质中的养分含量

体重（千克）	体重（增或减）（克）	干物质采食量	占体重	能量			粗蛋白质（克）	可消化蛋白质（克）	钙（克）	磷（克）	胡萝卜素（毫克）	维生素A（国际单位）	维生素D（国际单位）
		（千克）	（%）	总消化养分（%）	消化能（兆焦/千克）	代谢能（兆焦/千克）							
母羊维持													
50	10	1.0	2.0	55	10.04	8.37	8.9	4.8	0.30	0.28	1.9	1 275	278
60	10	1.1	1.8	55	10.04	8.37	8.9	4.8	0.28	0.26	2.0	1 391	303
70	10	1.2	1.7	55	10.04	8.37	8.9	4.8	0.27	0.25	2.2	1 488	323
80	10	1.3	1.6	55	10.04	8.37	8.9	4.8	0.25	0.24	2.3	1 569	342

（续）

体重（千克）	体重（增或减）（克）	干物质		每只羊所需养分									
		采食量（千克）	占体重（%）	能量			粗蛋白质（克）	可消化蛋白质（克）	钙（克）	磷（克）	胡萝卜素（毫克）	维生素A（国际单位）	维生素D（国际单位）
				总消化养分（%）	消化能（兆焦/千克）	代谢能（兆焦/千克）							
母羊非泌乳期或妊娠最初 15 周													
50	30	1.1	2.2	55	10.04	8.37	9.0	4.9	0.27	0.25	1.7	1 159	253
60	30	1.3	2.1	55	10.04	8.37	9.0	4.9	0.24	0.22	1.7	1 177	256
70	30	1.4	2.0	55	10.04	8.37	9.0	4.9	0.23	0.21	1.9	1 275	277
80	30	1.5	1.9	55	10.04	8.37	9.0	4.9	0.22	0.21	2.0	1 360	286
母羊妊娠最后 6 周或泌乳最后 8 周（单羔）													
50	175（+45）	1.7	3.3	58	10.88	8.79	9.3	5.2	0.21	0.23	3.6	2 500	164
60	180（+45）	1.9	3.2	58	10.88	8.79	9.3	5.2	0.23	0.20	3.9	2 684	175
70	185（+45）	2.1	3.0	58	10.88	8.79	9.3	5.2	0.34	0.20	4.2	2 833	185
80	190（+45）	2.2	2.8	58	10.88	8.79	9.3	5.2	0.24	0.20	4.5	3 091	202
母羊泌乳初期 8 周（单羔）或泌乳最后 8 周（双羔）													
50	−25（+80）	2.1	4.2	65	12.13	10.04	10.4	6.2	0.52	0.37	3.0	2 024	132
60	−25（+80）	2.3	3.9	65	12.13	10.04	10.4	6.2	0.50	0.36	3.3	2 217	145
70	−25（+80）	2.5	3.6	65	12.13	10.04	10.4	6.2	0.48	0.34	3.5	2 380	155
80	−25（+80）	2.6	3.2	65	12.13	10.04	10.4	6.2	0.48	0.34	3.8	2 615	171
母羊泌乳初期 8 周（双羔）													
50	−60	2.4	4.8	65	12.13	10.04	11.5	7.2	0.52	0.37	2.6	1 771	116
60	−60	2.6	4.3	65	12.13	10.04	11.5	7.2	0.50	0.36	2.9	1 962	122
70	−60	2.8	4.0	65	12.13	10.04	11.5	7.2	0.48	0.34	3.1	2 125	139
80	−65	3.0	3.7	65	12.13	10.04	11.5	7.2	0.48	0.34	3.3	2 267	148

（续）

体重（千克）	体重（增或减）（克）	干物质采食量（千克）	占体重（%）	能量 总消化养分（%）	消化能（兆焦/千克）	代谢能（兆焦/千克）	粗蛋白质（克）	可消化蛋白质（克）	钙（克）	磷（克）	胡萝卜素（毫克）	维生素A（国际单位）	维生素D（国际单位）
后备羔羊与1岁育成羊													
30	180	1.2	4.3	62	11.30	9.20	10.0	5.8	0.45	0.25	1.5	981	128
40	120	1.4	3.5	60	10.88	8.79	9.5	5.3	0.44	0.24	1.8	1 214	159
50	80	1.5	3.0	55	10.04	8.37	8.9	4.8	0.42	0.23	2.1	1 417	185
60	40	1.5	2.5	55	10.04	8.37	8.9	4.8	0.43	0.24	2.5	1 700	222
公羊后备公羊与1岁育成公羊													
40	250	1.8	4.5	65	12.13	10.04	10.2	6.0	0.35	0.19	1.4	944	123
60	200	2.3	3.8	60	10.88	8.79	9.5	5.3	0.31	0.17	1.7	1 109	145
80	150	2.8	3.5	55	10.04	8.37	8.9	4.8	0.28	0.16	1.8	1 214	159
100	100	2.8	2.8	55	10.04	8.37	8.9	4.8	0.30	0.17	2.2	1 518	198
120	50	2.6	2.2	55	10.04	8.37	8.9	4.8	0.30	0.18	2.9	1 962	256

表 4-25　体重 60 千克母羊的营养需要量

项　目	维持（15周）	妊娠初期（15周）	妊娠后期（6周）	泌乳初期（8周）	泌乳后期（8周）	全年合计
干物质（千克/日）	1.1	1.3	1.9	2.3（S） 2.6（T）	1.9（S） 2.3（T）	
（千克/期）	115.5	136.5	79.8	128.8（S） 145.6（T）	106.6（S） 128.8（T）	567.0（S） 606.2（T）

（续）

项　目	维持（15 周）	妊娠初期（15 周）	妊娠后期（6 周）	泌乳初期（8 周）	泌乳后期（8 周）	全年合计
代谢能（兆焦/日）	9.20	10.88	16.61	22.64(S) 25.52(T)	16.61(S) 22.64(T)	
（兆焦/期）	966.5	1 142.23	697.47	1 267.75(S) 1 429.25(T)	930.10(S) 1 267.75(T)	5 004.06 (S) 491.92(T)
可消化蛋白质（克/日）	53	64	99	143 (S) 187 (T)	99 (S) 143 (T)	
（千克/期）	5.6	6.7	4.2	8.0 (S) 10.5 (T)	5.0 (S) 8.0 (T)	30.0 (S) 35.0 (T)

注：S 为单羔哺乳母羊，T 为双羔哺乳母羊。

（三）奶山羊的日粮混配

1. 饲养

（1）羔羊期　羔羊出生至 10 日龄为初乳期，初乳为主要食物。羔羊 10～40 日龄为常乳期，主食为常乳和少量草料。40～80 日龄，已学会吃草、料，食物应以奶料并重。80～120 天断奶，则以草料为主。

（2）育成期　要大量利用青干草等粗饲料，有条件时可实行整天放牧，少量补饲。在培育中严防体形粗短矮胖，胸深肉厚，影响以后产奶性能。

（3）妊娠期　对妊娠母羊饲养的好坏，直接影响到胎儿的生长发育和产后的产奶量。必须供给丰富的蛋白质、矿物质和维生素的饲料，且要求体积不过大、易消化。

（4）干奶期　干奶期正值母羊怀孕后期，胎儿发育快，增重迅速，需大量营养，同时由于长时间泌乳，使体内营养消耗太多，需要恢复，还要提前贮备一些营养，为产后多产奶打基础。一般可按日产奶1～1.5千克的泌乳母羊饲养标准执行。

（5）泌乳期

①泌乳初期。泌乳初期是指产后20天以内。此期应以恢复体力为主。产生5～6天内给予易消化的优质干草，酌情喂给少量精料。6天后逐渐增喂青贮或青绿多汁饲料，两周后恢复到正常的精料量。应视母羊体况、乳房膨胀程度、食欲表现及粪便状况等，合适给量，切忌操之过急。

②泌乳高峰期。指产后20～120天。这一时期的产奶量占整个泌乳量一半以上，产奶是主要任务，要尽量设法将奶量提上去。该时期的母羊，尤其是高产羊的营养入不敷出，务必精心喂养，要优质，营养要充足，还应选择时机，增喂催奶料，及时催奶，增加产奶量。即在原饲料标准的基础上，提前增加预支精料，诱导母羊多泌乳。一般于产后20天左右进行，过早影响体质恢复，过晚影响产奶量。日粮中应含有15%～17%的纤维素，每天均衡喂给干草。

高产羊的泌乳高峰期与饲料采食量往往不同步，一般泌乳高峰期到来较早，采食高峰滞后。必须注意干奶期的饲养，做到产前饲料丰富，产后大胆饲喂，搞好饲料合理搭配，要求适口性好、体积小、营养高、种类多和营养全。

③泌乳稳定期。指产后120～210天。此期产奶量逐渐下降，而采食量增大，机体开始恢复体重。应尽量避免饲料、饲养方法及工作日程的改变，保持饲养上相对稳定，使高产奶量保持一个较长时间。

④泌乳后期。指产后210天至干奶。受发情与妊娠等影响，产奶量显著下降。此期精料的减少，要求在奶量下降之后，以减缓奶量的下降速度。此期正是妊娠的前3个月，胎儿虽增重不快，但要求全价营养。

2. 饲养标准与配方（表4-26至表4-34）

表4-26　奶山羊维持饲养标准

活重 （千克）	净能 （兆焦/日）	可消化粗蛋白质 （克/日）	钙 （克/日）	磷 （克/日）
40	4.44	32	3.0	2.0
50	5.15	40	3.5	2.5
60	5.90	48	4.0	3.0
70	6.61	56	4.5	3.5
80	7.36	64	5.0	4.0

表4-27　种公羊饲养标准

活重 （千克）	净能 （兆焦/日）	可消化粗蛋白质 （克/日）	钙 （克/日）	磷 （克/日）
非配种期				
55	4.73	80	8	4
65	5.90	100	8	4
75	7.11	120	9	5
85	8.28	140	9	5
95	9.46	160	9.5	5.5
105	10.67	180	10	6
115	11.84	200	11	6
125	12.97	220	11	6
配种期				
55	8.87	160	9	6
65	9.41	180	9	6
75	10.04	200	10	7
85	10.67	220	10	7
95	11.25	240	11	8
105	11.84	260	11	8
115	13.01	280	12	9
125	14.23	300	12	9

表4-28　泌乳母羊饲养标准（含维持需要）

3.5%乳脂率的奶量（千克）	净能（兆焦/日）	可消化粗蛋白质（克/日）	钙（克/日）	磷（克/日）
40 千克体重				
1	7.36	88	7.5	4.0
2	10.33	144	11.5	5.5
3	13.26	202	15.0	7.0
4	16.19	258	18.5	8.0
5	19.16	314	22.0	9.5
6	22.09	370	25.5	11.0
50 千克体重				
1	8.12	96	8.0	4.5
2	11.05	152	12.0	6.0
3	13.97	210	15.0	7.5
4	16.95	268	19.0	8.5
5	19.87	322	22.0	10.0
6	22.80	378	26.0	11.5
60 千克体重				
1	8.83	104	8.5	5.0
2	11.76	160	12.5	6.5
3	14.73	216	16.0	8.0
4	17.66	272	19.5	9.0
5	20.59	328	23.0	10.5
6	23.56	384	26.5	12.0
70 千克体重				
1	9.54	110	9.0	5.5
2	12.51	166	13.0	7.0
3	15.44	222	16.5	8.5
4	18.37	278	20.0	9.5
5	21.17	334	23.5	11.0
6	24.27	390	27.0	12.5

表4-29　妊娠母羊饲养标准（最后2个月）

活重 （千克）	净能 （兆焦/日）	可消化粗蛋白质 （克/日）	钙 （克/日）	磷 （克/日）
40	7.91	85	9.0	3.5
50	8.62	103	9.5	4.0
60	9.33	120	10.0	4.5
70	10.08	138	10.5	5.0
80	10.79	155	11.0	5.5

表4-30　成年奶山羊产奶营养需要（前苏联）

产乳（千克）	0.5	1.0	1.5	2.0	2.5	3.0	3.5	4.0	4.5	5.0	6.0	7.0	8.0
代谢能 （兆焦/日）	1.18	2.37	3.55	4.74	5.92	7.10	8.29	9.47	10.66	11.84	14.21	16.58	18.94
可消化粗 蛋白质（克）	25	50	75	100	125	150	175	200	225	250	300	350	400

表4-31　奶羊干乳期的饲料标准（前苏联）

奶羊体重（千克）	代谢能（兆焦/日）	可消化蛋白质（克）
35	3.85	45
40	4.14	50
45	4.44	66
50	4.74	60
55	5.03	60
60	5.33	65
65	5.62	65
70	5.92	70
75	6.22	75
80	6.51	80

表4-32 育成山羊饲养标准

月　龄	体重（千克）	消化能（兆焦/日）	可消化粗蛋白质（克）	钙（克）	磷（克）	食盐（克）
小　母　山　羊						
4～6	15～20	3.6	80	4	2	6
6～8	20～22	4.1	90	4	2	6
8～10	22～25	4.1	90	5	3	6
10～12	25～27	4.7	100	5	3	6
12～18	27～35	5.3	100	5	3	6
种　用　小　公　山　羊						
4～6	20～25	4.1	100	5	3	8
6～8	25～27	4.7	110	5	3	8
8～10	27～30	5.3	120	6	4	8
10～12	30～35	8.3	140	6	4	8
12～18	35～45	10.1	160	6	4	8

表4-33 奶山羊精料混合料配方

饲料名称	配比（%）	营养水平	
玉米粉	54.0	消化能（兆焦/千克）	15.56
小麦麸	26.0	代谢能（兆焦/千克）	12.55
黑豆	8.0	粗蛋白（%）	17.20
豆饼	8.0	可消化粗蛋白（克/千克）	145.00
磷酸氢钙	1.0	粗纤维（%）	5.20
脱氟磷酸氢钙	1.0	钙（%）	0.72
食盐	2.0	磷（%）	0.93

表 4 - 34　乳用山羊饲料配方比例（台湾省）

用途 原料	山羊（泌乳期）	山羊（繁殖期）
玉米	42	30
高粱	—	12
大豆粉	15	30
麸皮	30	20
糖蜜	10	5
磷酸二氢钙	2	2
食盐	1	1
合计	100	100

第5章

猪的全价日粮配制技术

一、猪的消化特点及其营养要求

（一）消化特点

1. 猪的消化系统　消化系统包括消化管和消化腺两部分。消化管包括口腔、咽、食管、胃、小肠、大肠和肛门；消化腺包括唾液腺、肝、胰和消化管壁上的小腺体。

（1）口腔　口腔由唇、牙齿、舌等构成。口腔附近还有唾液腺，并有腺体、导管开口于口腔中。口腔具有咀嚼、味觉等机能，是消化管的起始部，也是机械消化的主要场所。猪的上唇和鼻端形成坚韧的吻突。是掘取食物的工具。下唇较尖，且较上唇稍短。舌窄而长，靠下唇和舌的活动将食物送进口内。成年猪有44颗牙齿，既能撕碎肉食、又可以磨碎植物茎叶等。猪的唾液腺有3对，即腮腺、颌下腺及舌下腺。每对腺体均开口于口腔黏膜上。这3对唾液腺分泌的混合物，即为唾液。

（2）食管　猪的食管大部分为横纹肌，食管下段近胃处才转为平滑肌。

（3）胃　猪胃是单室胃，呈弯曲的椭圆形，横位于腹腔的前半部。胃与食管相连接的口叫做贲门，与十二指肠相连接的口叫做幽门。贲门和幽门都有括约肌。猪胃黏膜上分布有许多腺体，可分为贲门腺区、胃底腺区、幽门腺区和无腺区。各腺区腺细胞的分泌物的混合液，称为胃液。整个胃黏膜表面还分布有黏液细胞，分泌碱性黏液，形成保护膜，防止胃黏膜受胃液中盐酸的侵蚀。

（4）小肠 小肠的肠管细长，从前到后的顺序是：十二指肠、空肠和回肠。成年猪小肠全长17～21米，各部分之间没有明显的界限。十二指肠中有胰管和胆管的开口，胰液及胆汁经开口处流入十二指肠，参与小肠内的消化过程。

（5）肝和胰 肝是猪体内最大的腺体，能制造并分泌胆汁，分泌出的胆汁贮于胆囊中，消化时再由胆囊排出，经胆管进入小肠。胰也是很重要的腺体，其中有许多腺细胞属于消化腺，所分泌的碱性分泌液叫胰液。胰液经胰导管排入小肠。

（6）大肠 大肠包括盲肠、结肠和直肠，前接回肠，后连肛门。盲肠位于左腹部，与结肠没有明显的界限。结肠呈螺旋状盘曲，绕行6周（向心3周，离心3周）后移行为直肠，成年猪大肠全长5.4～7.5米。

2. 各器官的消化特点

（1）口腔消化特点 猪有坚硬的吻突，可以掘地寻食，靠尖形下唇将食物送入口腔。猪饮水或饮取流体食物时，主要靠口腔形成的负压来完成。猪咀嚼食物较细致，咀嚼时多做下颚的上下运动，横向运动较少。咀嚼时有气流自口角进出，因而随着下颚上下运动，发出咀嚼所特有的响声。猪的唾液中含有较多的淀粉酶，这在家畜中是一个突出的特点。唾液淀粉酶的最适pH是弱碱性或中性。食物进入胃内之后，在未被酸性胃液浸透之前，随食物入胃的唾液淀粉酶，仍继续起消化作用。猪的唾液分泌是连续性的，不论是否采食，24小时总在不断分泌，采食时分泌加强。猪两侧唾液分泌呈不对称性。对某一食物的刺激，左侧腺体的分泌多于右侧，而另一种食物的刺激，则右侧分泌多于左侧。因此，应避免长期喂给单一饲料，避免造成单侧腺体负担过重，而另一侧腺体却可能功能得不到发挥而退化，唾液分泌的质和量随饲料不同而变化。

（2）胃消化特点　胃液是胃黏膜各种腺体所分泌的混合液，无色透明，呈酸性（pH 约 0.5～1.5），由水、有机物、无机盐和盐酸所组成。有机物中主要是各种消化酶，包括胃蛋白酶，胃脂肪酶和凝乳酶。猪胃腺细胞不产生水解糖类的酶。但糖在胃内也存在一定程度的消化过程，这主要依靠唾液淀粉酶和植物性饲料中含有的酶来完成的。

仔猪胃内的消化酶具有一些突出的特点。哺乳仔猪胃液分泌量随日龄增长而增加，到断乳时白天和夜间胃液分泌量几乎相等，然后逐渐过渡到成年猪的白天分泌量大于夜间分泌量。初生仔猪胃液中不含游离的盐酸或仅有少量。盐酸产生后即被胃液所中和。到 1 月龄左右，仔猪胃酸才显示出杀菌功能，但此时酸度仍然较低，直至 2.5 月龄时，胃酸才达到成年猪水平。仔猪胃液中凝乳酶和脂肪酶活性很强，胃蛋白酶活性很弱，仔猪对蛋白质的消化主要是依靠小肠中胰蛋白酶来完成的。仔猪出生后便对母猪乳汁中的各种营养成分有很强的消化吸收能力，消化吸收率几乎达 100%。由此可见，母乳是仔猪最佳食品。当母猪缺乳时，其仔猪应首先考虑寻找奶水充足的哺乳母猪寄养或代养。仔猪出生后 36 小时内，胃肠黏膜上皮能够以"吞饮"的方式，直接吸收母猪初乳中完整的免疫球蛋白，从而获得后天免疫能力。因此，应尽早让仔猪吃到初乳。

（3）小肠消化特点　由胃排入小肠的食糜，在小肠内受到胆汁、胰液和小肠液中各种酶的化学作用，以及小肠收缩运动的机械作用，使其中含有的各种营养物质，变成能溶于水的小分子物质。因此，小肠是整个消化系统中最重要的消化部位。

胰液由胰腺组织中的消化腺细胞所分泌，经胰腺导管排入十二指肠，无色透明，呈碱性（pH7.8～8.4）。胰液分泌是连续的，采食时分泌增加。胰液中含有无机盐和有机物，无机盐中主要是浓度很高的碳酸氢钠和钾、钠、钙等离子，有机物中主要包括胰蛋白酶、胰脂肪酶、胰淀粉酶等。仔猪哺乳期间胰脂肪酶活性很强，断奶之后活性降低。

胆汁由肝细胞分泌，是有黏性、味苦，橙黄色的弱碱性液体。在非消化期间，贮于胆囊中，消化时胆囊收缩，胆汁由胆管排入十二指肠。胆汁中除水以外，主要包括胆盐、胆色素、胆固醇等，不含消化酶。小肠液是指小肠黏膜中肠腺的混合分泌物，呈弱碱性，含有水、重碳酸钠和多种消化酶，并混有脱落肠黏膜上皮细胞。消化酶主要包括肠肽酶、肠脂肪酶、麦芽糖酶、蔗糖酶、乳糖酶、核酸酶、核苷酸酶等种类齐全的消化酶。

小肠中的食糜，一方面受到小肠液中各种消化酶的水解作用，另一方面小肠也在不断运动，使消化产物与肠黏膜密切接触，以利吸收，并推进食糜后移，进入大肠。小肠运动是肠壁平滑肌收缩与舒张的结果，肠壁内层环行肌收缩时，肠腔缩小；外层纵行肌收缩时，肠管长度缩短。两层肌肉协同舒缩而表现出各种肠运动方式，包括蠕动，分节运动和摆动。

（4）大肠消化特点　大肠液的主要成分是黏液，含酶很少。随食糜进入大肠的小肠液中的消化酶，在大肠内继续进行着消化作用。但食糜中绝大部分营养物质，经过小肠之后均已被消化和吸收，进入大肠的大都是难以消化的物质，主要是植物性饲料中的纤维素。大肠内的微生物可对部分纤维素进行分解和发酵。大肠内的细菌也能分解蛋白质、氨基酸等含有氮素的物质。猪大肠运动方式基本与小肠相似，但速度比小肠慢，运动强度也较弱。大肠内容物被推送到大肠后段后，由于水分被强烈吸收，最终形成粪便。自饲料入口腔直至消化残渣形成粪便由肛门排出体外所需的时间，可因饲料性质，采食量以及猪体生理状态不同而异，一般情况下，成年猪进食后18～24小时开始排出饲料中的第一份残渣，约持续 12 小时方能排泄完毕。

（二）营养要求

因猪的类型、生理阶段、性别、年龄、体重、生产目的的不同，对营养物质的需求亦不相同。从猪的生理活动来看，其营养需求可分为维持与生产两大部分。一部分用来维持正常体温、血液循环、组织更新等必要的生命活动，另一部分则用于妊娠、泌乳、产肉、生长等生产活动。猪的营养需要有能量、蛋白质、脂类、矿物质和维生素等。

1. 能量　能量是生命之源，猪维持生命、生长发育、产肉、母猪泌乳都离不开能量，即使完全处于休息状态，其呼吸、循环以及其他生理机能仍未停止，哪怕极微弱的活动也需要消耗能量。要使猪的生产性能达到最高，必须供给猪群优质、营养平衡的饲料。其中能量含量的多少常常决定饲料的优劣。Crampton（1956）指出：“采食正常饲粮的动物，其基本需要是能量，这种需要是其他大多数甚至所有的营养物质需要的基础。”

2. 蛋白质　蛋白质是猪群维持生命、生长、繁殖不可缺少的物质，是组成猪的各种内脏器官及体组织的基本物质。蛋白质在猪体细胞内不仅含量高，而且结构复杂、种类繁多。蛋白质组成酶和激素，参与并调节机体内的代谢能过程。如果日粮中缺乏蛋白质，则会影响猪的生长育肥，甚至引起猪的生长停滞及弱胎死胎；相反，如果日粮中蛋白质含量过多，超过了猪的需要，则会引起消化不良、肠炎、下痢，并影响其他营养物质的消化和吸收。

3. 脂类　脂类是构成猪体细胞的必要成分，特别是磷脂和胆固醇是构成细胞膜的主要成分。脂类是动物能量来源和贮存能量的最好形式，脂肪所含能量是碳水化合物和蛋白质所含能量的 2.25 倍，常贮存于皮下、肠系膜和肾周围。脂类为猪提供必需的脂肪酸，脂肪酸中的亚油酸、亚麻油酸和花生油酸对猪生长具有重要作用。另外，脂类是脂溶性维生素的溶剂，维生素 A、维生素 D、维生素 E、维生素 K 必须溶于脂肪中才能被消化、吸收。在正常情况下，猪不会感到脂肪缺乏，猪全价配合饲料中脂肪的添加一般在 1% ～1.5%。

4. 矿物质　矿物质是体组织和细胞及形成骨骼的最重要的组成成分，对猪体内的物质代谢起着重要的作用，有些微量元素是某些酶的辅基或维生素等猪体内的组成部分。矿物质能调节猪体内的 pH，保持机体的酸碱平衡。另外，矿物质可调节动物血液、淋巴及渗透压的恒定，保证细胞获得营养维持其生命活动。从而维持了体液渗透压的平衡。矿物质的需求量很少，但也必须注意添加，以免影响猪的生产性能。

5. 维生素　维生素是维持动物机体正常生命活动所必需的一类低分子有机化合物，在动物体内含量很少，但它们对猪体内物质代谢的正常进行，在能量的转变以及很多生理功能的维持上都有重要作用。猪对维生素的需求量很小，一般都以毫克或微克表示。常用的维生素有脂溶性维生素（维生素 A、维生素 D、维生素 E、维生素 K）和水溶性维生素（维生素 B_1、维生素 B_2、维生素 B_6、维生素 B_{12}、烟酸、泛酸、生物素、胆碱等）。

（三）饲养标准

世界上，很多国家都结合本国饲料和猪的类型等情况制定了各自饲养标准。我国猪的饲养标准始于 1978 年，根据多年来国内提供的试验数据，并参考国外的资料，经过多次修订和增补（1980 年、1983 年和 1985 年）制定了现行的饲养标准。最近又重新制定了《无公害饲养猪》的新标准，见附录。现行的饲养标准分瘦肉型猪饲养标准与肉脂型猪饲养标准两大类。

1. 瘦肉型猪饲养标准（GB8471—87）（表 5-1 至表 5-10）

表 5-1 生长肥育猪每头每日营养需要量

项　　目	体重阶段（千克）					
	1～5	5～10	10～20	20～35	35～60	60～90
预期日增重（克）	160	280	420	500	600	750
采食风干料（千克）	0.2	0.46	0.91	1.60	1.81	2.87
消化能（兆焦）	3.35	7.00	12.60	20.75	23.48	36.02
代谢能（兆焦）	3.2	6.70	12.10	19.96	22.57	34.60
粗蛋白质（克）	54	101	173	256	290	402
赖氨酸（克）	2.80	4.60	7.10	12.00	13.60	18.08
蛋氨酸＋胱氨酸（克）	1.60	2.70	4.60	6.10	6.90	9.20
苏氨酸（克）	1.60	2.70	4.60	7.20	8.20	10.90
异亮氨酸（克）	1.80	3.10	5.00	6.60	7.40	9.80
钙（克）	2.00	3.80	5.80	9.60	10.90	14.40
磷（克）	1.60	2.90	4.90	8.00	9.10	11.50
食盐（克）	0.50	1.20	2.10	3.70	4.20	7.20
铁（毫克）	33	67	71	96	109	144
锌（毫克）	22	48	71	176	199	258
铜（毫克）	1.30	2.90	4.50	7.00	7.90	10.80
锰（毫克）	0.90	1.90	2.70	3.50	3.90	2.20
碘（毫克）	0.03	0.07	0.13	0.22	0.25	0.40
硒（毫克）	0.03	0.08	0.13	0.42	0.47	0.80
维生素 A(国际单位)	480	1 060	1 560	1 970	2 230	3 520
维生素 D(国际单位)	50	105	179	302	342	339
维生素 E(国际单位)	2.40	5.10	10.00	16.00	18.00	29.00
维生素 K（毫克）	0.44	1.00	2.00	3.20	3.60	5.70
维生素 B_1（毫克）	0.30	0.60	1.00	1.60	1.80	2.90
维生素 B_2（毫克）	0.66	1.40	2.60	4.0	4.50	6.00
烟酸（毫克）	4.80	10.60	16.40	20.8	23.50	25.80
泛酸（毫克）	3.00	6.20	9.80	16.0	18.00	28.70
生物素（毫克）	0.03	0.06	0.09	0.14	0.16	0.26
叶酸（毫克）	0.13	0.30	0.54	0.91	1.03	1.60
维生素 B_{12}（微克）	4.80	10.60	13.70	16.00	18.00	29.00

注：磷的给量中应有 30%无机磷或动物性饲料的磷。

表5-2 生长肥育猪每千克饲粮养分含量

项 目	体重阶段（千克）				
	1～5	5～10	10～20	20～60	60～90
消化能（兆焦）	16.74	15.15	13.85	12.97	12.55
代谢能（兆焦）	16.07	14.56	13.31	12.47	12.05
粗蛋白质（%）	27	22	19	16	14
赖氨酸（%）	1.40	1.00	0.78	0.75	0.63
蛋氨酸＋胱氨酸（%）	0.80	0.59	0.51	0.38	0.32
苏氨酸（%）	0.80	0.59	0.51	0.45	0.38
异亮氨酸（%）	0.90	0.67	0.55	0.41	0.34
钙（%）	1.00	0.83	0.64	0.60	0.50
磷（%）	0.80	0.63	0.54	0.50	0.40
食盐（%）	0.25	0.26	0.23	0.23	0.25
铁（毫克）	165	146	78	60	50
锌（毫克）	110	104	78	110	90
铜（毫克）	6.50	6.30	4.90	4.36	3.75
锰（毫克）	4.50	4.10	3.00	2.18	2.50
碘（毫克）	0.15	0.15	0.14	0.14	0.14
硒（毫克）	0.15	0.17	0.14	0.26	0.28
维生素 A（国际单位）	2 400	2 300	1 700	1 250	1 250
维生素 D（国际单位）	240	230	200	190	120
维生素 E（国际单位）	12	11	11	10	10
维生素 K（毫克）	2.20	2.20	2.20	2.00	2.00
维生素 B_1（毫克）	1.50	1.30	1.10	1.00	1.00
维生素 B_2（毫克）	3.30	3.10	2.90	2.50	2.10
烟酸（毫克）	24	23	18	13	9
泛酸（毫克）	15.00	13.40	10.80	10.00	10.00
生物素（毫克）	0.15	0.11	0.10	0.09	0.09
叶酸（毫克）	0.65	0.68	0.59	0.57	0.57
维生素 B_{12}（微克）	24	23	15	10	10

表 5-3　后备母猪每头每日营养需要量

项　目	体重阶段（千克）		
	20～35	35～60	60～90
预期日增重（克）	400	480	500
采食风干料（千克）	1.26	1.80	2.39
消化能（兆焦）	15.82	22.21	29.00
代谢能（兆焦）	15.19	21.34	27.82
粗蛋白质（克）	202	252	311
赖氨酸（克）	7.8	9.5	11.5
蛋氨酸＋胱氨酸（克）	5.0	6.3	8.1
苏氨酸（克）	5.0	6.1	7.4
异亮氨酸（克）	5.7	6.8	8.1
钙（克）	7.6	10.8	14.3
磷（克）	6.3	9.0	12.0
食盐（克）	5.0	7.2	9.6
铁（毫克）	67	79	91
锌（毫克）	67	79	91
铜（毫克）	5.0	5.4	7.2
锰（毫克）	2.5	3.6	4.8
碘（毫克）	0.18	0.25	0.35
硒（毫克）	0.19	0.27	0.36
维生素 A（国际单位）	1 460	2 020	2 650
维生素 D（国际单位）	220	234	275
维生素 E（国际单位）	13	18	24
维生素 K（毫克）	2.5	3.6	4.8
维生素 B_1（毫克）	1.3	1.8	2.4
维生素 B_2（毫克）	2.9	3.6	4.5
烟酸（毫克）	15.1	18.0	21.5
泛酸（毫克）	13.0	18.0	24.0
生物素（毫克）	0.11	0.16	0.22
叶酸（毫克）	0.6	0.9	1.2
维生素 B_{12}（微克）	13	18	24

注：后备公猪应在此数值基础上增加 10%～20%。

表 5 - 4　后备母猪每千克饲粮养分含量

项　　目	体重阶段（千克）		
	20～35	35～60	60～90
消化能（兆焦）	12.55	12.34	12.13
代谢能（兆焦）	12.05	11.84	11.63
粗蛋白质（%）	16	14	13
赖氨酸（%）	0.62	0.53	0.48
蛋氨酸＋胱氨酸（%）	0.40	0.35	0.34
苏氨酸（%）	0.40	0.34	0.31
异亮氨酸（%）	0.45	0.38	0.34
钙（%）	0.6	0.6	0.6
磷（%）	0.5	0.5	0.5
食盐（%）	0.4	0.4	0.4
铁（毫克）	53	44	38
锌（毫克）	53	44	38
铜（毫克）	4	3	3
锰（毫克）	2	2	2
碘（毫克）	0.14	0.14	0.14
硒（毫克）	0.15	0.15	0.15
维生素 A（国际单位）	1 160	1 120	1 110
维生素 D（国际单位）	178	130	115
维生素 E（国际单位）	10	10	10
维生素 K（毫克）	2	2	2
维生素 B_1（毫克）	1.0	1.0	2.0
维生素 B_2（毫克）	2.3	2.0	1.9
烟酸（毫克）	12	10	9
泛酸（毫克）	10	10	10
生物素（毫克）	0.09	0.09	0.09
叶酸（毫克）	0.5	0.5	0.5
维生素 B_{12}（微克）	10.0	10.0	10.0

表5-5 妊娠母猪每头每日营养需要量

项　　　目	体重（千克）					
	妊娠前期			妊娠后期		
	90～120	120～150	150以上	90～120	120～150	150以上
采食风干料（千克）	1.70	1.90	2.00	2.20	2.40	2.50
消化能（兆焦）	19.92	22.26	23.43	25.77	28.12	29.29
代谢能（兆焦）	19.12	21.38	22.51	24.75	26.99	28.12
粗蛋白质（克）	187	209	220	264	288	300
赖氨酸（克）	6.00	6.70	7.00	7.90	8.60	9.00
蛋氨酸＋胱氨酸(克)	3.20	3.60	3.80	4.20	4.60	4.70
苏氨酸（克）	4.80	5.30	5.60	6.20	6.70	7.00
异亮氨酸（克）	5.30	5.90	6.20	6.80	7.40	7.80
钙（克）	10.4	11.6	12.2	13.4	14.6	15.3
磷（克）	8.30	9.3	9.8	10.8	11.8	12.3
食盐（克）	5.40	6.1	6.4	7.0	8.0	8.0
铁（毫克）	111	124	130	143	156	163
锌（毫克）	71	80	84	92	101	105
铜（毫克）	7	8	8	9	10	10
锰（毫克）	14	15	16	18	19	20
碘（毫克）	0.19	0.21	0.22	0.24	0.26	0.28
硒（毫克）	0.22	0.25	0.26	0.29	0.31	0.33
维生素A(国际单位)	5 440	6 100	6 400	7 260	7 920	8 250
维生素D(国际单位)	270	300	320	350	380	400
维生素E(国际单位)	14	15	16	18	19	20
维生素K（毫克）	2.9	3.2	3.4	3.7	4.1	4.3
维生素B_1（毫克）	1.4	1.5	1.6	1.8	2.0	2.4
维生素B_2（毫克）	4.3	4.8	5.0	5.5	6.0	6.3
烟酸（毫克）	14	15	16	18	19	20
泛酸（毫克）	16.5	18.4	19.4	21.6	32.5	24.5
生物素（毫克）	0.14	0.15	0.16	0.18	0.20	0.22
叶酸（毫克）	0.85	0.95	1.00	1.10	1.20	1.30
维生素B_{12}（微克）	20	23	24	29	31	33

表 5-6　妊娠母猪每千克饲粮中养分含量

项　　目	体重（千克）	
	妊娠前期	妊娠后期
	90～150	90～150
消化能（兆焦）	11.72	11.72
代谢能（兆焦）	11.25	11.25
粗蛋白质（%）	11.0	12.0
赖氨酸（%）	0.35	0.36
蛋氨酸＋胱氨酸（%）	0.19	0.19
苏氨酸（%）	0.28	0.28
异亮氨酸（%）	0.31	0.31
钙（%）	0.61	0.61
磷（%）	0.49	0.49
食盐（%）	0.32	0.32
铁（毫克）	65	65
锌（毫克）	42	42
铜（毫克）	4	4
锰（毫克）	8	8
碘（毫克）	0.11	0.11
硒（毫克）	0.15	0.15
维生素 A（国际单位）	3 200	3 300
维生素 D（国际单位）	160	160
维生素 E（国际单位）	8	8
维生素 K（毫克）	1.7	1.7
维生素 B_1（毫克）	0.8	0.8
维生素 B_2（毫克）	2.5	2.5
烟酸（毫克）	8.0	8.0
泛酸（毫克）	9.7	9.8
生物素（毫克）	0.08	0.08
叶酸（毫克）	0.50	0.50
维生素 B_{12}（微克）	12.0	13.0

表 5-7　哺乳母猪每头每日营养需要量

项　目	体重（千克）			
	120～150	150～180	180 以上	每增减 1 头仔猪（±）
采食风干料（千克）	5.00	5.20	5.30	
消化能（兆焦）	60.67	63.10	64.31	4.489
代谢能（兆焦）	58.58	60.67	61.92	4.318
粗蛋白质（克）	700	728	742	48
赖氨酸（克）	25	26	27	
蛋氨酸＋胱氨酸（克）	15.5	16.1	16.4	
苏氨酸（克）	18.5	19.2	19.6	
异亮氨酸（克）	16.5	17.2	17.5	
钙（克）	32.0	33.3	33.9	3.0
磷（克）	23.0	23.9	24.4	2.0
食盐（克）	22.0	22.9	23.3	2.0
铁（毫克）	350	364	371	
锌（毫克）	220	229	233	
铜（毫克）	22	23	23	
锰（毫克）	40	42	42	
碘（毫克）	0.60	0.62	0.64	
硒（毫克）	0.45	0.47	0.48	
维生素 A（国际单位）	8 500	8 840	9 000	
维生素 D（国际单位）	860	900	920	
维生素 E（国际单位）	40	42	42	
维生素 K（毫克）	8.5	8.8	9.0	
维生素 B_1（毫克）	4.5	4.7	4.8	
维生素 B_2（毫克）	13.0	13.5	13.8	
烟酸（毫克）	45.0	47.0	48.0	
泛酸（毫克）	60	62	64	
生物素（毫克）	0.45	0.47	0.48	
叶酸（毫克）	2.5	2.6	2.7	
维生素 B_{12}（微克）	65	68	69	

注：以上均以 10 头仔猪作为计算基数。

表 5-8　哺乳母猪每千克饲粮养分含量

项　　目	体重（千克）
	120～180
消化能（兆焦）	12.13
代谢能（兆焦）	11.72
粗蛋白质（%）	14
赖氨酸（%）	0.50
蛋氨酸＋胱氨酸（%）	0.31
苏氨酸（%）	0.37
异亮氨酸（%）	0.33
钙（%）	0.64
磷（%）	0.46
食盐（%）	0.44
铁（毫克）	70
锌（毫克）	44
铜（毫克）	4.4
锰（毫克）	8
碘（毫克）	0.12
硒（毫克）	0.09
维生素 A（国际单位）	1 700
维生素 D（国际单位）	180
维生素 E（国际单位）	8
维生素 K（毫克）	1.7
维生素 B_1（毫克）	0.9
维生素 B_2（毫克）	2.6
烟酸（毫克）	9
泛酸（毫克）	12
生物素（毫克）	0.09
叶酸（毫克）	0.5
维生素 B_{12}（微克）	13

表 5 - 9　种公猪每头每日营养需要量

项　目	体重（千克）	
	90～150	150 以上
采食风干料（千克）	1.9	2.3
消化能（兆焦）	23.85	28.87
代谢能（兆焦）	22.90	27.70
粗蛋白质（克）	228	276
赖氨酸（克）	7.2	8.7
蛋氨酸＋胱氨酸（克）	3.8	4.6
苏氨酸（克）	5.7	6.9
异亮氨酸（克）	6.3	7.6
钙（克）	12.5	15.2
磷（克）	10.1	12.2
食盐（克）	6.7	8.1
铁（毫克）	135	163
锌（毫克）	84	101
铜（毫克）	10	12
锰（毫克）	17	21
碘（毫克）	0.23	0.28
硒（毫克）	0.25	0.30
维生素 A（国际单位）	6 700	8 100
维生素 D（国际单位）	340	400
维生素 E（国际单位）	17.0	21.0
维生素 K（毫克）	3.4	4.1
维生素 B_1（毫克）	1.7	2.1
维生素 B_2（毫克）	4.9	6.0
烟酸（毫克）	16.9	20.5
泛酸（毫克）	20.1	24.4
生物素（毫克）	0.17	0.21
叶酸（毫克）	1.00	1.20
维生素 B_{12}（微克）	25.5	30.5

　　注：①配种前 1 个月，在标准基础上增加 20%～25%。

　　　　②冬季严寒期在标准基础上增加 10%～20%。

表 5-10 种公猪每千克饲粮养分含量

项　　目	体重（千克）
	90～150
饲粮（千克）	1.00
消化能（兆焦）	12.55
代谢能（兆焦）	12.05
粗蛋白质（%）	12.0
赖氨酸（%）	0.38
蛋氨酸＋胱氨酸（%）	0.20
苏氨酸（%）	0.30
异亮氨酸（%）	0.33
钙（%）	0.66
磷（%）	0.53
食盐（%）	0.35
铁（毫克）	71
锌（毫克）	44
铜（毫克）	5
锰（毫克）	9
碘（毫克）	0.12
硒（毫克）	0.13
维生素 A（国际单位）	3 500
维生素 D（国际单位）	180
维生素 E（国际单位）	9
维生素 K（毫克）	1.8
维生素 B_1（毫克）	2.6
维生素 B_2（毫克）	0.9
烟酸（毫克）	9
泛酸（毫克）	12.0
生物素（毫克）	0.09
叶酸（毫克）	0.50
维生素 B_{12}（微克）	13.0

2. 肉脂型猪饲养标准

表 5-11　生长肥育猪每日每头营养需要量

项　　目	体重（千克）		
	20～35	35～60	60～90
预期日增重（克）	500	600	650
采食风干料（千克）	1.52	2.20	2.83
饲料/增重（千克）	3.04	3.67	4.35
增重/饲料（克/千克）	329	273	230
消化能（兆焦）	19.71	28.54	36.69
代谢能（兆焦）	18.33	26.61	34.23
粗蛋白质（克）	243	308	368
赖氨酸（克）	9.7	12.3	14.7
蛋氨酸＋胱氨酸（克）	6.4	8.1	7.9
苏氨酸（克）	6.1	7.9	9.6
异亮氨酸（克）	7.0	9.0	10.8
钙（克）	8.4	11.0	13.0
磷（克）	7.0	9.1	10.5
食盐（克）	4.6	6.6	8.5
铁（毫克）	84	101	105
锌（毫克）	84	101	105
锰（毫克）	3	4	6
铜（毫克）	6	7	9
碘（毫克）	0.20	0.29	0.37
硒（毫克）	0.23	0.33	0.28
维生素 A（国际单位）	1 812	2 622	3 359
维生素 D（国际单位）	278	301	323
维生素 E（国际单位）	15	22	28
维生素 K（毫克）	2.7	4.0	5.1
维生素 B_1（毫克）	1.5	2.0	2.8
维生素 B_2（毫克）	3.6	4.4	5.7
烟酸（毫克）	20.0	24.0	26.0
泛酸（毫克）	15.0	22.0	28.0
生物素（毫克）	0.14	0.30	0.36
叶酸（毫克）	0.84	1.21	1.56
维生素 B_{12}（微克）	15.0	22.0	28.0

表 5-12　生长肥育猪每千克饲粮中养分含量

项　目	体重（千克）		
	20～35	35～60	60～90
消化能（兆焦）	12.97	12.97	12.97
代谢能（兆焦）	12.05	12.09	12.09
粗蛋白质（%）	16	14	13
赖氨酸（%）	0.64	0.56	0.52
蛋氨酸＋胱氨酸（%）	0.42	0.37	0.28
苏氨酸（%）	0.41	0.36	0.34
异亮氨酸（%）	0.46	0.41	0.38
钙（%）	0.55	0.50	0.46
磷（%）	0.46	0.41	0.37
食盐（%）	0.30	0.30	0.30
铁（毫克）	55	46	37
锌（毫克）	55	46	37
锰（毫克）	2	2	2
铜（毫克）	4	3	3
碘（毫克）	0.13	0.13	0.13
硒（毫克）	0.15	0.15	0.10
维生素 A（国际单位）	1 192	1 192	1 187
维生素 D（国际单位）	183	137	114
维生素 E（国际单位）	10	10	10
维生素 K（毫克）	1.8	1.8	1.8
维生素 B_1（毫克）	1.0	1.0	1.0
维生素 B_2（毫克）	2.4	2.0	2.0
烟酸（毫克）	13.0	11.0	9.0
泛酸（毫克）	10.0	10.0	10.0
生物素（毫克）	0.09	0.09	0.09
叶酸（毫克）	0.55	0.55	0.55
维生素 B_{12}（微克）	10.0	10.0	10.0

注：磷的给量中应有 30%无机磷或动物性饲料来源的磷。

表5-13 后备母猪每日每头营养需要量

项 目	体重（千克）					
	小 型			大 型		
	10～20	20～35	35～60	20～35	35～60	60～90
预期日增重（克）	320	380	360	400	480	440
日采食风干料量（千克）	0.90	1.20	1.70	1.26	1.80	2.10
消化能（兆焦）	11.30	15.06	20.05	15.82	22.22	25.48
代谢能（兆焦）	10.46	14.23	19.25	14.64	20.71	23.81
粗蛋白质（克）	144	168	221	202	252	273
赖氨酸（克）	6.3	7.4	8.8	7.8	9.5	10.1
蛋氨酸＋胱氨酸（克）	4.1	4.8	5.8	5.0	6.3	7.1
苏氨酸（克）	4.1	4.8	5.8	5.0	6.1	6.5
异亮氨酸（克）	4.5	5.4	6.5	5.7	6.8	7.1
钙（克）	5.4	7.2	10.2	7.6	9.0	10.5
磷（克）	4.5	6.0	8.5	6.5	9.0	10.5
食盐（克）	3.6	4.8	6.8	5.0	7.2	8.4
铁（毫克）	64	64	73	67	79	80
锌（毫克）	64	64	73	67	79	80
锰（毫克）	1.8	2.4	3.4	2.5	3.6	4.2
铜（毫克）	4.5	4.8	5.1	5.0	5.4	6.3
碘（毫克）	0.13	0.17	0.24	0.18	0.25	0.29
硒（毫克）	0.14	0.18	0.26	0.19	0.27	0.32
维生素A（国际单位）	1 400	1 500	1 900	1 462	2 016	2 331
维生素D（国际单位）	160	210	220	224	234	242
维生素E（国际单位）	9	12	17	13	18	21
维生素K（毫克）	1.8	2.4	3.4	2.5	3.6	4.2
维生素B_1（毫克）	0.9	1.2	1.7	1.3	1.8	2.1
维生素B_2（毫克）	2.4	2.8	3.4	2.9	13.6	4.0
烟酸（毫克）	9.2	12.6	17.0	15.1	18.0	18.9
泛酸（毫克）	9.0	12.0	17.0	13.0	18.0	21.0
生物素（毫克）	0.08	0.11	0.15	0.11	0.16	0.19
叶酸（毫克）	0.50	0.60	0.08	0.60	0.90	0.10
维生素B_{12}（微克）	12.0	12.0	17.0	13.0	18.0	21.0

注：后备公猪的营养需要可在大型的基础上增加10%～20%。

表 5-14　后备母猪的每千克饲粮中养分含量

项　　目	体重（千克）					
	小型			大型		
	10～20	20～35	35～60	20～35	35～60	60～90
消化能（兆焦）	12.55	12.55	12.13	12.55	12.34	12.13
代谢能（兆焦）	11.63	11.72	11.34	11.63	11.51	11.34
粗蛋白质（克）	16	14	13	16	14	13
赖氨酸（克）	0.70	0.62	0.52	0.62	0.53	0.48
蛋氨酸＋胱氨酸（克）	0.45	0.40	0.34	0.40	0.35	0.34
苏氨酸（克）	0.45	0.40	0.34	0.40	0.34	0.31
异亮氨酸（克）	0.50	0.45	0.38	0.45	0.38	0.34
钙（克）	0.6	0.6	0.6	0.6	0.6	0.6
磷（克）	0.5	0.5	0.5	0.5	0.5	0.5
食盐（克）	0.4	0.4	0.4	0.4	0.4	0.4
铁（毫克）	71	53	43	53	44	38
锌（毫克）	71	53	43	53	44	38
锰（毫克）	2	2	2	2	2	2
铜（毫克）	5	4	3	4	3	3
碘（毫克）	0.14	0.14	0.14	0.14	0.14	0.14
硒（毫克）	0.15	0.15	0.15	0.15	0.15	0.15
维生素 A（国际单位）	1 560	1 250	1 120	1 160	1 120	1 110
维生素 D（国际单位）	178	178	130	178	130	115
维生素 E（国际单位）	10	10	10	10	10	2
维生素 K（毫克）	2	2	2	2	2	1
维生素 B_1（毫克）	1	1	1	1	1	1.9
维生素 B_2（毫克）	2.7	2.3	2.0	2.3	2.0	1.9
烟酸（毫克）	16	12	10	12	10	9
泛酸（毫克）	10	10	10	10	10	10
生物素（毫克）	0.09	0.09	0.09	0.09	0.09	0.09
叶酸（毫克）	0.5	0.5	0.5	0.5	0.5	0.5
维生素 B_{12}（微克）	13.0	10.0	10.0	10.0	10.0	10.0

表 5 - 15　妊娠母猪每日每头需要量

项　　目	体重（千克）							
	妊娠前期				妊娠后期			
	90以下	90～120	120～150	150以上	90以下	90～120	120～150	150以上
采食风干料量（千克）	1.50	1.70	1.90	2.00	2.00	2.20	2.40	2.50
消化能（兆焦）	17.57	19.92	22.26	23.43	23.43	25.77	28.12	29.29
代谢能（兆焦）	16.56	18.87	21.09	22.18	22.18	24.39	26.61	27.81
粗蛋白质（克）	165	187	209	220	240	264	288	300
赖氨酸（克）	5.30	6.00	6.70	7.00	7.20	7.90	8.60	9.00
蛋氨酸＋胱氨酸（克）	2.90	3.20	3.60	3.80	3.80	4.20	4.50	4.70
苏氨酸（克）	4.20	4.80	5.30	5.60	5.60	6.20	6.70	7.00
异亮氨酸（克）	4.70	5.30	5.90	6.20	6.20	6.80	7.40	7.80
钙（克）	9.2	10.4	11.6	12.2	12.2	13.40	14.6	15.3
磷（克）	7.4	8.3	9.30	9.8	9.8	10.8	11.8	12.3
食盐（克）	4.8	5.4	6.1	6.4	6.4	7.0	8.0	8.0
铁（毫克）	98	111	124	130	130	143	156	163
铜（毫克）	6	7	8	8	8	9	10	10
锌（毫克）	63	71	80	84	84	92	101	105
锰（毫克）	12	14	15	16	16	18	19	20
碘（毫克）	0.16	0.18	0.12	0.22	0.22	0.24	0.27	0.28
硒（毫克）	0.20	0.22	0.25	0.26	0.26	0.29	0.31	0.33
维生素 A（国际单位）	4 800	5 440	6 100	6 400	6 600	7 260	7 920	8 250
维生素 D（国际单位）	240	272	304	320	320	352	384	400
维生素 E（国际单位）	12	14	15	16	16	18	19	20
维生素 K（毫克）	2.6	2.9	3.2	3.4	3.4	3.7	4.1	4.3
维生素 B_1（毫克）	1.2	1.4	1.5	1.6	1.6	1.8	1.9	2.0
维生素 B_2（毫克）	3.8	4.3	4.8	5.0	5.0	5.5	6.0	6.3
烟酸（毫克）	12.0	14.0	15.0	16.0	16.0	18.0	19.0	20.0
泛酸（毫克）	14.6	16.5	18.4	19.4	19.6	21.6	23.5	24.5
生物素（毫克）	0.12	0.14	0.15	0.16	0.16	0.18	0.20	0.20
叶酸（毫克）	0.75	0.85	0.95	1.04	1.00	1.10	1.20	1.30
维生素 B_{12}（微克）	12	20	23	24	26	29	31	33

表5-16 妊娠母猪的每千克饲粮中养分含量

项 目	妊娠前期	妊娠后期
消化能（兆焦）	11.72	11.72
代谢能（兆焦）	11.09	11.09
粗蛋白质（%）	11.0	12.0
赖氨酸（%）	0.35	0.36
蛋氨酸＋胱氨酸（%）	0.19	0.19
苏氨酸（%）	0.28	0.28
异亮氨酸（%）	0.31	0.31
钙（%）	0.61	0.61
磷（%）	0.49	0.49
食盐（%）	0.32	0.32
铁（毫克）	65	65
铜（毫克）	4	4
锌（毫克）	42	42
锰（毫克）	8	8
碘（毫克）	0.11	0.11
硒（毫克）	0.13	0.13
维生素A（国际单位）	3 200	3 300
维生素D（国际单位）	160	160
维生素E（国际单位）	8	8
维生素K（毫克）	1.7	1.7
维生素B_1（毫克）	0.8	0.8
维生素B_2（毫克）	2.5	2.5
烟酸（毫克）	8.0	8.0
泛酸（毫克）	9.7	9.8
生物素（毫克）	0.08	0.08
叶酸（毫克）	0.5	0.5
维生素B_{12}（微克）	12.0	13.0

表 5 - 17　哺乳母猪每日每头营养需要量

项　　目	体重（千克）			
	120 以下	120～150	150～180	180 以上
采食风干料量（千克）	4.80	5.00	5.20	5.30
消化能（兆焦）	58.24	60.67	63.10	64.31
代谢能（兆焦）	56.23	58.58	60.92	62.09
粗蛋白质（%）	672	700	728	742
赖氨酸（%）	24	25	26	27
蛋氨酸＋胱氨酸（%）	14.9	15.5	16.1	16.4
苏氨酸（%）	17.8	18.5	19.2	19.6
异亮氨酸（%）	15.8	16.5	17.2	17.5
钙（%）	30.7	32.0	33.3	33.9
磷（%）	21.6	22.5	23.4	23.9
食盐（%）	21.1	22.0	22.9	23.3
铁（毫克）	336	350	364	371
铜（毫克）	21	22	23	23
锌（毫克）	211	220	229	233
锰（毫克）	38	40	42	42
碘（毫克）	0.58	0.60	0.62	0.64
硒（毫克）	0.43	0.45	0.47	0.48
维生素 A（国际单位）	8 160	8 500	8 840	9 010
维生素 D（国际单位）	826	860	894	912
维生素 E（国际单位）	38	40	42	42
维生素 K（毫克）	8.0	8.5	8.8	9.0
维生素 B_1（毫克）	4.3	4.5	4.7	4.8
维生素 B_2（毫克）	12.5	13.0	13.5	13.8
烟酸（毫克）	13.0	15.0	47.0	48.0
泛酸（毫克）	48.0	50.0	52.0	53.0
生物素（毫克）	0.43	0.45	0.47	0.48
叶酸（毫克）	2.4	2.5	2.6	2.7
维生素 B_{12}（微克）	62	65	68	69

表5-18 哺乳母猪每千克饲粮中的养分含量

项　　目	哺乳期
消化能（兆焦）	12.13
代谢能（兆焦）	11.72
粗蛋白质（%）	14
赖氨酸（%）	0.50
蛋氨酸＋胱氨酸（%）	0.31
苏氨酸（%）	0.37
异亮氨酸（%）	0.33
钙（%）	0.64
磷（%）	0.46
食盐（%）	0.44
铁（毫克）	70
铜（毫克）	4.4
锌（毫克）	44
锰（毫克）	8
碘（毫克）	0.12
硒（毫克）	0.09
维生素A（国际单位）	1 700
维生素D（国际单位）	172
维生素E（国际单位）	9
维生素K（毫克）	1.7
维生素B_1（毫克）	0.9
维生素B_2（毫克）	2.6
烟酸（毫克）	9
泛酸（毫克）	10
生物素（毫克）	0.09
叶酸（毫克）	0.5
维生素B_{12}（微克）	13

表 5-19　种公猪每日每头营养需要量

项　目	体重（千克）		
	90 以下	90～150	150 以上
采食风干料量（千克）	1.4	1.9	2.3
消化能（兆焦）	17.57	23.85	28.87
代谢能（兆焦）	16.86	22.89	27.70
粗蛋白质（%）	196	228	276
赖氨酸（%）	5.3	7.2	8.7
蛋氨酸＋胱氨酸（%）	3.1	3.8	4.6
苏氨酸（%）	4.2	5.7	6.9
异亮氨酸（%）	4.6	6.3	7.6
钙（%）	9.2	12.5	15.2
磷（%）	7.4	10.1	12.2
食盐（%）	5.0	6.7	8.1
铁（毫克）	99	135	163
铜（毫克）	7	10	12
锌（毫克）	62	84	1.1
锰（毫克）	13	17	21
碘（毫克）	0.17	0.23	0.28
硒（毫克）	0.18	0.25	0.30
维生素 A（国际单位）	4 943	6 709	8 121
维生素 D（国际单位）	248	336	407
维生素 E（国际单位）	12.5	16.9	20.5
维生素 K（毫克）	2.5	3.4	4.1
维生素 B_1（毫克）	1.3	1.7	2.1
维生素 B_2（毫克）	3.6	4.9	6.0
烟酸（毫克）	12.5	16.9	20.5
泛酸（毫克）	14.8	20.1	24.4
生物素（毫克）	0.13	0.17	0.21
叶酸（毫克）	0.73	1.00	1.20
维生素 B_{12}（微克）	18.6	25.4	30.6

　　注：1. 配种前 1 月，标准增加 20%～25%。

　　　　2. 冬季严寒期，标准增加 10%～20%。

表 5 - 20 种公猪的每千克饲粮中养分含量

项　目　　　　饲粮（千克）	1
消化能（兆焦）	12.55
代谢能（兆焦）	12.05
粗蛋白质（%）	12.0（14.0）
赖氨酸（%）	0.38
蛋氨酸+胱氨酸（%）	0.20
苏氨酸（%）	0.30
异亮氨酸（%）	0.33
钙（%）	0.66
磷（%）	0.53
食盐（%）	0.35
铁（毫克）	71
铜（毫克）	5
锌（毫克）	44
锰（毫克）	9
碘（毫克）	0.12
硒（毫克）	0.13
维生素 A（国际单位）	3 531
维生素 D（国际单位）	177
维生素 E（国际单位）	8.9
维生素 K（毫克）	1.8
维生素 B_1（毫克）	2.6
维生素 B_2（毫克）	0.9
烟酸（毫克）	8.9
泛酸（毫克）	10.6
生物素（毫克）	0.09
叶酸（毫克）	0.52
维生素 B_{12}（微克）	13.3

＊　90 千克以下采用的蛋白质量。

二、猪的全价日粮的混配比例

（一）种公猪日粮的混配

种公猪的全价日粮混配比例，主要是考虑提高种公猪的繁殖能力。种公猪要长期饲养，为防止因种猪过肥而影响繁殖能力，一般要限制喂量。

1. 种公猪对能量的需要　种公猪对能量的需要，在非配种期，可在维持需要的基础上提高20%，配种期可在非配种期的基础上再提高25%。

2. 种公猪对粗蛋白质的需要　种公猪与其他家畜相比，具有精液量多、总精子数多等特点，因此要消耗较多的营养物质。精液中大部分营养物质是蛋白质，所以，对种公猪特别需要供给氨基酸平衡的动物性蛋白质，尤其要注意赖氨酸的含量。在我国目前的饲料条件下，种公猪日粮中粗蛋白质大致在17%，如日粮中的蛋白质品质优良，水平可相应降低。

值得一提的是，有些生产场的种公猪日粮采用怀孕母猪或泌乳母猪的日粮，这虽可以，但应考虑维生素、微量元素对种公猪是否满足特别是维生素A、维生素E和微量元素锌都是精子生成不可缺少的，必须满足需要。

3. 种公猪的饲料配方（表5-21、表5-22）

表5-21　配种期的饲料配方

	配方编号	1	2	3	4	5	6
饲料配合比例（%）	玉米	43.0	56.0	50.0	43.0	54.8	42.7
	大麦	28.0	23.0	10.0	35.0	13.9	
	大米					10.0	10.0
	麸皮	7.0	5.0	17.0	5.0	7.7	12.5
	豆饼	8.0	5.0	11.0	8.0	10.0	15.0

（续）

	配方编号	1	2	3	4	5	6
饲料配合比例（%）	干草粉	6.0		4.5			
	槐叶粉	3.0	8.0				
	苜蓿粉						2.5
	鱼粉	6.0	7.0	6.0		3.2	15.6
	骨粉	1.5		1.0			
	贝壳粉		0.5		0.5		
	碳酸钙						1.0
	维生素添加剂						0.2
	食盐	0.5	0.5	0.5	0.5	0.4	0.5
营养成分	消化能（兆焦/千克）	12.68	12.76	13.10	12.72	13.14	13.60
	粗蛋白质（%）	15.4	15.1	16.5	12.7	13.9	21.9
	粗纤维（%）	5.4	3.7	4.1	4.9	3.0	3.4
	钙（%）	0.84	0.86	0.61	0.59	0.24	1.14
	磷（%）	0.68	0.47	0.58	0.47	0.40	0.78
	赖氨酸（%）	0.80	0.77	0.81	0.55	0.60	1.15
	蛋氨酸（%）	0.23	0.22	0.27	0.17	0.24	0.35
	胱氨酸（%）	0.17	0.16	0.18	0.16	0.18	0.24

注：每100千克饲料另加多种维生素20克。

表 5-22　非配种期的饲料配方

	配方编号	1	2	3	4	5
饲料配合比例（%）	玉米	28.9	65.0	65.0	38.3	31.0
	小麦			4.2		
	高粱		4.6		3.7	5.0
	麸皮	11.8	15.0		14.7	12.0
	酒糟	18.1			18.8	18.0

（续）

配方编号		1	2	3	4	5
饲料配合比例（%）	玉米青贮	16.1			7.6	16.0
	草粉		3.0			
	大豆			2.8		
	豆饼	13.8	15.0	25.9	11.1	6.0
	葵花籽饼	4.6			3.7	10.0
	骨粉	1.0		1.0	0.7	0.7
	贝壳粉	0.6	1.5	0.5	0.7	0.7
	食盐	0.5	0.5	0.6	0.7	0.6
营养成分	消化能（兆焦/千克）	12.09	13.64	14.90	11.88	12.01
	粗蛋白质（%）	18.3	14.2	18.8	16.3	17.8
	粗纤维（%）	3.7	3.6	3.0	5.1	6.3
	钙（%）	0.67	0.64	0.53	0.72	0.77
	磷（%）	0.59	0.43	0.37	0.60	0.62
	赖氨酸（%）	0.99	0.67	0.99	0.80	0.89
	蛋氨酸（%）	0.27	0.20	0.16	+0.99	+1.21
	胱氨酸（%）	0.20	0.16	0.21		

（二）种母猪日粮的混配

种母猪的日粮配合比例（表5-23至表5-26），主要考虑是后备母猪体质健壮，体况良好，适时发情配种。妊娠母猪保证胎儿在母体内得到充分的生长发育，防止流产、死胎、弱胎、木乃伊的发生，使妊娠母猪每窝产仔数多，仔猪初生重大，安全产仔，并使母猪保持中等偏上的膘情。哺乳母猪乳多质好，仔猪健壮，成活率高，断奶体重大，并使哺乳母猪体重下降不要太多，空怀母猪尽快恢复体况。

表 5 - 23　后备母猪饲料配方

	配方编号	1	2	3
配方组成（%）	玉米	40.0	30.0	25.0
	麸皮	25.0	30.0	30.0
	统糠	11.0	22.0	26.0
	蚕豆	12.0	6.0	10.0
	菜子饼	10.0	10.0	7.0
	磷酸氢钙	1.0	1.0	1.0
	复合添加剂	0.5	0.5	0.5
	食盐	0.5	0.5	0.5
营养成分	消化能（兆焦/千克）	11.25	9.96	9.58
	粗蛋白质（%）	13.4	12.2	12.0
	粗纤维（%）	8.8	12.1	13.3
	钙（%）	0.61	0.61	0.60
	磷（%）	0.34	0.34	0.33
	赖氨酸（%）	0.63	0.54	0.49
	蛋氨酸（%）	0.54	0.57	0.58

表 5 - 24　妊娠母猪饲料配方

	配方编号	1	2	3
配方组成（%）	玉米	38.5	40.0	36.7
	大麦	33.0	10.0	28.0
	麸皮	4.0	16.7	8.0
	豆饼	10.0	11.0	5.0
	花生饼	6.0		7.0
	鱼粉	6.0	6.0	6.0
	干草粉		14.0	7.0

（续）

配方编号		1	2	3
配方组成（%）	食盐	0.5	0.5	0.5
	蛎粉	0.6		
	磷酸氢钙		1.0	1.0
	磷酸钙	0.6		
	多维素	0.3	0.3	0.3
	微量元素添加剂	0.5	0.5	0.5
营养成分	消化能（兆焦/千克）	12.72	11.51	12.05
	粗蛋白质（%）	16.40	15.50	16.20
	粗纤维（%）	4.20	7.40	5.10
	钙（%）	0.88	0.61	0.70
	磷（%）	0.62	0.58	0.59
	赖氨酸（%）	0.86	0.81	0.77
	蛋氨酸（%）＋胱氨酸（%）	0.64	0.65	0.68

表 5 - 25　哺乳母猪饲料配方

配方编号		1	2	3
配方组成（%）	玉米	59.0	47.5	37.6
	麸皮	7.5	30.0	10.0
	高粱糠			25.00
	豆饼	25.0	19.0	25.0
	干草粉	5.0		
	磷酸氢钙		2.0	
	贝壳粉	2.0		1.4
	食盐	0.5	0.5	0.6
	复合添加剂	1.0	1.0	1.0

（续）

配方编号	1	2	3
消化能（兆焦/千克）	12.76	13.31	12.80
粗蛋白质（%）	16.6	16.1	17.3
粗纤维（%）	4.4	4.6	4.6
钙（%）	0.79	1.21	0.65
磷（%）	0.36	0.68	0.45
赖氨酸（%）	0.80	0.81	0.88
蛋氨酸＋胱氨酸（%）	0.37	0.46	0.44

（营养成分列于最左侧跨行单元格）

表 5 - 26　空怀母猪饲料配方

	配方编号	1	2	3	4	5
饲料配合比例（%）	玉米	46.5	48.0	48.5	48.5	48.0
	麸皮	51.0	36.5	30.0	30.0	30.5
	豆饼				19.0	10.0
	葵花籽饼		14.0	19.0		9.0
	磷酸氢钙	2.0	1.0	2.0	2.0	
	食盐	0.5	0.5	0.5	0.5	0.5
营养成分	消化能（兆焦/千克）	13.09	12.18	11.67	13.31	12.59
	粗蛋白质（%）	10.8	11.0	11.0	16.0	15.1
	粗纤维（%）	5.7	6.2	6.3	4.6	5.4
	钙（%）	1.14	0.66	1.16	0.73	0.74
	磷（%）	0.85	0.66	0.73	0.73	0.72
	赖氨酸（%）	0.42	0.58	0.63	0.80	0.74
	蛋氨酸（%）	0.32	0.45	0.49	0.27	0.37
	胱氨酸（%）	0.15	0.22	0.24	0.19	0.22

（三）仔猪日粮的混配

仔猪日粮配合比例（表5-27至表5-30），要保证获得最高的成活率，最大的断奶窝重和个体重。仔猪代谢功能旺盛，利用养分能力强，生长发育快，一般30日龄时为初生时体重的6倍左右。但仔猪消化器官不发达，消化能力差；调节体温功能发育不全，对寒冷的抵抗力差和缺乏先天性免疫力，容易患病。这就要求根据仔猪消化器官的特点，配制适口性强，营养全面的仔猪饲料或代乳料。同时仔猪刚开始吃料时，应勤喂多餐，避免引起消化不良。

表5-27 高营养型仔猪（3周龄前）饲料配方

	配方编号	1	2	3	4
饲料配合比例（%）	黄玉米粉	27.52	28.92	17.22	18.62
	豆粕	14.10	15.10	24.2	25.2
	脱脂奶粉	40.00	40.00	20.0	20.0
	乳清粉			20.0	20.0
	鱼膏	2.50	2.50	2.5	2.5
	糖	10.0	10.0	10.0	10.0
	酒糟滤液干燥物	2.5		2.50	
	稳定脂肪	2.50	2.50	2.5	2.5
	碳酸钙	0.40	0.40	0.5	0.5
	脱氟磷酸氢钙		0.10	0.1	0.2
	碘化食盐	0.25	0.25	0.25	0.25
	微量元素预混料	0.20	0.20	0.20	0.20
	维生素预混剂	0.02	0.02	0.02	0.02
营养成分	粗蛋白质（%）	24.0	24.0	24.0	23.9
	钙（%）	0.69	0.71	0.70	0.72
	磷（%）	0.60	0.60	0.60	0.60

表5-28　普通型仔猪（3周龄前）饲料配方

	配方编号	1	2	3	4
配方组成（%）	黄玉米粉	44.05	32.60	27.5	26.50
	豆粕	22.75	25.0	30.00	25.10
	压扁燕麦仁				10.0
	脱脂奶粉	10.0	20.0	10.0	10.0
	乳清粉	10.0	10.0	20.0	20.0
	鱼膏		2.5	2.5	
	糖	10.0	5.0	5.0	5.0
	稳定脂肪		2.5	2.5	1.0
	碳酸钙	0.7	0.5	0.5	0.5
	磷酸氢钙	1.1	0.5	0.5	0.5
	食盐	0.25	0.25	0.25	0.25
	微量元素预混料	0.15	0.15	0.15	0.15
	维生素预混剂	1.0	1.0	1.0	1.0
营养水平	代谢能（兆焦/千克）	12.72	13.14	13.05	12.93
	粗蛋白质（%）	19.45	23.61	23.48	21.69
	钙（%）	0.98	0.72	0.69	0.69
	磷（%）	0.81	0.62	0.61	0.61
	赖氨酸（%）	1.23	1.58	1.56	1.40
	蛋氨酸（%）	0.33	0.43	0.44	0.45
	胱氨酸（%）	0.37	0.35	0.36	0.34
	色氨酸（%）	0.24	0.30	0.30	0.28

表5-29　实用型仔猪饲料配方

	配方编号	1	2	3	4
配方组成（%）	黄玉米粉	43.65	47.4	49.05	51.75
	大豆粕	25.8	24.5	27.8	25.2
	脱脂奶粉		5.0		5.0
	乳清粉	15.0	10.0	15	10.0
	鱼膏	2.5	2.5		

（续）

配方编号		1	2	3	4
配方组成（％）	酒糟滤液干燥物	2.5			
	稳定脂肪	2.5	2.5		
	糖	5.0	5.0	5.0	5.0
	碳酸钙	0.75	0.7	0.7	0.7
	脱氟磷酸氢钙	0.95	1.05	1.0	1.0
	碘化食盐	0.25	0.25	0.25	0.25
	微量元素预混料	0.1	0.1	0.1	0.1
	维生素预混剂	1.0	1.0	1.0	1.0
营养水平	粗蛋白质（％）	20.0	20.0	20.0	20.0
	钙（％）	0.70	0.70	0.71	0.69
	磷（％）	0.60	0.60	0.60	0.60

表 5 - 30　10～20 千克仔猪饲料配方

配方编号		1	2	3	4	5
配方组成（％）	玉米	43.9	51.4	58.5	54.6	43.8
	高粱	10.0	10.0	4.0	7.8	13.0
	大米					
	麸皮	5.0		5.5	6.0	
	大麦					1.5
	豆饼	20.0	20.0	21.0	21.0	20.0
	全脂奶粉					10.0
	脱脂奶粉	10.0				
	鱼粉	7.0	10.0	7.5	8.3	7.5
	酵母粉	1.5	4.0	1.0		

（续）

配方编号	1	2	3	4	5
白糖		2.0			3.7
胃蛋白酶					0.3
淀粉酶					0.2
磷酸氢钙			0.3		
碳酸钙	0.6	0.6	0.2	0.3	
微量元素添加剂	1.0	1.0	1.0	1.0	
维生素添加剂	1.0	1.0	1.0	1.0	
消化能（兆焦/千克）	13.60	13.6	13.56	13.51	14.48
粗蛋白质（%）	22.0	21.8	20.1	20.2	23.6
粗纤维（%）	2.4	2.1	2.7	2.8	2.4
钙（%）	0.79	0.78	0.65	0.63	0.70
磷（%）	0.62	0.61	0.58	0.58	0.56
赖氨酸（%）	1.34	1.23	1.16	1.16	1.23
蛋氨酸（%）	0.34	0.30	0.26	0.26	
胱氨酸（%）	0.27	0.17	0.22	0.21	

（左侧纵向标注：配方组成（%）、营养成分）

　　值得注意的是，以豆粕形式的大豆蛋白，长期就被当作猪饲料中的主要蛋白源。大豆蛋白的氨基酸构成较为合理。遗憾的是，大豆中含有很多抗营养因子，如胰蛋白酶抑制因子、植物凝血素以及碳水化合物—蛋白质的复合物，这些都会降低仔猪对大豆蛋白的利用能力。生产豆粕粉的过程中，进行加热处理，可以清除大部分胰蛋白酶抑制因子，可是，蛋白质—碳水化合物的复合物不能被清除。豆粕中复合蛋白质被认为是引起早期断奶仔猪短暂过敏反应的原因。仔猪饲喂大豆蛋白可引起损伤性过敏反应，如可加快肠绒毛上肠腺（隐窝）细胞分裂，出现未成熟的肠细胞，从而在肠绒毛上降低了消化和吸收能力，增加了对肠毒素的敏感性。为了减轻仔猪对大豆蛋白的过敏反应，现多用浓缩大豆蛋白、提纯大豆蛋白和膨化大豆粉作为蛋白来源。

仔猪实行早期断奶，采用人工哺育的方法已是提高繁殖母猪利用率的重要措施之一。但由于早期断奶仔猪对大豆蛋白的产生迟发型过敏反应，所以营养学家明确提出，哺乳仔猪应用全乳蛋白，来最大限度地减少这种反应所引起的不良影响。可是，对养猪者来说，不仅代价相当高，而且也只能推迟这种过敏反应的发生。现多采用全脂奶粉，膨化大豆和乳清粉混配的方式，实践证明，饲料中含有 20%～25% 的乳清粉时，生产性能表现最佳。

最近几年，喷雾干燥的猪血浆蛋白粉被广泛地应用于养猪上。这给早期断奶仔猪的营养带来了一场革命。猪血浆蛋白粉含有 68% 的蛋白质和 6.1% 的赖氨酸。蛋白成分主要由白蛋白、球蛋白和珠蛋白组成。添加血浆蛋白粉能够替代仔猪日粮中的脱脂奶粉。添加量一般占 6% 左右，不仅提高了仔猪的抗病力，而且刺激食欲，从而提高日增重。

（四）生长肥育猪日粮的混配

生长肥育猪，是整个养猪生产的最后环节，生长肥育猪的日粮配合比例，应考虑生长肥育猪生长强度大，代谢旺盛等特点，日粮配比要合理搭配，营养全面，提高饲料转化率。根据生长肥育猪的生长发育规律，在生长肥育猪生长前期（60 千克体重以前），应给予高营养水平的饲料，并注意日粮中氨基酸的含量及其生物学价值，以促进骨骼和肌肉的快速发育。到后期（60 千克体重以后）则要适当限饲，特别要适当减少能量饲料在日粮中的比例，以抑制体内脂肪沉积，防止饲料浪费，提高胴体品质（表 5 - 31）。

表 5 - 31　生长肥育猪饲料配方

配方编号	1	2	3	4	5	6
体重阶段（千克）	20～35		35～60		60～90	
配方组成（%） 玉米	47.0	62.7	51.6	33.5	65.2	10.0
大麦	30.0		30.0	40.0	15.0	31.5
高粱		9.8				
米糠						20.0
麸皮	5.0	5.0	5.0	5.0	5.0	30.0
豆饼	6.3	17.7	4.0	13.0	10.0	
鱼粉	6.6	4.0	4.5	4.0		2.5
干草粉	3.04		3.04		3.04	
槐叶粉				3.0		
花生饼						4.5
骨粉	1.5		1.3	1.0	1.2	
贝壳粉		0.5				
石粉			0.5		0.5	1.0
食盐	0.5	0.3		0.5		0.5
多维素	0.01		0.01		0.01	
微量元素添加剂	0.05		0.05		0.05	
营养成分 消化能（兆焦/千克）	16.90	13.80	12.80	13.14	13.18	11.88
粗蛋白质（%）	14.9	16.8	13.0	16.3	12.2	13.0
粗纤维（%）	4.2	2.7	4.2	4.7	3.6	7.0
钙（%）	0.86	0.51	0.69	0.58	0.45	0.58
磷（%）	0.67	0.41	0.58	0.37	0.43	0.66
赖氨酸（%）	0.78	0.86	0.63	0.82	0.52	1.43
蛋氨酸＋胱氨酸（%）	0.68	0.66	0.58	0.43	0.55	0.71

第6章

兔子的全价日粮配制技术

一、兔子的消化特点及其营养要求

（一）消化特点

1. 对粗纤维的消化率高　兔子消化道复杂且较长，容积也大，大小肠极为发达，总长度为体长的 10 倍左右，体重 3 千克左右的兔子肠道即 5～6 米，盲肠约 0.5 米，因而能吃进大量的青草，大约相当于体重的 10%～30%。盲肠和结肠发达，其中有大量的微生物繁殖，是消化粗纤维的基础，兔子对粗纤维的消化率为 60%～80%，仅次于牛羊，高于马和猪，兔子粗纤维缺乏时易引起消化紊乱、采食量下降、腹泻等。

兔子消化道中的圆小囊和蚓突有助于粗纤维的消化。圆小囊位于小肠末端，开口于盲肠，中空，壁厚，呈圆形，有发达的肌肉组织，囊壁含有丰富的淋巴滤泡。有机械消化、吸收、分泌三种功能。经过回肠的食物进入圆小囊时，发达的肌肉加以压榨，经过消化的最终产物大量的被淋巴滤泡吸收，圆小囊还不断分泌碱性液体，以中和由于微生物生命活动而形成的有机酸，保持大肠中有利于微生物繁殖的环境，有利于粗纤维的消化。蚓突位于盲肠末端，壁厚，内有丰富的淋巴组织，可分泌碱性液体。蚓突经常向肠道内排放大量淋巴细胞，参与肠道防卫机能，即提高机体的免疫力和抗病能力。

2. 对粗饲料中蛋白质的消化率较高 兔子对粗饲料中粗纤维具有较高消化率的同时，也能充分利用粗饲料中的蛋白质及其他营养物质。兔子对苜蓿干草中的粗蛋白质消化率达到了 74%，而对低质量的饲用玉米颗粒饲料中的粗蛋白质，消化率达到80%。由此可见兔子不仅能有效地利用饲草中的蛋白质，而且对低质饲草中的蛋白质有很强的消化利用能力。

3. 能耐受日粮中的高钙比例 兔子对日粮中的钙、磷比例要求不像其他畜禽那样严格（2:1），即使钙、磷比例达到12:1，也不会影响它的生长，而且还能保持骨骼的灰分正常。这是因为当日粮中的含钙量增高时，血钙含量也随之增高，而且能从尿中排出过量的钙。

实验表明，兔日粮中的含磷量不宜过高，只有钙、磷比例为1:1以下时，才能忍受高水平磷（1.5%），过量的磷由粪便排出体外。饲料中含磷量过高还会降低饲料的适口性，影响兔子的采食量。另外，兔日粮中维生素 D_3 的含量不宜超过 1 250～3 250国际单位，否则会引起肾、心、血管、胃壁等的钙化，影响兔子的生长和健康。

4. 消化系统的脆弱性 兔子容易发生消化系统疾病。仔兔一旦发生腹泻，死亡率很高。造成腹泻的主要诱因是低纤维饲料、腹壁冷刺激、饮食不卫生和饲料突变。

对低纤维饲料引起腹泻一般认为是由于饲喂低纤维、高能量、高蛋白的日粮，过量的碳水化合物在小肠内没有完全被吸收而进入盲肠，由于过量的非纤维性碳水化合物在一些产气杆菌大量繁殖和过度发酵。因此，破坏了肠中的正常菌群。有害菌产生大量毒素，被肠壁吸收，造成全身中毒。由于肠内过度发酵，产生小分子有机酸，使后肠渗透压增加，大量水分子进入肠道。且由于毒素刺激，肠蠕动增强，造成急性腹泻。

肠壁受凉常发生于幼兔卧于温度较低的地面、饮用冰凉水、采食冰凉饲料的情况。肠壁受到冰凉刺激时，蠕动加快，小肠内尚未消化吸收的营养便进入盲肠，造成盲肠内异常发酵，导致腹泻。

饲料突变及饮食不卫生，肠胃不能适应，改变了消化道的内环境，破坏了正常的微生态平衡，导致消化机能紊乱。

5. 兔对尿素的利用　对反刍动物用尿素来作为一种氮源，已经成为一种经济和实用的方法。因为反刍动物有发达的瘤胃，其微生物可以利用非蛋白含氮物合成自身蛋白，而后微生物进入真胃和肠道被吸收利用。在国内外也有不少试验证明在兔日粮中加入适量尿素对增重也有一定的作用。

因兔子有发达的盲肠，在盲肠中微生物的发酵过程和反刍动物瘤胃微生物发酵过程基本一致，也可以利用尿素。但兔子对尿素的利用率不是很高。因此，加尿素仅仅是低蛋白日粮的补充措施，不可以以尿素作为饲料中的主要氮源。尿素的添加量，不同的实验结果不同，一般从 0.5% 到 2.5% 不等。多数实验表明，以尿素占风干日粮的 1% 为宜。

（二）食性特点

1. 草食性　兔子以植物为主要食物，家兔的特殊之处：六枚门齿，上颌两对，下颌一对，上颌有一对大门齿和一对小门齿，上唇分为两片，门齿易暴露，适于采食地面矮草和啃食树枝等；容积较大的胃肠；极其发达的盲肠。这些决定了兔子属于草食动物。

2. 挑食性　在野生条件下，兔子凭借自己发达的嗅觉和味觉，对食物有明显的选择性，在众多的饲料中四处寻觅自己所喜爱吃的食物，兔子喜吃有甜味的饲料和多叶多汁性饲料，如豆科、菊科和十字花科等多种野草；在谷类饲料中喜欢吃整粒的玉米和颗粒料，不喜欢吃粉料。不喜吃鱼粉、肉粉等动物性饲料。

家养条件下，一切饲料靠人工配制提供，它们失去了自由选择饲料的权力。但若混合料搅拌不匀，或粉碎的粒度过大，往往造成家兔挑食，用前爪在饲槽里扒来扒去，将饲料扒出槽外，甚至会掀翻食槽。当饲料发霉变质或出现异味时，也容易引起家兔扒食。为了防止家兔扒食、挑食，混合料要充分拌匀。颗粒料可有效防止挑食。当多汁料切丝喂兔时，不宜与粉料拌在一起，以防止家兔挑食多汁料而把其他饲料扒出。

3. 啮齿性　兔子门齿终生生长，为了磨损不断生长的牙齿，使牙齿保持适当长度，兔子善于啃咬较坚硬的物料。生产中发现，如饲料中粗纤维不足，或硬度不够，牙齿得不到磨损时，家兔便寻找笼门、踏板、产箱，甚至食盆水槽等有棱硬物啃咬，使之受到破坏。为了防止家兔乱啃乱咬，饲料中应含足够粗饲料。颗粒料可有效地防止家兔啃咬。平时在兔笼内投放一些树枝条，让其自由啃咬，既可防止乱啃，又可获得一定的营养，一举两得。

4. 食粪性　兔子在正常情况下排出两种粪便。一种是硬粪，在白天排出，呈大颗粒、硬粒状；一种是软粪，在夜间排出，呈小颗粒、软团状。且软粪量约占全天总排粪量的 50% 左右。软粪球外面有特殊光泽的外膜包被，内含流质内容物。软粪中所含的粗蛋白质和水溶性维生素含量均高于硬粪。这种软粪一排出就直接从肛门处被兔子自己吃掉，通常软粪全部被吃掉，只有兔子有异常情况如生病时才停止食粪，无菌兔和摘除盲肠的兔子没有食粪行为，所以几乎所有兔子从开始吃饲料就有食粪行为。

（三）营养要求

兔子需要的营养物质，包括能量、蛋白质、脂肪、无机盐、维生素、粗纤维和水等。

1. 能量　能量是兔子的重要营养因素，因为兔子机体的生命及生产活动都需要消耗能量。实验证明，如果日粮中能量不足，兔子就会体弱消瘦、生长缓慢、生产力下降。相反，日粮中能量水平偏高，也会因脂肪沉积过多而肥胖，这对繁殖母兔来说，会影响雌性激素的释放或机体吸收雌性激素而损害繁殖机能；对公兔来说，则会造成性欲减退、配种困难和精液品质下降。因此，控制适宜的能量水平对养好兔子极为重要。

兔子在能量消化利用上有其自身的特点。与其他家畜相比，兔子的能量需要相对较高，单位体重所需能量约相当于牛的 3 倍，因为，在新陈代谢过程中兔子体内不断发生能量的转变，内部能量减少，转变为外部的功和热。

兔子具有利用低能饲料的能力。在消化道进化过程中形成了需要适量粗纤维的生理特点，粗纤维具有填充胃肠、促进胃肠道蠕动、释放饲料中的高营养成分等作用。故其饲料中必须有适量的粗纤维，一般以 12%～14%为宜。

能量的主要来源是饲料中碳水化合物、脂肪和蛋白质。其中碳水化合物在饲料中含量较高、且价格低廉，是兔子能量的主要来源。经测定，每 1 克碳水化合物经氧化可产生热能 17.36 千焦；每 1 克脂肪可产生热能 39.33 千焦。兔对大麦、小麦、燕麦、玉米等谷物饲料中的碳水化合物具有较高的消化率；对豆科饲料中的粗脂肪，消化率可达 83.6%～90.7%。

2. 蛋白质 蛋白质是兔子体内除了水分以外含量最多的营养物质。L. R. Arrington 报道，成年兔（消化道内容物除外）蛋白质含量约占 18%。蛋白质是兔子一切生命活动的物质基础，也是兔体的重要组成成分。兔子体内的一切生命活动如消化、代谢、繁殖、泌乳、产毛等过程都离不开蛋白质。

在生产实践中必须掌握好日粮中的蛋白质水平，由于日粮蛋白质水平在很大程度上影响着兔子的生产力、产品质量以及兔子寿命。当日粮中蛋白质不足时则会影响兔的健康和生产性能的发挥，表现为生长停滞，体重减轻；公兔性欲减退，精液品质下降；母兔发情不正常，胚胎发育不良，产生死胎、弱胎等。相反，当日粮中蛋白质水平过高，超过需要量时，不仅造成饲料浪费，还会引起蛋白质分解不全的物质积累，加重盲肠、结肠、肝脏、肾脏的负担，引起一系列严重的营养生理上的失调。

兔子对蛋白质的需要量，生长兔、妊娠兔、哺乳兔日粮中分别以含粗蛋白 16%、15% 和 17% 为宜。由于蛋白质的基本单位是氨基酸，按兔的营养需要，必需氨基酸有精氨酸、赖氨酸、苏氨酸、蛋氨酸、亮氨酸、组氨酸、异亮氨酸、缬氨酸、甘氨酸、色氨酸和苯丙氨酸 11 种。所有必需氨基酸在兔子体内都具有各自的生理功能，如精氨酸不足时影响公兔的生殖能力，蛋氨酸不足则会影响兔毛产量和质量。而非必需氨基酸也是不可缺少的，兔毛中的硫大部分以胱氨酸的形式出现。日增重 35～40 克的育成兔，日粮中应含有精氨酸 0.6%，赖氨酸 0.65%，含硫氨基酸（蛋氨酸加胱氨酸）0.61%。兔子对精氨酸具有较高的耐受力，需要量比其他哺乳动物高 2%。

蛋白质的主要来源是日粮中的动物性蛋白质饲料和植物性蛋白质饲料等。饲料中蛋白质水平不仅看数量更应着重于质量，而蛋白质的高低取决于组成蛋白质的氨基酸种类及数量。一般来讲，动物性蛋白质饲料优于植物性蛋白质饲料，动物性蛋白质饲料粗蛋白含量高达 50%～80%，必需氨基酸含量全面，比例适当，品质较好；植物性蛋白质饲料粗蛋白质含量为 25%～45%，所含必需氨基酸不全，数量较少，因而品质较差。有目的地选用多种适口性饲料配合饲喂，可充分发挥氨基酸之间的互补作用，明显提高饲料蛋白质的利用率。

3. 脂肪　脂肪是提供能量和沉积体脂的营养物质之一，也是神经、肌肉、骨骼和血液的重要组成成分，贮存在肠系膜、皮下组织、肾脏周围及肌纤维之间的脂肪组织，还有保护内部器官和皮肤的作用。日粮中脂肪含量不足会导致兔子生长不良，体重减轻，皮炎，脱毛和公兔副性腺退化，精液品质下降等；相反，脂肪含量过高则会使饲料适口性下降，甚至引起兔子死亡。

4. 矿物质　兔子所需矿物质均由饲料提供，按其体重的 0.01% 以上或以下，分为常量元素和微量元素。兔子需要的常量元素有：钙、磷、钾、镁、硫、钠、氯等。微量元素有：铁、铜、锌、钴、锰、碘、硒、钼等。矿物质是兔子体组织的主要成分之一，约占成年兔体重的 5.6%，占初生仔兔体重的 2.6%。矿物质的主要功能是形成体组织和细胞，特别是骨骼的主要成分；调节血液和淋巴液渗透压，保证细胞营养；维持血液的酸碱平衡；活化酶和激素等，矿物质是保证幼兔生长、维持成年兔健康和提高生产性能所不可缺少的营养物质。在兔子的生理和生产上具有重要的作用。

兔体内矿物质主要来源是饲料。豆科牧草中含有丰富的钙，谷物中含有丰富的磷。因此，正常饲喂均可满足兔子钙磷的需要量。由于植物性饲料中钠、氯含量较低，因此，必须补充食盐，一般配合饲料中加入 0.5% 的食盐。而对于钾、镁、硫、铁、铜、锌、钴等元素，饲料中的含量一般能满足兔子的需要。

5. 维生素 维生素是一类需要量非常少的低分子有机化合物。它们既不是构成兔体的组织原料，也不能提供能量，而是维持兔健康、生长和繁殖所必需的要素之一，大多数参与分子构成，发挥生物学活性物质作用。与其他动物相比，兔子对维生素的需要量非常少，但缺乏时，会导致新陈代谢紊乱，生长发育受阻，生产性能下降，甚至发病死亡。

兔所需要的维生素，根据其溶解性能可分为脂溶性维生素（维生素 A、维生素 D、维生素 E、维生素 K）和水溶性维生素（维生素 C 和 B 族维生素）两大类。兔日粮中维生素的需要量一般以国际单位（IU）或毫克、微克表示。生长兔每千克日粮应含维生素 A 580 国际单位，维生素 D 900 国际单位，维生素 E 50 毫克，维生素 K 2 毫克。

兔体内维生素的主要来源：一是饲料，特别是脂溶性维生素需要由日粮中提供，如维生素 A，而维生素 A 的前体—胡萝卜素在植物的绿叶中含量丰富，这种胡萝卜素可以在兔子体内转化为维生素 A。所以，要经常给兔子一些新鲜青绿饲料则可满足兔子的维生素需要；二是兔盲肠微生物能利用食糜有机物合成部分维生素，特别是 B 族维生素。由微生物合成的维生素不仅直接被兔体吸收利用，而且还可以通过采食软粪满足其营养需要；三是兔皮肤在紫外光照射下胆固醇能转化成维生素 D，满足其对维生素 D 的部分需要。根据上述维生素来源可见，在正常饲养管理条件下，不需要额外添加 B 族维生素和维生素 C，而脂溶性维生素必须根据日粮维生素含量和活性等适量添加。特别注意维生素 K 的添加，因一些饲料和某些疾病会影响维生素 K 的吸收利用。

6. 粗纤维　粗纤维是指植物性饲料中难消化的物质，它在维持体正常消化功能，保持消化物黏度，形成硬粪及在消化运转过程中起着重要的物理作用。根据生产实践，成年兔日粮中粗纤维供给量过少，往往会引起消化紊乱，食物通过消化道时间延长，引起魏氏杆菌等消化疾病，出现腹泻、死亡等；但日粮中粗纤维含量过高，也会引起肠道蠕动过速，食糜通过消化道速度加快，营养浓度降低，导致生产性能下降。

兔子具有利用低能饲料的能力。在消化道进化过程中形成了需要适量粗纤维的生理特点，粗纤维具有填充胃肠、促进胃肠道蠕动、释放饲料中的高营养成分等作用。故其饲料中必须有适量的粗纤维，一般以 12%～14% 为宜。幼兔可适量降低，但不能低于 8%；成年兔可适当高些，但不能高于 20%。

兔日粮中粗纤维的主要来源是粗饲料。稻草秸、地瓜秧、花生秧、豆秸、苜蓿、洋槐、松针及紫槐树叶等是兔日粮中理想的粗纤维来源，适量添加不仅可促进生长，提高成活率，而且可预防肠炎，保证兔子健康生长。

7. 水　水是兔子机体内一切细胞和组织的必须组成成分。兔子体内所含水分约占体重的 70%。

体内营养物质的输送、消化、吸收、转化、合成及粪便的排出，都需要水分；水还有调节体温的作用，也是治疗疾病与发挥药效的调节剂。实践证明，兔子缺水比缺料更难维持生命，缺水将会导致消化紊乱、食欲减退、被毛枯燥、公兔性欲减退、精液品质下降。体内损失 20% 的水，可导致兔子死亡。

兔每天需水量的多少受年龄、生理、季节、饲料状态的影响。兔子每天的需水量，一般为采食干料量的 2～3 倍。在气温 15～20℃下，每日饮水量是：体重 0.5 千克、1.0 千克、2.0 千克、3.0 千克、4.0 千克的生长兔分别为 100 毫升、160 毫升、270 毫升、330 毫升、400 毫升；体重 5 千克的安静状态兔和怀孕母兔为 500 毫升；哺乳 8 只 20 日龄仔兔的母兔为 1 升，哺乳 40～50 日龄幼兔的母兔为 2.0～2.5 升。夏季比其他季节增加 50%～70%。

兔子所需水分的来源有 3 条途径：一是饮水，是兔子所需水分的主要来源。大中型兔场最好选用自动饮水器供水，如采用定时饮水时，应每天供水 2～3 次；二是饲料水，特别是青绿饲料中含水量达 70%～80%，也是提供水分的主要来源之一；三是代谢水，是体内营养物质氧化过程中产生的水，一般量很少。

二、兔子的常用饲料

(一) 青绿多汁饲料

青绿饲料是一种来源广泛而且很经济的一种主要饲料。这类饲料的主要特点是：干物质中含丰富的粗蛋白质、维生素和矿物质，适口性强，易消化吸收，成本低，营养全面，并且有些青绿饲料具有药用价值，如催奶、止泻、抗球虫等，但含水量高，体积大。兔子常用的青绿多汁饲料主要包括豆科牧草、禾本科牧草、叶菜类、根茎类饲料、树叶等。现在许多地方种植了大量的人工牧草，以满足兔子等草食动物的需要。

（二）粗饲料

粗饲料是指按绝对干饲料计算，粗纤维含量在 18% 以上的饲料。其特点是：体积较大、难消化、能量、蛋白质和维生素含量比较低（豆科牧草除外），但其来源广、种类多、数量大、价格低。其营养价值受品种、收获期、晾晒和贮存方法等的影响。一般在抽穗期和开花初期收割为宜，晾晒时不要过分暴晒或雨淋。

兔常用的粗饲料有四类，即秸秆类、干草类、荚壳类和糟渣类。秸秆类饲料有稻草、玉米秸、花生秧、甘薯秧、豆秸等；干草类饲料有人工栽培干草、野青干草和干树叶等；荚壳类饲料有豆荚、谷壳、葵花盘等；糟渣类为生产酒、糖、醋、酱油等的副产品，这类饲料有的粗蛋白较高，有的富含维生素，开发利用潜力很大。

（三）能量饲料

能量饲料指粗纤维含量在 18% 以下含消化能在 10.46 兆焦/千克以上的饲料，并以 12.55 兆焦/千克为衡量尺度，区分高能饲料和低能饲料。能量饲料的来源也很丰富，兔子常用的能量饲料有大麦、小麦、玉米、麦麸和稻谷等。其中玉米是最常见、用量最多的能量饲料，其特点是含能量高，粗纤维少，适口性好，不饱和脂肪酸含量高，但必需氨基酸含量不足。其他能量饲料能量较低，但可弥补玉米的不足。因此，配合饲料应高低能搭配，扬长避短，释放各自的最大效能。

（四）蛋白质饲料

蛋白质饲料是指干物质中粗蛋白质含量高于 20%，粗纤维含量低于 18% 的饲料，根据其来源可分为植物性蛋白质饲料和动物性蛋白质饲料两类。

植物性蛋白质补充料主要包括豆科籽实及其加工副产品油饼类。如豆饼（粕）、菜子饼、棉饼等，其中豆饼（粕）含粗蛋白较高，用量最大。而棉饼中含有棉酚等有毒成分，需进行脱毒处理，常用硫酸亚铁水溶液浸泡，一般，1.25 千克硫酸亚铁溶解于 125 千克水中，浸泡 50 千克棉饼，搅拌几次，经一昼夜即可饲用。动物性蛋白质饲料常用的有肉骨粉、鱼粉血粉等。另外，饲料酵母含有丰富的蛋白质、维生素、脂肪等兔子生长发育所必需的营养物质，也是有待于开发的优质蛋白质饲料之一。

（五）矿物质饲料

兔子在生长发育过程中，矿物质是不可缺少的营养物质。一般天然牧草、野草、谷物类和豆科类饲料中均含有一定的矿物质，尤其是日粮中含有大量牧草时，一般不缺乏。但在高效率生产的情况下，饲料原料中的含量不能满足其需要，需补充矿物质。兔子常用的矿物质补充料有食盐、骨粉、石粉、贝壳粉、沸石粉、麦饭石等。

（六）添加剂饲料

饲料添加剂是指添加于配合饲料的加工、贮存、调配、饲喂过程中的某些微量成分，添加这些成分的目的在于补充饲料营养组分的不足，防止或延缓饲料品质的劣化，提高饲料的适口性和利用率，对提高兔群健康、促进生长、繁殖等均有明显促进作用，常用的有以下几种：

1. 氨基酸添加剂　饲料常缺乏的氨基酸为限制性氨基酸：赖氨酸和蛋氨酸，在饲料配方设计中为满足兔子赖氨酸和蛋氨酸需要，不必过度的增加蛋白质饲料用量，适当添加氨基酸添加剂就能弥补限制性氨基酸的不足。

2. 微量元素添加剂　常用的有硫酸铜、硫酸镁、硫酸锰、硫酸锌、硫酸亚铁和亚硒酸钠等。对微量元素添加剂的选择一定要选择优质标准原料，否则，重金属超标对兔体及人体有害。

3. 维生素添加剂 常用的有脂溶性维生素（维生素 A、维生素 D、维生素 E、维生素 K）。水溶性维生素（维生素 B_1、维生素 B_2、维生素 B_6、维生素 B_{12}、生物素、叶酸、烟酸、泛酸、胆碱等）。维生素的添加量一方面参考饲养标准，另一方面结合本场兔的生产性能，生产性能越高，对维生素的需求量也越多。

4. 驱虫保健添加剂 主要用途是驱除兔体内主要寄生虫，防止兔子贫血、营养被寄生虫吸收。常用的驱虫药只允许用盐酸氯苯胍和氯羟吡啶。并要注意休药期，以防残留。

综上所述，添加剂对兔子的生长、饲料转化及疾病防治等均有一定的作用。添加时应遵循兔子饲养标准，缺什么补什么，缺多少补多少，不能滥用乱用。尤其是抗生素之类，长期使用会产生抗药性，并能够抑制盲肠微生物的活动。另外，国家明令禁止的一些对人体有害的添加剂或药物杜绝添加。

三、兔子的全价日粮配制技术

家兔的配合饲料是根据家兔的营养需要，根据各种饲料原料营养价值的评定以及经济、卫生无公害等原则，科学的规定多种饲料的混合比例，科学配制而成。优质饲料是充分发挥家兔生产潜力，降低生产成本，增加经济收益的重要条件，必须予以足够重视。

（一）家兔的饲养标准

家兔饲养标准也叫家兔的营养需要。它是家兔在不同生产、生理状态下关于各种营养成分需要量的试验总结，是制作家兔饲料配方的基础。饲养标准的核心是保持能量与其他营养因素如蛋白质、氨基酸、钙、磷等的平衡。然而，不能把家兔的营养标准看做是对各种营养成分需要的最终答案，应当仅作参考。因为饲料标准的建议一般是特定种类的兔子在特定的年龄、特定的体重及特定生产状态下的营养需要量。它所反应的是在正常饲养管理条件下整个群体的营养水平。当条件改变，如温度、湿度偏高或偏低、饮水不足、卫生防疫过差等，就得在建议值的基础上适当变动。另外，饲养标准中对维生素及微量元素的规定采用最低需要量，以不出现缺乏症为依据，在使用标准时予以注意。

各国的饲养标准基本是以本国的饲料条件和生产水平为基础编制。因此，在使用时切忌生搬硬套，应结合实际灵活应用。下面介绍几种兔子饲养标准。

1. 中国安哥拉毛兔饲养标准（表6-1）

表6-1　中国安哥拉毛兔营养需要建议量

项　　目	生长兔		妊娠母兔	哺乳母兔	产毛兔	种公兔
	断奶至3月龄	3月龄至6月龄				
消化能(DE)(兆焦/千克)	10.46	10.3～10.5	10.04～10.46	10.88	9.83～10.04	10.04
粗蛋白（CP）（%）	16～17	15～16	16	18	15～16	17
可消化粗蛋白(DCP)(%)	12～13	10～11	11.5	13.5	11	13
粗纤维（CF）（%）	14	16	14～15	12～13	17	16～17
粗脂肪（EE）（%）	3	3	3	3	3	3
蛋能比 10DCP/DE(g/MJ)	12	9.7～10.5	11.5	12.4	11	12.9
蛋氨酸＋胱氨酸（%）	0.7	0.7	0.8	0.8	0.7	0.7
赖氨酸（%）	0.8	0.8	0.8	0.9	0.7	0.9
精氨酸（%）	0.8	0.8	0.8	0.9	0.7	0.9
钙（%）	1.0	1.0	1.0	1.2	1.0	1.0
磷（%）	0.5	0.5	0.5	0.8	0.5	0.5
食盐（%）	0.3	0.3	0.3	0.3	0.3	0.3
铜（毫克/千克）	2～200	10	10	10	20	10
锌（毫克/千克）	50	50	70	70	70	70

（续）

项　目	生长兔		妊娠母兔	哺乳母兔	产毛兔	种公兔
	断奶至3月龄	3月龄至6月龄				
锰（毫克/千克）	30	30	50	50	30	50
钴（毫克/千克）	0.1	0.1	0.1	0.1	0.1	0.1
维生素 A（国际单位）	8 000	8 000	8 000	10 000	6 000	1 200
胡萝卜素（毫克/千克）	0.83	0.83	0.83	1.0	0.62	0
维生素 D（国际单位）	900	900	900	1 000	900	1.2
维生素 E（毫克/千克）	50	50	60	60	50	1 000

2. 美国 NRC 兔用饲养标准（表 6-2）

表 6-2　美国 NRC 兔用饲养标准（1977 年修订）

（每千克日粮中含量或百分率）

养　分	生　长	维　持	妊　娠	泌　乳
消化能（DE）（兆焦）	10.46	8.79	10.46	10.46
总消化养分（%）	65	55	58	70
粗纤维（CF）（%）	10～12	14	10～12	10～12
脂肪（EE）（%）	2	2	2	2
粗蛋白（CP）（%）	16	12	15	17
钙（%）	0.4		0.45	0.75
磷（%）	0.22		0.37	0.5
镁（毫克）	300～400	300～400	300～400	300～400
钾（%）	0.6	0.6	0.6	0.6
钠（%）	0.2	0.2	0.2	0.2
氯（毫克）	0.3	0.3	0.3	3
铜（毫克）	3	3	3	0.2
碘（毫克）	0.2	0.2	0.2	2.5

（续）

养　分	生　长	维　持	妊　娠	泌　乳
锰（毫克）	8.5	2.5	2.5	
维生素 A（国际单位）	580		＞1 160	
胡萝卜素（毫克）	0.83		0.83	
维生素 E（毫克）	40		40	40
维生素 K（毫克）			0.2	
烟酸（毫克）	180			
维生素 B$_6$（毫克）	39			
胆碱（克）	1.2			
赖氨酸（％）	0.65			
蛋氨酸＋胱氨酸（％）	0.6			
精氨酸（％）	0.6			
组氨酸（％）	0.3			
亮氨酸（％）	0.1			
异亮氨酸（％）	0.6			
苯丙氨酸＋酪氨酸（％）	0.1			
苏氨酸（％）	0.6			
色氨酸（％）	0.2			
缬氨酸（％）	0.7			

3. 德国兔用饲养标准（表 6 - 3）

表 6 - 3　德国家兔颗粒饲料养分含量

（每千克日粮中含量或百分率）

养　分	生　长	种　兔	产毛兔
消化能（DE）（兆焦）	12.0	11.0	9.6～11.0
总消化养分（克）	650	600	550～600
粗纤维（CF）（％）	9～12	10～14	14～16

（续）

养　分	生　长	种　兔	产毛兔
脂肪（EE）（%）	3～5	2～4	2
粗蛋白（CP）（%）	16～18	15～17	15～17
钙（%）	1.0	1.0	1.0
磷（%）	0.5	0.5	0.3～0.5
镁（毫克）	300	300	300
钾（%）	1.0	1.0	0.7
钠（%）	0.5～0.7	0.5～0.7	0.5
铜（毫克）	20～200	10	10
锰（毫克）	30	30	10
铁（毫克）	100	50	50
锌（毫克）	50	50	50
维生素A（国际单位）	8 000	8 000	6 000
维生素D（国际单位）	1 000	800	500
维生素E（毫克）	40	40	20
维生素K（毫克）	1	2	1
烟酸（毫克）	50	50	50
维生素B_6（毫克）	400	300	300
生物素（毫克）	—	—	—
胆碱（克）	1 500	1 500	1 500
赖氨酸（%）	1.0	1.0	0.5
蛋氨酸＋胱氨酸（%）	0.4～0.6	0.7	0.6～0.7
精氨酸（%）	0.6	0.6	0.6

4. 我国家兔饲养标准（南京农业大学、江苏农学院推荐）
（表6－4）

表 6-4　建议营养供给量

营养指标	生长兔		妊娠兔	哺乳兔	成年产毛兔	生长育肥兔
	3周龄至12周龄	12周龄后				
消化能（兆焦/千克）	12.12	11.29～10.45	10.45	10.87～11.29	10.03～10.87	12.12
粗蛋白（%）	18	16	15	18	14～16	18～16
粗纤维（%）	8～10	10～14	10～14	10～12	10～14	8～10
粗脂肪（%）	2～3	2～3	2～3	2～3	2～3	3～5
钙（%）	0.9～1.1	0.5～0.7	0.8～1.1	0.8～1.1	0.5～0.7	1.0
磷（%）	0.5～0.7	0.3～0.5	0.5～0.8	0.5～0.8	0.3～0.5	0.5
赖氨酸（%）	0.9～1.0	0.7～0.9	0.8～1.0	0.8～1.0	0.5～0.7	1.0
胱氨酸＋蛋氨酸（%）	0.7	0.6～0.7	0.6～0.7	0.6～0.7	0.6～0.7	0.4～0.6
精氨酸（%）	0.8～0.9	0.6～0.8	0.6～0.8	0.6～0.8	0.6	0.6
食盐（%）	0.5	0.5	0.5～0.7	0.5～0.7	0.5	0.5
铜（毫克/千克）	15	15	10	10	10	20
铁（毫克/千克）	100	50	100	100	50	100
锰（毫克/千克）	15	10	10	10	10	15
锌（毫克/千克）	70	40	40	40	40	40
镁（毫克/千克）	300～400	300～400	300～400	300～400	300～400	300～400
碘（毫克/千克）	0.2	0.2	0.2	0.2	0.2	
维生素 A（国际单位/千克）	6 000～10 000	6 000～10 000	8 000～10 000	8 000～10 000	6 000	8 000
维生素 D（国际单位/千克）	1 000	1 000	1 000	1 000	1 000	1 000

（二）家兔的饲料配合技术

1. 设计饲料配方所需资料

（1）家兔的饲养标准，如前述。

（2）饲料原料的营养价值评定表（附录一）　该表数值经由生物试验、化学分析而产生。将某种饲料原料所能提供的各种营养成分列成表格，以供参考使用。该表数值在一定范围内比较准确，但当地理位置、气候条件等因素差异较大时，数值也会有较大变化。因此，在条件具备时，最好对所用的主要饲料原料自行组织化验分析，以获得更为切合实际的数据。

（3）日粮类型和预期采食量　日粮按所含粗饲料的多少分为粗料型和精料型两类。兔子属草食家畜，日粮中粗料比例占30%～50%。因此，兔子日粮属粗料型，其日粮粗纤维水平一般在 10% 以上。如果不注意日粮类型，甚至把日粮类型颠倒，不仅不能达到饲养目的，而且会使兔子消化机能紊乱，导致疾病发生。兔子采食量也很重要，实际上采食量决定着家兔食入的各种营养成分的数量。因此，日粮中各种养分的浓度一定要和家兔的采食量相适应，这样才能实现不仅营养配比合理，而且吃得下，用得上。

2. 饲料配方的原则

（1）选择合适的饲养标准　兔子饲养标准是配合兔子饲料日粮最基本的依据，从生产实际出发，根据兔子的品种、年龄、体重、生理状态、生产目的与水平选择相应的饲养标准。例如，家兔正处于哺乳阶段，配合日粮时应选哺乳阶段的饲养标准，而其他如生长育肥、妊娠等标准都不适宜。标准选定后再根据饲养实践中积累的经验加以修正，最后确定日粮的营养水平。要特别注意日粮能量与蛋白质、氨基酸及其他养分的比例关系，尽量使日粮营养平衡。同时对日粮粗纤维水平也应特别注意，粗纤维在家兔饲养与营养中起着非常重要的作用。如果纤维水平失衡，低则导致疾病，造成生产损失。高则降低日粮养分浓度，且影响其他养分的消化吸收。

（2）选用适宜的饲料原料　饲料营养价值评定表及生产中积累的经验是选择饲料的依据。优质饲料原料是科学饲料配制的基础。因此，在选择某种饲料时，要全面分析评价其营养特性，明确该饲料的突出优点和严重缺陷。比如某种氨基酸含量高或含有某种毒素，使用时要扬长避短合理搭配。另外在选择饲料时还要注意以下几个方面：第一，饲料的含水量。含水量过高不仅使饲料养分浓度降低，而且给饲料贮存带来麻烦，极易使饲料在贮存过程中发霉变质。第二，注意饲料的适口性。饲料适口性的好坏直接影响兔子的采食量。适口性好的饲料兔子喜欢吃，可提高饲料的利用率；饲料养分含量很高，但适口性差，兔子不喜欢吃，照样不行。第三，注意饲料的品质有没有霉变、金属污染杂质、甚至掺假等，对有异味可能会影响畜产品质量的饲料要限制使用。第四，尽量多选择几种饲料，因为任何一种饲料都不能满足家兔的所有需求，只有集合多种饲料，互相补充，才能配成营养全面、平衡的日粮。第五，在选择饲料时还应注意配伍禁忌，尤其一些化学产品如矿物质、维生素及一些药物等，在添加时不仅量有限制，而且添加顺序也有严格的要求。另外，一些国家明令禁止的药物杜绝添加。

（3）经济效益　设计配方更重要的原则是取得最大的经济效益。在养兔生产中，配合饲料往往占养殖成本的60%左右，甚至更多。在选择饲料时，必须因地制宜，就地取材，充分利用当地资源，减少运输、贮存堆积损耗以降低成本。同时又要算大账、算总账、开源节流。有的为了一味地降低饲料成本，盲目加大廉价粗饲料的比例，结果适得其反，倒增加了生产成本。讲究营养、注意能量、蛋白质、氨基酸等各种营养物质间的比例关系，饲料成本虽有增加，但饲料转化率提高，总的经济效益还是高得多。

（4）考虑家兔的消化生理特点　家兔是单胃草食动物，具有发达的盲肠，可耐受高水平的粗纤维。喜欢采食青绿多汁饲料及颗粒料。表6-5列举了兔子对各类饲料的消化率。

表6-5 兔子对各类饲料的消化率（％）

饲料	干物质	有机物质	蛋白质	脂肪	纤维素	无氮浸出物
草地干草	32.5	37.5	49.5	19.1	19.1	40.3
苜蓿干草	55.5	55.6	75.5	29.1	29.1	69.5
三叶干草	59.3	—	54.7	55.9	22.5	62.2
绿三叶草	80.5	80.8	86.1	65.5	60.1	85.9
青羽扇豆	79.5	77.0	85.5	68.0	48.0	84.9
饲用甜菜	92.3	93.2	88.5	68.2	86.0	97.1
胡萝卜	92.8	—	85.7	79.4	56.4	97.8
土豆	58.6	82.7	78.2	69.4	64.7	89.9
燕麦	65.5	69.8	69.3	83.7	26.2	76.1
玉米	92.3	90.5	78.7	93.7	30.0	85.3
小麦麸	61.9	65.6	75.5	69.5	32.2	68.5
向日葵饼	—	—	88.3	84.5	19.8	53.0
大麦	72.2	78.3	81.5	72.6	41.8	81.3

3. 一般原料用量的大致比例

干草粉、糟、秧、秸、蔓类等粗饲料35％～45％

能量饲料如玉米等谷类25％～35％

植物蛋白质原料如饼类5％～20％

动物蛋白质原料如鱼粉等1％～3％

钙、磷类如骨粉、贝壳粉、石粉等1％～3％

微量元素、维生素添加剂0.5％～1％

食盐0.3％～0.5％

4. 配合饲料时应注意的问题

（1）应尽量满足家兔所有的营养需要，注意能量、蛋白质间的关系，特别注意配足必需氨基酸如蛋氨酸、赖氨酸等。

（2）一般而言，维生素和微量元素要超标准使用，依据环境、饲养管理等变化上调20％～150％不等。但对微量元素硒要谨慎从事，准确计算其数量，不可盲目调高，以免发生中毒。

（3）玉米应限制用量，用量多时会在家兔肠内异常发酵，导致腹泻。

（4）质量低劣的动物蛋白饲料最好不要用，因为造成危害的可能性很大。

（5）添加药物要注意有效期，而且要轮换使用，以防产生抗药性。且注意药物残留。

（6）原料种类要尽量多，在不严重影响配合饲料品质的前提下，可以用价值便宜的饲料替代价格较贵的饲料。

（7）评定饲料优劣的标准是进行小范围饲养试验，家兔喜食、生长快、饲料转化率高、成本低、收益大、而且饲料原料丰富。

（三）配合饲料的方法

设计饲料配方需要计算，方法很多，这里只介绍几种简单实用的方法，并举例说明。

1. 兔子日粮配合手算方法

（1）查阅兔子饲养标准，确定兔子的营养需要量。

（2）进行饲养试验或查阅有关资料，确定兔子日食干物质量。

（3）根据日食干物质量，确定日食营养量（A）

$$A=兔子营养需要×日食干物质量$$

（4）通过试验或查阅有关资料，确定兔子日食青饲料量。在查饲料营养价值表时，最好是利用国内的资料，同时还要将选用的几种饲料按家兔饲养标准要求配合的指标一一查出来。

（5）确定兔子日食青饲料中的营养量（B）

$$B=日食青饲料量×青饲料营养含量$$

　　(6) 确定兔子日需营养量中的尚欠营养量（C）

　　　　C＝日需营养量（A）－日食青饲料营养量（B）

　　(7) 确定兔子日补混合料量（D）

　　　　D＝尚欠干物质量/混合精料所含干物质量

　　尚欠干物质量＝兔子日食干物质量－兔子日食青饲料干物质量

　　(8) 确定日补混合精料的营养量（E）

　　　　　B＝尚欠营养量/应补混合精料量

　　(9) 确定混合精料配比。在确定配比时应根据供应青饲料后尚欠营养量为依据，以日补混合精料量为限度。总比例不得超过或少于100，其他单项饲料比例可随意。步骤是：确定精料种类（根据当地实有精料确定），拟定初步配合比，确定配比。

　　(10) 调整混合精料的能量含量。在调整时应注意，食盐不含能量，而混合精料中的食盐一般占0.5％为限。在100千克混合精料中实际含能精料量为99.5千克。这99.5千克含能饲料应负担起100千克饲料的含能值。步骤是：

　　①查兔用饲料营养值表，确定选配精料的营养值。

　　②计算配合饲料中饲料能量值（F）

　　　　　F＝混合精料的配比×各与配精料含能值

　　然后计算每千克配合饲料的能量值（G）

　　G＝配合精料所含能量总值÷精料配比量（99.5千克）

　　③以每千克所含能量值（上式计算的G值）为分界线，将与配精料分为高能饲料和低能饲料，并计算每千克饲料能量值。计算式是

$$\frac{每千克高能}{饲料能量值}=\frac{高能饲料所}{含能量总值}\cdot\frac{高能饲料}{配比总量}$$

$$\frac{每千克低能}{饲料能量值}=\frac{低能饲料所}{含能量总值}\cdot\frac{低能饲料}{配比总量}$$

　　式中　能量总值——单项配合料的配比×所含能量的累
　　　　　　　　加值；

配比总量——高能饲料或低能饲料配比的累加值。

④求调整后各饲料的用量。在总量 99.5 千克配合饲料中各配比精料各占多少用量可利用方块法求得，计算式为

高能饲料用量＝高能饲料所占总能量料的比例×含能饲料的
　　　　　总用量×高能饲料占总能料的比例

低能饲料用量＝低能饲料所占能量料的比例×含能饲料的
　　　　　总用量×低能饲料占总能料的比例

调整后的饲料用量＝高能饲料用量＋低能饲料用量

（11）调整混合精料中蛋白质含量　步骤是：①计算混合精料中蛋白质含量（配比×蛋白质含量）；②求蛋白质尚欠量（混合精料的蛋白质需要量－混合精料蛋白质实配量）；③调整蛋白质饲料的配比量；④求调整后的新用量（原用量±应减量或应加量）

（12）求调整后平衡的能量值和蛋白质

平衡的能量值（DE，MJ/kg）＝需要量－实配量

平衡的蛋白质（CP，%）＝需要量－实配量

（13）调整混合饲料中的粗纤维含量　方法步骤同蛋白质的调整方法与步骤。

（14）检查和调整混合精料中的矿物质和维生素含量。也可仅做检查。若比饲养标准偏低，可补加矿物质和维生素添加剂。

（15）将混合精料的配合结果与尚欠营养量进行比较，若两者各项营养指标相符时，此配方即可成立，若有差距即要再次进行调整。

（16）做出结论，提出日食青料干物质量、营养量、混合精料日食量、营养量。

兔子日采食量＝日食青料量＋日食混合精料量

兔子日采食干物质量＝日食青料干物质量＋混合精料量

兔子日食营养量＝日食青料营养量＋日食混合精料营养量

应注意：混合精料的喂量与应采食量是受营养需要量制约的，这种混合精料的营养含量要与喂青料后的尚欠营养量相吻

合，兔子的采食营养量是与采食饲料量相关连的。因此，计算兔子日食量应以兔子的实际采食青料量与混合精料量为准，并非兔子的日喂饲料量。

2. 兔子日粮配合分组方块法 这种方法适宜于多种饲料原料，从一种主要营养指标入手，利用方块法的计算原理，按照高于和低于该营养指标把多种原料预先分成两组，在组内预定各种原料的使用比例，计算组内该营养指标的含量，然后利用方块法计算，确定各种原料的比例，最后经检验调整完成配方。

例：利用玉米、槐叶粉、大豆饼、花生饼、棉饼、麸皮、青干草粉为生长兔配合日粮，要求日粮中含 2% 的矿物质、维生素添加剂以满足生长兔对钙磷的需要。

（1）查饲料标准得知生长兔营养需要量见表 6-6。

表 6-6 生长兔营养需要量

消化能（兆焦/千克）	粗蛋白（%）	粗纤维（%）	钙（%）	磷（%）	赖氨酸（%）	蛋+胱氨酸（%）
10.47	16.0	12.0	0.4	0.22	0.65	0.60

（2）查饲料营养价值表或实测结果见表 6-7。

表 6-7 饲料营养价值表

饲料名称	消化能（兆焦/千克）	粗蛋白（%）	粗纤维（%）	赖氨酸（%）	蛋+胱氨酸（%）
玉米	14.49	8.6	2.0	0.27	0.31
槐叶粉	10.00	18.1	11.0	0	0
大豆饼	13.56	41.6	5.7	2.45	1.08
花生饼	14.07	43.8	5.3	1.35	0.94
棉饼	11.55	32.3	15.1	1.29	0.74
麸皮	10.59	13.5	9.2	0.47	0.33
青干草粉	2.47	8.9	33.7	0.31	0.21

（3）把上述原料以含蛋白16％为分界，分为高蛋白组和低蛋白组。添加剂另列。在每一组中根据饲料来源、价格，结合生产经验，预定每种饲料原料的比例，再分别求出每组饲料的蛋白质含量（表6-8）。

表6-8 每组饲料的蛋白质含量

组 别	饲料原料	蛋白质含量	预定比例	组内含蛋白（％）
高蛋白质	槐叶粉	18.1％×	60％＝10.86％	26.79％
	大豆饼	41.6％×	20％＝8.32％	
	花生饼	43.8％×	10％＝4.38％	
	棉饼	32.3％×	10％＝3.28％	
低蛋白质	玉米	8.6％×	50％＝4.3％	9.67％
	麸皮	13.5％×	20％＝2.7％	
	青干草粉	8.9％×	30％＝2.67％	

（4）日粮要求添加2％的矿物质、维生素添加剂，因这2％不含蛋白质，另外98％的部分蛋白质含量应为：

$$16％÷98％＝16.33％$$

（5）运用方块法计算两组饲料的比例，再依据第三步中每组的预定比例算出各种原料的百分比。

高蛋白组：26.79   6.66÷17.12＝38.9％

$$\boxed{16.33} +$$

低蛋白组：9.67   10.46÷17.12＝61.1％
                        17.12

首先，各种原料还原（预定比例乘以方块计算比例）：

槐叶粉：60％×38.9％＝23.34％

大豆饼：20％×38.9％＝7.78％

花生饼：10％×38.9％＝3.89％

棉饼：$10\% \times 38.9\% = 3.89\%$

玉米：$50\% \times 61.1\% = 30.55\%$

麸皮：$20\% \times 61.1\% = 12.22\%$

青干草粉：$30\% \times 61.1\% = 18.33\%$

其次，把添加剂计算在内：

矿物质、维生素：2%

槐叶粉：$23.34\% \times 98\% = 22.87\%$

大豆饼：$7.78\% \times 98\% = 7.62\%$

花生饼：$3.89\% \times 98\% = 3.81\%$

棉饼：$3.89\% \times 98\% = 3.81\%$

玉米：$30.55\% \times 98\% = 29.94\%$

麸皮：$12.22\% \times 98\% = 11.98\%$

青干草粉 $18.33\% \times 98\% = 17.96\%$

（6）检验配方养分浓度（表6-9）。

表6-9　配方养分浓度

饲料原料	比例 （%）	消化能 （兆焦/千克）	粗蛋白 （%）	粗纤维 （%）	赖氨酸 （%）	蛋＋胱氨酸 （%）
玉米	29.94	4.35	2.57	0.6	0.08	0.09
槐叶粉	22.87	2.30	4.14	2.52	0	0
大豆饼	7.62	1.05	3.17	0.43	0.19	0.08
花生饼	3.81	0.54	1.67	0.20	0.05	0.04
棉饼	3.81	0.46	1.23	0.58	0.05	0.03
麸皮	11.98	1.26	1.62	1.10	0.06	0.04
青干草粉	17.96	0.46	1.60	6.05	0.06	0.04
添加剂	2					
合计	99.99	10.43	16.0	11.48	0.49	0.32
标准要求	100	10.47	16.0	12.0	0.65	0.60

结果表明：配方中消化能、粗蛋白质、粗纤维、钙和磷与标

准基本符合，赖氨酸、蛋氨酸＋胱氨酸仍显不足，可另外添加赖氨酸、蛋氨酸。

3. 兔子日粮配合试差法　这是设计配方最常用，应用范围最广泛的方法，简明易学，适合于多种饲料原料以及多种营养指标（包括成本等），但计算繁琐费时，也带有一定的盲目性。

计算的基本步骤：先确定饲养标准及饲料成本，再根据本地饲料来源和价格等，结合本场经验或参考其他配方，将各种原料试定一个大致的比例，即初配配方。然后，计算每种营养成分、成本价格，与饲料标准相对比，若不够或多余时，进行调整，修改平衡，反复计算，直到接近或达到目标为止。因此，涉及的饲料原料种类越多，规定的营养指标越多，计算的工作量也越大。

例：用苜蓿粉、玉米、麸皮和豆饼给妊娠母兔制定饲料配方。

（1）查饲料标准得知妊娠母兔的营养需要为：粗蛋白 15％、粗纤维 14％、粗脂肪 3％、消化能 10.89 兆焦/千克。

（2）饲料营养价值表得知所用饲料的营养成分含量见表 6-10。

表 6-10　饲料的营养成分含量

饲　料	粗蛋白（％）	粗脂肪（％）	粗纤维（％）	消化能（兆焦/千克）
苜蓿粉	13.3	1.6	30.6	7.37
玉　米	8.6	3.5	2.0	15.14
麸　皮	14.4	3.7	9.2	10.71
豆　饼	43.0	5.4	5.7	15.23

（3）根据生产经验，试配饲料，并计算营养含量，与标准对比见表 6-11。

表 6 - 11　试配饲料与标准对比

饲　料	比例	粗蛋白 （%）	粗脂肪 （%）	粗纤维 （%）	消化能 （兆焦/千克）
苜蓿粉	35	4.655	0.56	10.71	2.58
玉米	23	1.978	0.805	0.46	3.48
麸皮	30	4.32	1.11	2.76	3.21
豆饼	10	4.30	0.54	0.57	1.523
食盐	0.5				
骨粉	1.5				
合计	100	15.253	3.025	14.5	10.80
与标准比较	0	+0.253	+0.025	+0.5	-0.09

（4）作适当调整。第一次试配，营养基本达到要求，为更接近标准，可下调 0.5 粗纤维。以粗纤维含量低的玉米代替部分苜蓿草粉。代替比例可用一元一次方程求得：

设：玉米代替苜蓿粉比例为 X，

则：$30.6X - 2X = 0.5$　　$X = 0.017$

（5）重新计算调整后得饲料配方得营养含量见表 6 - 12。

表 6 - 12　饲料配方的营养含量

饲　料	比例	粗蛋白 （%）	粗脂肪 （%）	粗纤维 （%）	消化能 （兆焦/千克）
苜蓿粉	33.3	4.43	0.56	10.19	2.46
玉　米	24.7	2.12	0.805	0.49	3.74
麸　皮	30	4.32	1.11	2.70	3.44
豆　饼	10	4.30	0.54	0.57	1.52
食　盐	0.5				
骨　粉	1.5				
合　计	100	15.17	3.04	13.95	10.93
与标准比较	0	+0.17	+0.04	-0.05	+0.04

调整后得饲料配方与要求相比已很接近。为了计算方便，仅列举四相营养成分。当配合结束后，对主要矿物质进行计算，适当调整。维生素及微量元素添加剂另外添加即可。

4. 电子计算机配合饲料的方法 在生产实践中，当饲养规模大、兔子配合饲料需要量大时，或是在兔子饲料专门化生产，配合日粮应用的饲料种类多，且要满足多项营养指标要求时，就要应用线性规划原理，筛选最佳饲料配方。解线性规划问题计算量大，应借助电子计算机计算家兔最佳饲料配方。所谓最佳饲料配方，就是既满足规定的营养指标和特殊限定的条件，又使饲料成本最低，也就是"最优化"。在数学上这类优化问题，实质是求在一定的线性约束条件下，使线性目标函数达到最大值和最小值，这就是线性规划。计算最佳饲料配方，就是求一组解，使其满足各项营养指标要求（约束条件），这组解即是配合家兔日粮时各种饲料用量。现在有许多专家已研制出配合饲料软件，方便实用，大大提高了运算速度和工作效率，在此不再作详细介绍。

（四）不同生长阶段的兔子营养需求

1. 毛用兔

（1）生长兔的营养需求　生长兔的生长表现为体重和体形的增加，实质是肌肉、骨骼、脂肪、各种组织器官的增长，主要是蛋白质和矿物质的增加。除遗传因素外，营养条件的良好能保证兔子生长最快、效率最高。兔子在生长期间的物质代谢旺盛，同化作用大于异化作用，在生长过程中呈现出规律性变化，即呈现出生产递增期、生长递减期，以及体重体长的绝对生长呈现出慢—快—慢的生长规律变化，部位和体组织增长最快的是头、腿及骨骼，其次是体长及肌肉，最后是体身、体宽及脂肪。在家兔增重成分中，水分随年龄增大而降低，脂肪随年龄增大而增多，蛋白质和矿物质最初增长很快，以后随年龄而逐渐减少，最后趋于稳定。为此兔子对生长期的物质要求是有顺序的，根据这些规律，可以在兔子生长的各个生长阶段给予不同的营养物质，早期应注重矿物质，蛋白质、维生素的供给，中期应注重蛋白质供应，后期应尽量多用含碳水化合物丰富的饲料。

生长兔对能量的需要依照增加体重中的脂肪和蛋白质的比例而不同，沉积的脂肪比例大，需要的能量多，家兔在3～4周龄时生长非常迅速，随年龄增长而增加体重，所增加的体重中，脂肪比蛋白质多，因而每单位增重所需能量也多，试验表明，生长兔每克增重的能量消耗与年龄之间存在线性关系，即 $y=1.8x+3.2$（y 为每增重1克体重消化能是多少千焦；x 为周龄）。生长兔蛋白质需要随体重增加而增加，蛋白质的供给量应为维持需要的两倍。矿物质对生长兔是维持正常生长必需的，也是幼兔生长的必要成分之一，幼兔在生长过程中，矿物质占体重的3%～4%，主要为钙、磷，仔兔生长快，对钙、磷需要量大。生长兔体内代谢非常旺盛，必须供给充足的维生素，以保证物质代谢的正常进行，促进其健康生长，生长兔对维生素A最为敏感，缺乏时可引起生长停止，发育受阻，患夜盲症，对疾病抵抗力降低。

（2）怀孕母兔营养需要　由于胎儿、胎衣、胎水及子宫的增长、合成代谢加强及本身营养物质的贮存积累，怀孕母兔的营养需求比空怀母兔高。给母兔以适量的蛋白质，是保证母兔受孕和胎儿正常发育的重要条件。蛋白质的供给要以怀孕期子宫、胎儿、乳腺的增长为依据，怀孕前期蛋白质的需要量在维持需要基础上增加10%，后期则增加40%～50%。美国NRC兔饲养标准规定怀孕期母兔的日粮蛋白质水平为17%～18%，且对日粮中必需氨基酸的数量做了规定：赖氨酸0.6%～0.8%，蛋氨酸0.5%～0.56%。因幼兔生长需要大量的钙和磷，为防止引起幼兔佝偻病、母兔骨质疏松症，怀孕母兔日粮中需添加足量的钙、磷。美国NRC兔饲养标准规定量为钙1.0%～1.2%、磷0.4%～0.8%。另外，锰对幼兔骨骼正常发育有重要的作用。添加量为 50 毫克/千克。维生素中,怀孕母兔对维生素 A、维生素 D、维生素 E 要求较多。每千克干料中维生素 A 需要量为 6 000~10 000国际单位,维生素 D 为 1 000 国际单位,怀孕母兔维生素 E 的需要量为 40~50 毫克/千克。日粮中适量的粗纤维对保证兔子正常的生长发育和预防胃肠道疾病有重要作用,饲养标准规定怀孕母兔的日粮粗纤维水平应为 10%~14%。在自由采食颗粒饲料的情况下,每天喂量应控制在 170 克左右。在饲喂青、粗饲料时,每天补加精料 110 克,母兔在怀孕中后期营养需要量比未怀孕时约高两倍。

(3) 产毛兔的营养要求　兔毛生长受品种遗传的影响最大,但环境因素,特别是营养条件,是影响兔毛的产量和品质的重要因素。营养物质对产毛的影响发生在胚胎期和产毛期。因此,了解产毛所需要的营养物质,掌握改善营养与产毛的关系,是合理饲养毛兔的重要前提。

兔毛含有五种主要元素:碳 50%左右、氢 6%~8%、氧 20%左右、氮 17%~19%、硫 3%~5%,除碳、氢、氧、氮外,硫含量较高,并以二硫键的形式存在于兔毛胱氨酸中。胱氨酸参与构成兔毛的角质蛋白纤维,对蛋白纤维的产量和弹性、强度等纺织性能有重要影响。因此,胱氨酸的供给显得很重要。

兔毛是蛋白质纤维,其蛋白质含量约为 93%。因此,产毛兔日粮中必须含有较多的蛋白质。每千焦消化能的日粮中应含 15~17 克可消化粗蛋白。同时还应注意蛋白质的品质,在日粮中应含有较多的含硫氨基酸。

由于兔毛生长快,毛兔对能量的需要,大约等于一般兔的维持需要量,也就是长毛兔的能量需要量并不比一般兔高。兔在长毛期间,能量的需要量波动最大,兔的采食量也随剪毛周期和兔毛的生长情况而变化。剪毛后第一个月,兔子采食量最大,因为全身裸露,热量大量散发需要补充部分能量,每天要供给 200 克颗粒饲料,兔毛处于生长的最快阶段,每日喂量大约 180 克,第三个月，接近剪毛时，采食量相应减少，每日喂量 150 克左右。据养兔专家推荐产毛兔每千克饲粮中应含消化能 9.63～10.89 兆焦，粗蛋白 15%～17%，蛋氨酸＋胱氨酸 0.7% 及钙、磷、铜、铁、维生素 A 等多种营养物质。

2. 肉用兔

（1）生长兔的营养需求　同毛用兔。

（2）怀孕母兔营养需要　同毛用兔。

（3）育肥兔的营养需要　育肥是肉用兔提高产量、改善质量的一个途径。家兔育肥一般有两种形式：幼兔育肥与成年兔肥育。幼兔育肥包括生长发育和脂肪沉积两个阶段，在生长发育过程中伴随有脂肪沉积前期以沉积蛋白质为主，同时也有矿物质和脂肪沉积；后期是大量沉积脂肪，所以一般指的是"育肥"。成年家兔肥育是利用生长发育基本停止的成年家兔如淘汰兔、残废兔、年老家兔等，以沉积脂肪为主，蛋白质沉积很少，一般指的是"催肥"。

育肥兔对能量需要因年龄、体重、增重速度和肥育阶段不同而异。幼龄家兔和肥育前期每单位增重所需能量较少，需要的饲料也少。随着年龄增长和肥育期的进展，单位增重所需能量增多。肥育家兔日粮中需要含有少量脂肪，这样可以改善饲粮的适口性，促进营养物质的消化吸收。但脂肪含量过多，对消化吸收不利，对肉品质也有很大影响。要注重矿物质和维生素的给予，需要量应超过生长兔，否则对肥育不利。例如钙不足常是增重不快的原因之一，磷和食盐与兔子的食欲有关，维生素 B 族与碳水化合物代谢有关，其中生物素对脂肪合成起作用。因此，在日粮中要保证矿物质和维生素的含量。影响肉兔肥育效率和肉质品质的因素主要是饲养水平。用高水平营养育肥兔瘦肉多，脂肪少。饲料对体脂性质、色泽有影响，如鱼粉等可使兔体产生异常气味，黄玉米等有色饲料可使兔体脂肪变黄等。由于形成体脂的主要原料是碳水化合物。因此，在育肥期应多喂含可溶性碳水化合物的饲料。据实验，育成兔每增重 1 克大约需要可消化能 39.7 千焦；体重 3 千克的成年兔，每天需要消化能 836.8 千焦。即成年兔每千克饲料中需含消化能 8 786.4～9 204.8 千焦。

四、兔子常见饲料配方

(一) 生长兔的饲料配方

1. 稻草粉 40、麦麸 15、大麦粉 23、豆饼 20、骨粉 1.2、食盐 0.5、蛋氨酸 0.3。该配方每千克饲料含消化能 10.34 兆焦、粗蛋白 16％、粗纤维 14％、粗脂肪 2.8％、钙 0.6％、磷 0.4％。

2. 干草粉 40、玉米 19、小麦 19、豆饼 13、麦麸 15、鱼粉 2、肉粉 1、骨粉 0.5、食盐 0.5。该配方每千克饲料含消化能 10.46 兆焦、粗蛋白 16％、粗纤维 13％、粗脂肪 3.0％、钙 0.7％、磷 0.6％。

3. 花生秧 30、槐叶粉 10、豆饼 16、玉米 25.5、麦麸 12、鱼粉 4、骨粉 1、食盐 0.5。该配方每千克饲料含消化能 10.45 兆焦、粗蛋白 16％、粗纤维 14％、粗脂肪 3.5％、钙 0.6％、磷 0.5％。

4. 玉米 30、麸皮 7、槐叶粉 10、花生秧 20、酒糟 10、豆饼 21、骨粉 0.5、食盐 0.5、添加剂 1。该配方每千克饲料含消化能 10.51 兆焦、粗蛋白 16.24％、粗纤维 12.09％、粗脂肪 3.2％、钙 0.9％、磷 0.45％。

5. 玉米 40、麸皮 18、干草粉 18、花生饼 5、豆饼 12、骨粉 2、鱼粉 3.5、食盐 0.5、矿物质添加剂 1、蛋氨酸 0.15、赖氨酸 0.1。该配方每千克饲料含消化能 10.88 兆焦、粗蛋白 18％、粗纤维 14％、粗脂肪 3.5％、钙 0.9％、磷 0.6％。

(二) 怀孕兔的饲料配方

1. 草粉 28、玉米 40、豆饼 15、麦麸 10.5、鱼粉 4、骨粉 2、食盐 0.5、多维素 20g、微量元素 20g。该配方每千克饲料含消化能 10.78 兆焦、粗蛋白 17%、粗纤维 13%、粗脂肪 3.0%、钙 0.9%、磷 0.6%。

2. 豆饼 8、菜子饼 5、蚕蛹 4、玉米 18、稻谷 10、麸皮 20、麦芽根 10、清糠 13、稻草粉 10、骨粉 1.5、蛋氨酸 0.2、食盐 0.3。该配方每千克饲料含消化能 10.47 兆焦、粗蛋白 15.6%、粗纤维 15.3%、粗脂肪 3.2%、钙 0.86%、磷 0.53%。

3. 花生秧粉 15、青干草粉 15.5、玉米 20、麦麸 14、豆饼 20、小麦 10、鱼粉 2、骨粉 2、食盐 0.5、生长素 1。该配方每千克饲料含消化能 10.45 兆焦、粗蛋白 16%、粗纤维 12.8%、粗脂肪 3.0%、钙 0.78%、磷 0.56%。

4. 花生秧 30、槐叶粉 27、红薯秧 3、青干草粉 9、豆饼 8、玉米 25、麦麸 23、骨粉 1.5、食盐 0.5、微量元素添加剂按说明添加。该配方每千克饲料含消化能 11.5 兆焦、粗蛋白 18%、粗纤维 13.5%、粗脂肪 3.5%、钙 0.7%、磷 0.5%。

5. 花生秧 8、红薯秧 14、酒糟 10、槐叶粉 10、豆饼 20、玉米 30、麦麸 6、骨粉 0.5、食盐 0.5、微量元素添加剂 1。该配方每千克饲料含消化能 10.34 兆焦、粗蛋白 15.85%、粗纤维 12.54%、粗脂肪 3.0%、钙 0.95%、磷 0.44%。

（三）产毛兔的饲料配方

1. 玉米 24、麸皮 30、豆饼 24、草粉 20、食盐 0.5、骨粉 1.5、添加剂按说明。该配方每千克饲料含消化能 10.17 兆焦、粗蛋白 17.9%、粗纤维 16.4%、粗脂肪 3.0%、钙 0.7%、磷 0.5%。

2. 花生秧 30、槐叶粉 14、豆饼 12、玉米 26.5、麦麸 12、鱼粉 3、骨粉 2、食盐 0.5、多维素 7.5 克。该配方每千克饲料含消化能 10.56 兆焦、粗蛋白 15.2%、粗纤维 13.5%、粗脂肪 2.8%、钙 0.6%、磷 0.4%。

3. 玉米 22、麸皮 31、豆饼 20、米糠 20、食盐 0.5、鱼粉 3、骨粉 2.5、生长素 1。该配方每千克饲料含消化能 10.54 兆焦、粗蛋白 16.57%、粗纤维 12.8%、粗脂肪 3.4%、钙 0.9%、磷 0.58%。

4. 豆饼 10、菜子饼 8、蚕蛹 3.5、玉米 25、麸皮 22、米糠 18、稻草粉 12、骨粉 1、蛋氨酸 0.2、食盐 0.3。该配方每千克饲料含消化能 10.96 兆焦、粗蛋白 16.7%、粗纤维 14.5%、粗脂肪 4.0%、钙 0.89%、磷 0.7%。

5. 玉米 27、麸皮 33.5、豆饼 17、苜蓿粉 30.5、食盐 0.3、贝壳粉 1.2、添加剂 2。该配方每千克饲料含消化能 10.57 兆焦、粗蛋白 17.9%、粗纤维 16%、粗脂肪 3.2%、钙 0.71%、磷 0.53%。

(四) 育肥兔的饲料配方

1. 花生秧 30、槐叶粉 15、豆饼 17、玉米 25、麦麸 12、食盐 1。该配方每千克饲料含消化能 12.2 兆焦、粗蛋白 17%、粗纤维 9%、粗脂肪 4.0%、钙 1.0%、磷 0.5%。

2. 干草粉 40、玉米 16、小麦 16、豆饼 14、麦麸 9、鱼粉 2、酵母 1、骨粉 1.5、食盐 0.5、多维素 20g、添加剂 20g。该配方每千克饲料含消化能 10.59 兆焦、粗蛋白 14.5%、粗纤维 15.5%、粗脂肪 3.1%、钙 0.6%、磷 0.4%。

3. 苜蓿粉 24、豆饼 21.5、玉米 20、酒糟 14、麦麸 20、骨粉 1、食盐 0.5、矿物质添加剂 1。该配方每千克饲料含消化能 10.18 兆焦、粗蛋白 17.17%、粗纤维 12%、粗脂肪 3.0%、钙 0.71%、磷 0.62%。

4. 草粉 20、槐叶粉 20、豆饼 20、玉米 23.5、麦麸 14、骨粉 1、食盐 0.5、矿物质添加剂 1。该配方每千克饲料含消化能 11.4 兆焦、粗蛋白 18.3%、粗纤维 8%、粗脂肪 2.9%、钙 0.9%、磷 0.6%。

5. 干草粉 20、豆饼 14、玉米 40、麦麸 20、鱼粉 2.5、骨粉 2、食盐 0.5、矿物质添加剂 1、蛋氨酸 0.15、赖氨酸 0.1。该配方每千克饲料含消化能 10.55 兆焦、粗蛋白 17.02%、粗纤维 8.0%、粗脂肪 3.5%、钙 1.04%、磷 0.77%。

第7章

鹿的全价日粮配制技术

一、鹿的消化特点及其营养要求

（一）消化特点

1. 鹿的消化行为　鹿为反刍兽，采食饲草饲料速度较快。采食后 1～1.5 小时出现反刍，反刍时采取俯卧或站立姿势。鹿的反刍时间较长，一般每天需 6～7 小时。鹿的反刍胃的结构不如牛发达，并且反刍次数少。由于饲料的种类和饲料含水量的不同，反刍次数和时间也不同。仔鹿一般在出生后 3 周左右即可出现反刍现象。鹿也有嗳气现象，平均 1 小时可有 10～20 次嗳气。鹿粪便呈椭圆形或近圆形，褐绿色，也因饲料种类不同呈深绿或黑色，表面光滑。每天排粪 8～10 次。

2. 鹿胃的消化

（1）瘤胃消化　出生仔鹿瘤胃容积很小，仅占全部 4 个胃容积的 1/5，两周龄时达到 1/3，里面没有微生物，以后随饲料、饮水或仔鹿与母鹿相互舔舐，微生物进入瘤胃。仔鹿生后 3～4 周就能采食一些嫩草并开始反刍。鹿瘤胃 pH 一般在 5.6～6.6 之间，和其他家畜相比 pH 相对低些。由于饲料原因，如饲喂大量青贮玉米等酸性饲料可引起瘤胃内容物乳酸含量增高，pH 降低，而引起某些病症，如猝死症。在生产中应引起注意。

（2）网胃和瓣胃消化　鹿的网胃和瓣胃消化机能也与其他反

刍动物相同。网胃内微生物数量很高,饲喂后微生物数量明显增加,故对网胃的消化能力也不可忽视。瓣胃内比较干燥,微生物含量相对较少。

(3)皱胃消化　皱胃是四个胃中的唯一有腺胃,进入皱胃的食物受消化液的消化。仔鹿皱胃中凝乳酶较多。胃蛋白酶则比成年鹿少。皱胃分泌盐酸的机能随年龄增长而逐渐完善。新生仔鹿胃液中游离盐酸与结合盐酸含量均低。因此,胃屏障机能较弱,如果管理不当,就易发生各种胃肠疾病。东北梅花鹿进入山东初期出生的仔鹿,因饲草的改变,仔鹿发生腹泻的发病率高达60%以上,仔鹿的生长发育受到严重影响。

3. 鹿的消化率　鹿对纤维素的消化率比牛高。另外,日粮的组成、加工方式和饲喂制度等因素,对饲料的消化也有影响。日粮组成不合理会降低消化率。未经加工的整粒玉米则不被完全消化。饲料中蛋白质过少,其饲料消化率显著降低;蛋白质较高时,可使饲料消化率提高。这是因为饲料中有足够的蛋白质时,就使得瘤胃内以蛋白质为营养的细菌和纤毛虫大量繁殖,有利于粗纤维的发酵分解,因而提高了对粗纤维的消化率。

(二)营养要求

1. 梅花鹿的营养需要

(1)仔鹿育成期营养需要　仔鹿育成期精料中适宜的能量为17～18兆焦/千克,粗蛋白水平为28.0%,每只每日所需营养物质平均为:可消化蛋白质132～219克,粗蛋白292～297克,消化能23.37～24.62兆焦,总能32.06～32.48兆焦。

(2)母鹿妊娠中期、后期和泌乳期营养需要　母鹿妊娠期饲料营养水平的高低,不仅影响胎儿的生长发育,而且还影响母体自身的体况和产后的泌乳能力。梅花鹿母鹿妊娠中期适宜的营养为:总能16.72兆焦/千克,粗蛋白17.0%。妊娠后期精料中适宜的能量为17.14兆焦/千克,粗蛋白为20%。泌乳期精料中适宜能量为 17.57 兆焦/千克，粗蛋白为 24.0%。母鹿在妊娠中期、后期和泌乳期每只每日对营养物质的需要分别为 14.43 兆焦消化能、152 克粗蛋白；14.42 兆焦消化能、180 克粗蛋白；15.58 兆焦消化能、258 克粗蛋白。

（3）公鹿越冬期和生茸前期的营养需要　1 周岁公鹿越冬期和生茸前期精料中适宜能量和粗蛋白水平分别为 16.30 兆焦/千克和 18.0%；2 周岁公鹿越冬期和生茸前期精料中适宜能量和粗蛋白水平分别为 16.72 兆焦/千克和 18.0%；3 周岁精料中能量和粗蛋白水平分别为 16.72～17.56 兆焦千克和 17.0%；4 周岁精料中能量和粗蛋白水平分别为 16.30～17.14 兆焦/千克和 14.5%；5 周岁精料中能量和粗蛋白水平分别为 15.97 兆焦/千克和 13.5%。在 1～3 周岁时越冬期和生茸前期对营养物质的需要随年龄增长相应提高，4 周岁后则有逐渐降低的趋势。

（4）公鹿生茸期的营养需要　1 周岁公鹿正处于生长发育阶段，组织器官还没有完全成熟，开始生长初角茸，此期所需要的营养物质，不仅需满足其生长发育的需要，还要满足其生茸的需要。因此，这个时期对日粮的营养水平要求较高。饲料中能量和粗蛋白的适宜水平分别为 17.35 兆焦/千克和 22.4%。平均每只鹿每天对能量和粗蛋白的需要量分别为 37 兆焦和 478 克。2 周岁饲料中能量和粗蛋白的适宜水平分别为 16.18 兆焦/千克和 18.5%。3 周岁饲料中能量和粗蛋白的适宜水平分别为 16.55 兆焦/千克和 19.0%。4 周岁饲料中能量和粗蛋白的适宜水平分别 19.39 兆焦/千克和 15.9%。5 周岁饲料中能量和粗蛋白的适宜水平分别为 16.72 兆焦/千克和 16.6%。

2. 马鹿各生产时期的营养需要

（1）公鹿各生产期的营养需要　种公鹿配种期体能及营养物质消耗很大。因此，每天不仅要供给足够的能量和粗蛋白质，还必须注意饲料的质量，这样才能保证种公鹿的配种能力和精液质量。一般种公鹿配种期每天代谢能需要量为 40～42 兆焦，日粮中粗蛋白水平为 19%，每天每只需粗蛋白 600～780 克。

公鹿生茸期是其一年中的关键期，此期饲养的好坏将直接影响鹿茸的产量和质量。在这个时期应该注意蛋白质和无机盐的结合。日粮中蛋白质水平应达到 21%，每天每只需代谢能 49～65 兆焦，可消化粗蛋白 703～955 克，钙 40～57 克，磷 21～28 克。

（2）母鹿各生产期的营养需要　母鹿在配种期饲料蛋白质水平应保持在 16%～17%，每天代谢能需要量为 38～50 兆焦，可消化粗蛋白 500～680 克，钙 32～47 克，磷 20～28 克。在妊娠期，日粮蛋白质水平为 18%，每天每只需代谢能 40～53 兆焦，可消化粗蛋白 560～770 克，钙 36～52 克，磷 22～30 克。在哺乳期其日粮蛋白质水平为 19%，每天每只需代谢能为 41～57 兆焦，可消化粗蛋白 615～855 克，钙 38～56 克，磷 24～36 克。

（3）幼鹿各时期的营养需要　仔鹿由哺乳到 28 个月开始配种，要经过两个显著生长发育阶段，即哺乳阶段和断奶后的育成阶段。此时其新陈代谢的特点是同化作用强于异化作用。因此，其对营养物质的需要量较高。仔鹿在哺乳前期（1～8 周龄）其所需的各种营养物质主要来源于母乳，哺乳后期来源于母乳和饲料两个方面。仔鹿在哺乳期间生长速度很快，日增重 243～312 克。如果没有较高质量的蛋白质，仔鹿生长发育将受到抑制或生长缓慢。断奶后进入育成阶段，这个阶段主要以摄取饲料中的营养来满足生长发育，这时的生长速度略低于哺乳期。平均日增重 200～240 克，但必须有较好的饲养条件。其营养充足与否，将直接影响成年后的体形与体重。仔鹿在育成阶段，需要有较高质量的蛋白质，仔鹿 2～3 个月龄时，每只每天需可消化粗蛋白 140～200 克。因为仔鹿育成阶段正值骨髓迅速生长之际，对钙磷的需要量很大，哺乳期每天需钙 6.5～8.0 克，磷 5.6 克，但这些物质可从母乳中获得。育成期的公母鹿每天需钙 8～12 克，磷 5.6～6.0 克，钙磷比例近于 2∶1。生长发育期的仔鹿对维生素 A 和维生素 D 的需要也十分重要，缺乏维生素 A 时会出现表皮组织角质化，神经系统衰退，性机能降低，易感染疾病，维生素 D 不足时，仔鹿生长不良或出现佝偻病。

二、全价日粮的混配比例

（一）公鹿

1. 幼年期

（1）喂初乳 初乳是母鹿在分娩后 7 天内所分泌的乳。仔鹿生后数小时内应吃到初乳，一般在 1～2 小时内吃到最好，最晚不超过 8～10 小时。仔鹿能否及时吃到初乳对其生命力及日后体质强弱影响极大。如果生后 8 小时内未吃到初乳，就会变的软弱无力，甚至造成死亡。对于仔鹿生后因众多原因不能自行吃母乳的要进行人工甫乳。

（2）人工甫乳 人工哺乳主要是利用牛乳、山羊乳。对于 5 日龄前仔鹿最好喂牛初乳，日喂 480～960 克，分 6 次喂给。6 日龄后日喂牛乳 960～1 080 克，每 5 天调整 1 次喂量，每昼夜喂奶 4 次，21～30 日龄进入最高喂量（1 200 克），31 日龄由于饲料采食量逐渐增加，开始减少喂奶量，41 日龄日喂 3 次（720 克），61 日龄后日喂 2 次（600 克），到 80 日龄后喂 1 次（300 克），90 日龄断奶。人工哺乳期内，要供给鲜苜蓿等优质新鲜牧草让其自由采食。

（3）哺乳仔鹿的补饲 仔鹿生后 15～20 天后，便可以随母鹿采食少量粗料和精饲料。从这时可单独对仔鹿进行补饲，饲料混合比例为豆饼 40%，玉米面 40%，麸皮 15.5%，盐 2%，碳酸钙 2.5%，另外，每 100 千克饲料加复合维生素 10 克，畜用微量元素 50 克。10～30 日龄日喂 1 次，每次 50 克；31～45 日龄日喂 100 克，日喂 2 次；46～60 日龄日喂量 150～200 克，分 2～3 次喂给；61～75 日龄日喂 200～300 克，日喂 3 次；76～90 日龄日喂 400～500 克，日喂 3 次。

（4）离乳幼鹿的饲料配制　幼鹿离乳后是最不易饲养的阶段，往往发生消化道疾病。因此，日粮应由易消化又含有生长发育需要的各种营养物质的饲料组成，在饲料种类上，应尽量供给哺乳期内仔鹿习惯采食的各种精粗饲料。4～8月龄幼鹿精料配合比例见表7-1。

表7-1　4～8月龄幼鹿精料配合比例

饲料种类	4月龄	5月龄	6月龄	7月龄	8月龄
豆饼（%）	42	55	61	52	55
玉米（%）	20	16	15	20	20
高粱（%）	10	5	3	10	8
麦麸（%）	25.4	21	18	15	14
石粉（%）	1.3	1.5	1.5	1.5	1.5
食盐（%）	1.3	1.5	1.5	1.5	1.5
合计	100	100	100	100	100
粗蛋白（%）	22.86	26.72	28.49	25.42	26.32
钙（%）	0.72	0.80	0.81	0.78	0.79
磷（%）	0.58	0.57	0.56	0.51	0.51

注：另每100千克饲料添加复合维生素10克，畜用微量元素50克。

4～5月龄的幼鹿进入越冬季节，要喂给优质的粗饲料和富含维生素的多汁饲料，最好以胡萝卜和干苜蓿草为主。实践证明，4～8月龄幼鹿饲喂干苜蓿草，可降低幼鹿腹泻发病率，对促进幼鹿生长起很大作用。4～8月龄精料日饲喂量分别为180克、370克、530克、715克、640克。

2. 成年期　进入成年期后，此时的鹿已经完全具备独立采食和适应各种环境的能力，优质青贮饲料和青草树叶等都可以用来饲喂，但不要单独或大量饲喂青贮饲料，以免引起消化道疾病，影响生长。梅花鹿公鹿精饲料配合比例为豆饼28%～34%，玉米16%～21%，麸皮17%～24%，酒糟24%～30%，盐和石粉各 0.8%～1.5%。日饲喂量 1.3～1.9 千克。马鹿公鹿精料配方为豆饼 33%～34%，玉米 14%～19%，麸皮 23%～28%，酒糟 21%～23%，盐 0.7%～0.9%，石粉 0.7%～0.9%，日饲喂量 2.2～2.7 千克。

3. 割茸期 公鹿生茸期正值春夏季节，公鹿在这一时期新陈代谢旺盛，其所需的营养物质增多，采食量大。为满足公鹿生茸的营养需要，不仅要供给大量精饲料，而且要设法提高日粮的品质和适口性，增加精饲料中豆饼的比例。青割优质牧草和带穗青贮玉米是较好的青粗饲料。精饲料配方为：豆饼 40%～55%，玉米 30%～40%，麸皮 10%～20%，磷酸氢钙 2%，食盐 1%，梅花鹿种用公鹿每天每只饲喂 1.8～2.0 千克，生产公鹿 1.6～2.0 千克。种用马鹿公鹿 3.2～3.7 千克，生产公鹿 2.9～3.5 千克。梅花鹿每日每只喂多汁料 2～3 千克，青粗料 3～4 千克。马鹿每日每只喂多汁料 3.0～4.0 千克，青粗料 5.0～6.0 千克。种用公鹿配种期可适当增加精料、维生素和微量元素，以保持其健壮、活泼、精力充沛、性欲旺盛。

（二）母鹿

1. 中年期 母鹿幼年期饲料同公鹿一样，进入中年期母鹿必须利用此时期能较多利用饲料的特点，尽可能多喂一些青饲料，以优质牧草、树叶最好，饲喂量大约为体重的 1.2%～2.5%。梅花鹿母鹿精料配方为：豆饼 24%～30%，玉米 14%～18%，麸皮 21%～27%，酒糟 27%～35%，盐 0.8%～1%，石粉 0.8%～1%。另外，每 100 千克饲料加复合维生素 10 克，畜用微量元素 50 克。每只每天饲喂 1.2～1.53 千克。马鹿母鹿精饲料配方为：豆饼 32%～38%，玉米 14%～16%，麸皮 23%～25%，酒糟 23%～25%，盐 0.7%～0.9%，石粉 0.6%～0.7%，另外每 100 千克饲料加复合维生素 10 克，畜用微量元素50 克。每只每天饲喂 2.03～2.8 千克。

2. 怀孕期 母鹿怀孕期的饲养应始终保持较高的日粮水平，特别是要保证蛋白质和无机盐的供给，日粮应选择体积小、质量好、适口性强的饲料。在临产前半个月时应适当限制饲养，以防止母鹿过肥造成难产。梅花鹿妊娠期精料配方见表7-2。

表7-2 梅花鹿妊娠期精料配方

饲料名称	前 期	中 期	后 期
玉米（%）	61.50	58.00	53.00
豆饼（%）	20.00	15.00	20.00
大豆（%）	5.00	15.00	15.00
麸皮（%）	10.00	8.00	8.00
石粉（%）	1.00	1.00	1.00
磷酸氢钙（%）	1.00	1.50	1.50
食盐（%）	1.50	1.50	1.50
合 计	100	100	100
粗蛋白（%）	16.09	17.24	18.86
钙（%）	0.74	0.85	0.86
磷（%）	0.56	0.64	0.65

注：1. 每100千克精料加复合维生素10克，畜用微量元素50克。
　　2. 大豆必须煮熟后饲喂。

马鹿母鹿妊娠期精料配方见表7-3。

表7-3 马鹿母鹿妊娠期精料配方

饲料名称	前 期	中 期	后 期
玉米（%）	55.00	60.00	55.00
豆饼（%）	30.00	25.00	31.00
麸皮（%）	11.50	11.00	10.00
石粉（%）	1.00	1.00	1.00

（续）

饲料名称	前　期	中　期	后　期
磷酸氢钙（%）	1.00	1.50	1.50
食盐（%）	1.50	1.50	1.50
合　计	100	100	100
粗蛋白（%）	17.96	16.27	18.15
钙（%）	0.76	0.85	0.86
磷（%）	0.49	0.65	0.65

注：每100千克精料加复合维生素10克，畜用微量元素50克。

母鹿妊娠期日粮组成见表7-4。

表7-4 母鹿妊娠期日粮组成（日·只）

鹿种类	精料（千克）			多汁料（千克）	青粗料（千克）
	前期	中期	后期		
梅花鹿	0.9～1.0	0.9～1.0	1.0～1.2	1.0～1.5	1.2～2.0
马　鹿	1.5～2	1.0～1.5	1.5～2.5	2.0～3	3.0～4.5

附录

一、畜禽饲料成分及营养价值表

项目 / 饲料	化学成分（%）									氨基酸（%）				
	干物质	粗蛋白质	粗脂肪	粗纤维	无氮浸出物	粗灰分	钙	总磷	有效磷	赖氨酸	蛋氨酸＋胱氨酸	苏氨酸	异亮氨酸	色氨酸
一、青绿饲料														
大白菜（小叶口）	4.40	1.1	0.2	0.4	2.1	0.6	0.06	0.04	0.01	0.03	0.02	0.02	0.02	—
大白菜（大青口）	4.60	1.1	0.2	0.4	2.4	0.5	0.04	0.04	0.01	—	—	—	—	—
甘蓝（洋白菜）	5.6	1.1	0.2	0.5	3.4	0.4	0.03	0.02	0.01	0.04	微	0.04	0.04	0.01
甘薯藤（平均值）	13.0	2.1	0.5	2.5	6.2	1.7	0.2	0.03	0.01	0.07	0.03	0.06	0.06	—
红花苕子（现蕾期）	6.8	2.2	0.3	0.8	3.0	0.5	—	—	—	—	—	—	—	—
红花苕子（初花期）	9.8	2.8	0.5	1.3	4.4	0.8	—	—	—	—	—	—	—	—
红花苕子（盛花期）	11.0	2.4	0.6	2.9	4.1	1.0	—	—	—	—	—	—	—	—
胡萝卜（平均值）	12.0	2.2	0.6	2.2	5.1	1.0	0.38	0.05	0.02	0.18	0.05	0.06	0.06	0.01
胡萝卜秧（平均值）	7.6	2.4	0.2	1.1	2.3	1.6	0.23	0.07	0.02	0.06	0.04	0.07	0.07	0.02
聚合草	11.2	3.7	0.3	1.6	3.6	2.0	0.23	0.26	0.08	0.16	0.06	0.05	0.05	0.12
苦荬菜	15.0	4.0	1.0	1.6	6.2	2.2	0.29	0.06	0.02	0.12	0.12	0.15	0.17	0.05
苜蓿（北京）	29.2	5.3	0.4	10.7	10.2	2.6	0.49	0.09	0.03	0.18	0.06	0.13	0.13	0.03
黄花苜蓿（花前期）	11.2	3.7	0.8	2.6	5.9	1.2	0.13	0.03	0.01	0.16	0.12	0.15	0.10	—
黄花苜蓿（现蕾期）	13.9	3.1	1.0	2.7	5.9	1.2	0.13	0.05	0.02	—	—	0.12	0.12	0.04
黄花苜蓿（盛花期）	13.9	3.7	0.6	2.9	5.4	1.3	0.18	0.02	0.01	0.17	0.05	0.13	0.13	0.03
三叶草	13.9	2.2	0.7	3.3	6.2	1.5	—	—	—	0.11	0.07	0.10	0.10	0.03
水浮莲	4.5	1.0	0.1	0.6	1.4	1.4	0.28	0.03	微	0.05	0.03	0.05	0.04	0.01
水葫芦	5.0	0.7	0.2	1.0	2.4	0.7	0.07	0.01	微	0.03	0.03	0.03	0.02	0.01

（续）

项目	化学成分 (%)									氨基酸 (%)				
饲料	干物质	粗蛋白质	粗脂肪	粗纤维	无氮浸出物	粗灰分	钙	总磷	有效磷	赖氨酸	蛋氨酸+胱氨酸	苏氨酸	异亮氨酸	色氨酸
水花生	6.0	1.1	0.1	1.1	2.8	0.9	0.80	0.02	0.01	0.03	0.01	0.02	0.02	0.01
浮萍	5.0	1.1	0.2	0.9	1.7	1.1	0.07	微	微	0.05	0.05	0.07	0.06	0.02
甜菜叶	6.7	1.8	0.2	0.8	2.1	1.8	0.1	微	微	0.01	0.01	0.01	微	0.01
紫云英	13.0	2.9	0.7	2.5	5.6	1.3	1.18	0.07	0.02	0.13	0.05	0.13	0.13	0.04
青割大麦	15.7	2.0	0.5	4.7	6.9	1.6	—	—	—	—	—	—	—	—
野青草	25.3	1.7	0.7	7.1	13.2	2.5	—	0.12	—	—	—	—	—	—
青割玉米（未抽穗）	12.8	1.2	0.4	4.2	6.0	1.0	0.08	0.06	0.02	—	—	—	—	—
青割玉米（抽穗期）	17.6	1.5	0.4	5.8	8.8	1.1	0.09	0.05	0.02	0.09	0.05	0.11	0.05	0.03
青割玉米（有玉丝穗）	12.9	1.1	0.3	4.4	5.9	1.2	0.04	0.03	0.01	—	—	—	—	—
二、树叶类														
榆树叶	88.0	15.5	7.8	7.3	45.4	12.0	—	—	—	—	—	—	—	—
紫穗槐叶	88.0	15.0	2.9	11.4	49.3	9.4	—	—	—	0.89	0.24	0.76	0.65	—
槐叶	88.0	18.8	3.2	10.6	44.9	10.6	1.14	0.18	0.06	—	—	—	—	—
槐叶粉	88.1	18.4	2.6	9.5	42.4	15.2	1.37	0.21	0.07	0.84	0.27	0.78	0.27	—
三、青贮饲料														
白菜青贮	10.9	2.0	0.2	2.3	3.5	2.9	0.29	0.07	0.02	—	—	—	—	—
白薯藤青贮	14.8	1.2	0.5	4.5	4.8	3.8	0.25	0.04	0.01	—	—	—	—	—
花生秧青贮	35.1	3.7	0.6	10.9	14.2	5.7	—	—	—	—	—	—	—	—
胡萝卜青贮	23.6	2.4	0.5	4.4	10.1	6.5	0.25	0.03	0.01	—	—	—	—	—

（续）

饲料 项目	干物质	化学成分（%） 粗蛋白质	粗脂肪	粗纤维	无氮浸出物	粗灰分	钙	总磷	有效磷	氨基酸（%） 蛋氨酸+胱氨酸	苏氨酸	异亮氨酸	色氨酸
玉米青贮	22.7	1.6	0.6	6.9	11.6	2.0	0.1	0.06	0.02	—	—	—	—
甜菜青贮	11.5	1.3	0.5	2.2	5.1	2.4	0.12	0.03	0.01	—	—	0.29	—
甘薯青贮	18.3	1.7	1.1	4.5	7.3	3.7	0.05	—	—	0.03	—	—	—
冬大麦青贮	22.2	2.6	0.7	6.6	9.5	2.8	0.05	0.03	0.01	—	—	—	—
四、块根块茎瓜果类													
甘薯（平均值）	25.0	1.0	0.3	0.9	22.0	0.8	0.13	0.05	0.02	0.02	0.02	0.02	0.01
胡萝卜（平均值）	12.0	1.1	0.3	1.2	8.4	1.0	0.15	0.09	0.03	0.03	—	0.02	0.01
萝卜（平均值）	7.0	0.9	0.1	0.7	4.5	0.8	0.05	0.03	0.01	0.05	0.07	0.08	0.03
马铃薯（平均值）	22.0	1.6	0.1	0.7	18.7	0.9	0.02	0.03	0.01	0.05	0.03	0.03	0.01
南瓜（平均值）	10.0	1.0	0.3	1.2	6.8	0.7	0.04	0.02	0.01	0.04	0.03	0.04	0.01
甜菜（平均值）	15.0	2.0	0.4	1.7	7.1	1.8	0.06	0.04	0.01	0.02	—	0.06	0.01
芜菁甘蓝	10.0	1.0	0.2	1.2	6.7	0.8	0.06	0.02	0.01	0.14	0.07	0.07	—
木薯粉	87.2	3.8	0.2	2.8	78.4	2.0	0.16	0.08	0.02	0.06	—	—	0.02
五、干草类													
苜蓿干草（上等）	86.1	15.8	1.5	25.0	36.5	7.3	2.08	0.25	0.08	0.30	0.87	0.69	—
苜蓿干草（中等）	90.0	15.2	1.0	37.9	27.8	8.2	1.43	0.24	0.07	—	—	—	—
苜蓿干草（下等）	8.87	11.6	1.2	43.3	25.0	7.6	1.24	0.39	0.12	0.18	0.17	0.26	—
秋白草	8.52	6.8	1.1	27.5	40.1	9.7	0.41	0.31	0.09	0.14	0.47	0.18	—

（续）

饲料	项目	化学成分（%）									氨基酸（%）				
		干物质	粗蛋白质	粗脂肪	粗纤维	无氮浸出物	粗灰分	钙	总磷	有效磷	赖氨酸	蛋氨酸+胱氨酸	苏氨酸	异亮氨酸	色氨酸
	野干草	90.8	2.9	1.1	34.3	43.9	8.6	0.5	0.1	0.03	—	—	—	—	—
	紫云英（初花期）	90.8	25.8	4.6	11.8	41.0	7.6	—	—	—	—	—	—	—	—
	紫云英（盛花期）	88.0	22.3	4.8	19.5	33.6	7.6	—	—	—	—	—	—	—	—
	紫云英（结实期）	90.8	19.4	5.0	20.0	38.2	7.9	—	—	—	—	—	—	—	—
六、农副产品	稻草（晚稻）	89.4	2.5	1.7	24.1	48.8	12.3	0.07	0.05	0.02	—	—	—	—	—
	稻草（早稻）	85.0	2.9	2.2	24.4	46.8	11.7	0.09	0.01	0.01	0.07	—	0.07	0.04	0.02
	甘薯蔓（干，山东，平均值）	90.0	7.6	2.9	30.7	39.5	9.3	1.63	0.08	0.02	0.27	—	0.27	0.23	—
	甘薯蔓（干，平均值）	88.0	8.1	2.7	28.5	39.0	9.7	1.55	0.11	0.03	—	0.15	—	—	—
	小麦秸	91.6	2.8	1.2	40.9	41.5	5.2	0.26	0.03	0.01	0.12	0.20	0.11	0.13	—
	玉米秸（平均值）	90.0	5.9	0.9	24.9	50.2	8.1	—	—	—	—	—	—	—	—
	谷草	90.7	4.5	1.2	32.6	44.2	8.2	0.34	0.03	0.01	0.17	—	0.15	0.19	—
七、谷实类	玉米（白）	88.2	7.8	3.4	2.1	73.5	1.4	0.02	0.36	0.11	0.25	0.12	0.28	—	—
	玉米（黄）	88.0	8.5	4.3	1.3	72.7	1.7	0.02	0.21	0.06	0.20	0.33	0.30	—	—
	玉米（平均值）	88.4	8.6	3.5	2.0	72.9	1.4	0.08	0.21	0.06	0.27	0.31	0.31	—	—
	高粱（杂交）	88.4	8.0	1.4	2.4	75.1	1.5	0.12	0.34	0.10	—	0.33	0.24	0.29	0.08
	高粱（小粒）	88.6	6.9	2.8	2.0	69.3	5.0	0.09	0.20	0.06	0.20	—	—	0.28	—
	高粱（平均值）	89.3	8.7	3.3	2.2	72.9	2.2	0.03	0.28	0.08	0.22	0.20	0.25	0.24	0.08

（续）

项目 饲料	干物质	粗蛋白质	粗脂肪	粗纤维	无氮浸出物	粗灰分	钙	总磷	有效磷	赖氨酸	蛋氨酸+胱氨酸	苏氨酸	异亮氨酸	色氨酸
	化学成分（%）									氨基酸（%）				
小麦（加拿大进口）	90.0	11.6	1.4	0.8	74.6	1.6	0.03	—	—	0.35	0.51	0.39	0.39	—
小麦（平均值）	91.8	12.1	1.8	2.4	73.2	2.3	0.07	0.36	0.12	0.33	0.44	0.34	0.46	0.14
大麦（甘肃）（平均值）	87.0	11.4	0.6	1.5	71.5	2.0	—	0.35	0.11	—	—	—	—	—
大麦（2号米）	87.2	10.0	2.2	5.0	69.6	2.4	0.05	0.29	0.03	0.37	0.48	0.36	0.41	0.10
大麦（平均值）	88.6	10.8	2.0	4.7	68.1	3.2	0.12	0.43	0.13	0.37	0.35	0.36	0.37	0.15
燕麦（河北）	93.5	11.7	6.9	10.1	61.0	3.8	0.15	0.33	0.10	—	—	—	—	—
燕麦（平均值）	90.3	11.6	5.2	8.9	60.7	3.9	0.15	—	—	0.40	0.37	0.47	0.43	0.07
稻谷（早稻）	87.0	9.1	2.4	8.9	61.2	5.4	—	—	—	0.32	0.27	0.28	0.32	0.09
稻谷（中稻）	90.3	6.8	1.9	11.1	65.4	5.1	—	0.28	0.08	0.27	0.27	0.24	0.25	—
稻谷（平均值）	90.6	8.3	1.5	9.5	67.5	4.8	0.13	0.21	0.06	0.31	0.22	0.28	0.23	0.12
大米（籼稻，平均值）	87.5	8.5	1.6	0.8	75.4	1.2	0.06	0.25	0.08	0.27	0.27	0.24	0.36	0.12
糙大米（平均值）	87.0	8.8	2.0	0.7	74.2	1.3	0.04	0.23	0.07	0.29	0.28	0.28	0.30	—
碎米（平均值）	88.0	8.8	2.2	1.1	74.3	1.6	0.04	—	—	0.34	0.36	0.29	0.32	—
荞麦（甜）	89.5	9.4	2.2	8.3	66.3	2.1	0.02	—	—	0.58	0.33	0.36	0.30	—
荞麦（苦，带壳）	86.2	7.3	2.0	15.2	60.1	1.6	0.09	0.30	0.09	—	—	—	—	—
荞麦（平均值）	87.1	9.9	2.8	11.5	60.7	2.7	0.05	0.30	0.09	—	—	—	—	—
小米（平均值）	86.8	8.9	2.7	1.3	72.5	1.4	0.07	0.33	0.09	0.54	0.33	0.34	0.35	—
小黑麦（贵州）	88.4	11.7	1.8	2.2	71.0	1.7	—	0.49	0.15	0.15	0.47	0.34	0.42	0.20
粟（谷子，平均值）	81.9	9.7	2.6	7.4	67.1	5.1	0.06	0.26	0.08	0.18	0.40	0.30	0.16	0.17

（续）

| 项目 饲料 | 干物质 | 化学成分（%） | | | | | | | | 氨基酸（%） | | | | |
		粗蛋白质	粗脂肪	粗纤维	无氮浸出物	粗灰分	钙	总磷	有效磷	赖氨酸	蛋氨酸+胱氨酸	苏氨酸	异亮氨酸	色氨酸
青稞	88.0	12	1.8	2.5	69.4	2.1	0.08	0.31	0.09	0.47	0.35	0.48	0.49	0.13
八、糠麸类														
米糠	89.1	10.6	10.6	6.5	55.3	6.1	0.1	1.50	0.45	0.56	0.28	0.52	0.38	0.13
米糠（平均值）	90.2	12.1	15.5	9.2	43.4	10.1	0.14	1.04	0.33	0.56	0.45	0.46	0.45	0.16
小麦麸（平均值）	88.6	14.4	3.7	9.2	56.2	5.1	0.18	0.78	0.22	0.47	0.48	0.45	0.37	0.23
小麦麸（七二）	88.0	14.2	3.1	7.3	60.2	5.0	0.12	0.85	0.26	0.54	0.47	0.51	0.44	0.27
小麦麸（八四）	88.0	15.4	2.0	8.2	58.0	4.4	0.14	1.06	0.32	0.54	0.48	0.54	0.46	0.27
玉米皮	8.79	10.1	4.9	13.8	57.0	2.1	0.03	0.17	0.05	0.04	0.32	0.15	0.47	2.19
九、豆类														
蚕豆（平均值）	88.0	24.9	14.0	7.5	50.9	3.3	0.15	0.10	0.12	1.66	0.64	0.94	1.01	0.21
大豆（北京）	90.2	40.0	16.3	6.3	23.1	4.5	0.28	0.61	0.18	2.51	0.9	1.58	1.79	0.52
大豆（吉林）	90	36.5	18.5	4.6	26.2	4.2	0.05	0.42	0.12	2.51	0.92	1.48	2.3	—
大豆（欧）	90.8	31.7	13.4	12.7	23.2	3.8	0.81	0.48	0.15	2.22	0.92	1.41	1.68	—
大豆（平均值）	88.0	37.0	16.2	5.1	25.1	4.6	0.27	0.48	0.14	2.30	0.95	1.41	1.77	0.40
豌豆（平均值）	88.0	22.6	15.0	5.9	55.1	2.9	0.13	0.39	0.12	1.61	0.56	0.39	0.85	0.18
黑豆（平均值）	88.0	36.1	14.5	6.7	26.4	4.3	0.24	0.48	0.14	2.81	0.92	1.49	1.69	0.43
十、油饼类														
豆饼（机榨，平均值）	90.6	43.0	5.4	5.7	30.6	5.9	0.32	0.50	0.15	2.45	1.08	1.74	1.97	0.60
豆粕（浸提，平均值）	92.4	47.2	1.1	5.4	32.6	6.1	0.32	0.62	0.19	2.54	1.06	1.85	2.15	0.65

（续）

项目 饲料	化学成分（%）										氨基酸（%）			
	干物质	粗蛋白质	粗脂肪	粗纤维	无氮浸出物	粗灰分	钙	总磷	有效磷	赖氨酸	蛋氨酸+胱氨酸	苏氨酸	异亮氨酸	色氨酸
黑豆饼（机榨）	88	39.8	4.9	6.9	29.7	6.7	0.42	0.48	0.14	2.33	1.06	1.79	1.85	0.47
豆饼（北京）	91.1	44.7	4.6	5.9	30.2	5.6	0.28	0.61	0.18	2.54	1.03	1.70	1.97	—
莱子饼（机榨，平均值）	92.2	36.4	7.8	10.7	29.3	8.0	0.73	0.95	0.29	1.23	1.22	1.52	1.36	0.45
莱子粕（浸提，平均值）	91.2	38.5	1.4	11.8	32.8	8.7	0.79	0.96	0.29	1.35	1.46	1.64	1.45	0.51
棉仁饼（机榨，带部分壳）	92.2	33.8	6.0	15.1	31.2	6.1	0.31	0.64	0.19	1.29	0.74	1.15	1.00	0.35
棉仁粕（浸提）	91	41.4	0.9	12.9	29.4	6.4	0.36	1.02	0.31	1.39	0.87	1.29	1.20	0.50
棉籽饼（土榨）	93.8	21.7	6.8	23.6	37.3	4.4	0.26	0.55	0.17	0.93	0.51	0.69	0.74	—
花生仁饼（机榨，平均值）	90.0	43.9	6.6	5.3	29.1	5.1	0.25	0.52	0.16	1.35	1.02	1.23	1.34	0.30
花生饼（广东，平均值）	89.9	46.4	6.6	5.8	25.7	5.4	0.24	0.52	0.16	2.30	0.94	1.50	2.00	0.50
花生饼	87.6	30.2	8.5	4.3	41.6	3.0	0.22	0.41	1.20	0.62	1.20	0.88	1.10	—
胡麻仁饼（浸提，平均值）	89.0	36.2	1.1	9.2	35.7	6.8	0.58	0.77	0.23	1.20	1.0	1.29	1.27	0.48
胡麻仁粕（机榨，平均值）	92.0	33.1	7.5	9.8	34.0	7.6	0.58	0.77	0.23	1.18	0.75	1.20	1.25	0.4
米糠饼（浸提）	89.9	14.9	1.6	12.0	52.0	9.4	0.14	1.02	0.33	0.54	0.92	0.63	0.56	0.17
米糠饼（平均值）	90.7	15.2	7.3	8.9	49.3	10	0.12	1.49	0.45	0.63	0.45	0.56	0.55	0.4
芝麻饼（机榨，平均值）	92.0	39.2	10.3	1.2	24.9	10.4	2.24	1.19	0.36	0.93	1.31	1.32	1.42	0.4
向日葵仁粕（有壳，浸提）	92.5	32.1	1.2	22.8	30.5	5.9	0.41	0.84	0.25	1.17	1.36	1.50	1.74	0.6
向日葵仁饼（有壳，压榨）	93.8	28.7	8.6	19.8	32.1	4.6	0.41	0.81	0.24	1.13	1.16	1.22	1.13	0.53
向日葵仁粕（去壳，浸提）	92.6	46.1	2.4	11.8	25.5	6.8	0.53	0.53	0.16	1.7	2.2	1.5	2.1	—
向日葵粕（带壳）	92	17.4	1.6	39.6	28.8	4.6	0.45	0.48	0.14	1.17	—	1.24	1.74	—

（续）

项目 饲料	化学成分（%）									氨基酸（%）				
	干物质	粗蛋白质	粗脂肪	粗纤维	无氮浸出物	粗灰分	钙	总磷	有效磷	赖氨酸	蛋氨酸+胱氨酸	苏氨酸	异亮氨酸	色氨酸
玉米胚芽饼（机榨，平均值）	90	16.8	8.7	5.7	54.4	4.4	0.03	0.85	0.25	0.69	0.57	0.62	0.49	0.17
十一、糟渣类														
豆腐渣（平均值）	10	2.8	1.2	1.7	3.9	0.4	0.05	0.03	0.01	0.19	0.09	0.13	0.14	0.04
粉渣（绿豆）	14	2.1	2.1	2.8	8.7	0.3	0.06	0.03	0.01	—	—	—	—	—
粉渣（甘薯）	15	0.3	0.3	0.8	13.3	0.3	—	—	—	—	—	—	—	—
粉渣（豌豆）	15	3.5	1.5	2.7	4.1	3.2	0.13	—	—	0.18	0.08	0.12	0.12	—
粉渣（蚕豆）	15	2.6	0.1	4.7	7.3	0.3	0.07	0.01	微	0.08	0.06	0.06	0.05	0.15
粉渣（平均值）	15	2.2	0.1	4.8	7.5	0.4	0.07	0.03	0.01	—	—	—	—	—
粉渣（玉米）	15	1.8	0.7	1.4	10.7	0.4	0.02	0.02	—	0.03	0.07	0.04	0.04	0.1
酱渣	24.3	17.4	4.5	3.3	7.9	1.5	0.11	0.30	0.01	0.14	0.11	0.27	0.19	0.08
酒糟	35	5.7	1.7	5.9	13.0	8.7	—	—	—	—	—	—	—	—
啤酒糟	13.6	3.6	0.6	2.3	6.3	0.8	0.06	0.08	0.02	0.16	0.26	0.18	0.19	0.5
甜菜渣（平均值）	12	1.2	0.1	2.4	7.5	0.8	0.06	0.01	微	0.05	微	0.04	微	0.01
饴糖渣	22.9	7.6	3.1	2.1	9.0	1.1	0.10	0.16	0.05	0.22	0.43	0.25	0.27	0.11
十二、动物性饲料														

（续）

项目 饲料	化学成分（%）									氨基酸（%）				
	干物质	粗蛋白质	粗脂肪	粗纤维	无氮浸出物	粗灰分	钙	总磷	有效磷	赖氨酸	蛋氨酸＋胱氨酸	苏氨酸	异亮氨酸	色氨酸
鱼粉（等外）	91.2	38.6	4.6	—	—	27.3	6.13	1.03	1.03	2.12	1.30	1.75	1.82	0.6
鱼粉（国产）	89.5	55.1	9.3	—	—	18.9	4.59	2.15	2.15	3.64	1.91	2.22	2.23	0.70
鱼粉（进口）	89	62	9.7	—	—	14.4	3.91	2.90	2.90	4.35	2.21	2.88	2.42	0.80
肉骨粉	94	53.4	9.9	—	—	28.0	9.2	4.7	4.7	2.60	1.10	1.94	1.70	0.26
蚕蛹（全脂）	91.0	53.9	22.3	—	—	2.9	0.25	0.58	0.58	3.66	2.74	2.41	2.37	1.25
蚕蛹（脱脂）	89.3	64.8	3.9	—	—	4.7	0.19	0.75	0.75	4.85	3.58	3.14	3.39	1.50
血粉（北京）	89.3	82.0	1.4	—	—	4.4	0.3	0.23	0.23	6.25	1.89	2.80	0.74	—
蚯蚓（大平2号）	96.8	50.7	2.9	—	—	23.4	—	—	—	3.00	0.59	2.18	2.01	—
蚯蚓（大平2号去泥）	91.7	53.9	4.1	—	—	99	—	—	—	3.59	1.99	2.53	2.51	—

十三、矿物质饲料

项目	钙	总磷	有效磷
贝壳粉	32.6		
蛋壳粉	37.6	0.15	0.15
骨粉	30.12	13.46	13.46
磷酸钙	27.91	14.38	14.38
磷酸氢钙	23.10	18.70	18.70
石粉	35.0		
碳酸钙	40.0		

二、各种奶牛的营养需要表

（1）成年母牛维持的营养需要

体重（kg）	日粮干物质（kg）	奶牛能量单位（NND）	产奶净能		可消化粗蛋白质（g）	小肠可消化粗蛋白质（g）	钙（g）	磷（g）	胡萝卜素（mg）	维生素 A（国际单位）
			（Mcal）	（MJ）						
350	5.02	9.17	6.88	28.79	243	202	21	16	37	15 000
400	5.55	10.13	7.60	31.80	268	224	24	18	42	17 000
450	6.06	11.07	8.30	34.73	293	244	27	20	48	19 000
500	6.56	11.97	8.98	37.57	317	264	30	22	53	21 000
550	7.04	12.88	9.65	40.38	341	284	33	25	58	23 000
600	7.52	13.73	10.30	43.10	364	303	36	27	64	26 000
650	7.98	14.59	10.94	45.77	386	322	39	30	69	28 000
700	8.44	15.43	11.57	48.41	408	340	42	32	74	30 000
750	8.89	16.24	12.18	50.96	430	358	45	34	79	32 000

注：①对第一个泌乳期的维持需要按上表基础增加 20%，第二个泌乳期增加 10%。

②如第一个泌乳期的年龄和体重过小，应按生长牛的需要计算实际增重的营养需要。

③放牧运动时，须在上表基础上增加能量需要量，按正文中的说明计算。

④在环境温度低的情况下，维持能量消耗增加，须在上表基础上增加需要量，按正文说明计算。

⑤泌乳期间，每增重 1kg 体重需增加 8NND 和 325g 可消化粗蛋白；每减重 1kg 需扣除 6.56NND 和 250g 可消化粗蛋白。

（2）每产 1 千克奶的营养需要

乳脂率（%）	日粮干物质（kg）	奶牛能量单位（NND）	产奶净能		可消化粗蛋白质（g）	小肠可消化粗蛋白质（g）	钙（g）	磷（g）
			（Mcal）	（MJ）				
2.5	0.31～0.35	0.80	0.60	2.51	49	42	3.6	2.4
3.0	0.34～0.38	0.87	0.65	2.72	51	44	3.9	2.6
3.5	0.37～0.41	0.93	0.70	2.93	53	46	4.2	2.8

（续）

乳脂率（%）	日粮干物质（kg）	奶牛能量单位（NND）	产奶净能		可消化粗蛋白质（g）	小肠可消化粗蛋白质（g）	钙（g）	磷（g）
			(Mcal)	(MJ)				
4.0	0.40～0.45	1.00	0.75	3.14	55	47	4.5	3.0
4.5	0.43～0.49	1.06	0.80	3.35	57	49	4.8	3.2
5.0	0.46～0.52	1.13	0.84	3.52	59	51	5.1	3.4
5.5	0.49～0.55	1.19	0.89	3.72	61	53	5.4	3.6

注：乳蛋白率（%）＝2.36＋0.24×乳脂率（%）。

（3）母牛妊娠最后四个月的营养需要

体重（kg）	怀孕月份	日粮干物质（kg）	奶牛能量单位（NND）	产奶净能		可消化粗蛋白质（g）	小肠可消化粗蛋白质（g）	钙（g）	磷（g）	胡萝卜素（mg）	维生素A（千单位）
				(Mcal)	(MJ)						
350	6	5.78	10.51	7.88	32.97	293	245	27	18	67	27
	7	6.28	11.44	8.58	35.90	327	275	31	20		
	8	7.23	13.17	9.88	41.34	375	317	37	22		
	9	8.70	15.84	11.84	49.54	437	370	45	25		
400	6	6.30	11.47	8.60	35.99	318	267	30	20	76	30
	7	6.81	12.40	9.30	38.92	352	297	34	22		
	8	7.76	14.13	10.60	44.36	400	339	40	24		
	9	9.22	16.80	12.60	52.72	462	392	48	27		
450	6	6.81	12.40	9.30	38.92	343	287	33	22	86	34
	7	7.32	13.33	10.00	41.84	377	317	37	24		
	8	8.27	15.07	11.30	47.28	425	359	43	26		
	9	9.73	17.73	13.30	55.65	487	412	51	29		
500	6	7.31	13.32	9.99	41.80	367	307	36	25	95	38
	7	7.82	14.25	10.69	44.73	401	337	40	27		
	8	8.78	15.99	11.99	50.17	449	379	46	29		
	9	10.24	18.65	13.99	58.54	511	432	54	32		
550	6	7.80	14.20	10.65	44.56	391	327	39	27	105	42
	7	8.31	15.13	11.35	47.49	425	357	43	29		
	8	9.26	16.87	12.65	52.93	473	399	49	31		
	9	10.72	19.53	14.65	61.30	535	452	57	34		

（续）

体重（kg）	怀孕月份	日粮干物质（kg）	奶牛能量单位（NND）	产奶净能		可消化粗蛋白质（g）	小肠可消化粗蛋白质（g）	钙（g）	磷（g）	胡萝卜素（mg）	维生素A（千单位）
				(Mcal)	(MJ)						
600	6	8.27	15.07	11.30	47.28	414	346	42	29	114	46
	7	8.78	16.00	12.00	50.21	448	376	46	31		
	8	9.73	17.73	13.30	55.65	496	418	52	33		
	9	11.20	20.40	15.30	64.02	558	471	60	36		
650	6	8.74	15.92	11.94	49.96	436	365	45	31	124	50
	7	9.25	16.85	12.64	52.89	470	395	49	33		
	8	10.21	18.59	13.94	58.33	518	437	55	35		
	9	11.67	21.25	15.94	66.70	580	490	63	38		
700	6	9.22	16.76	12.57	52.60	458	383	48	34	133	53
	7	9.71	17.69	13.27	55.53	492	413	52	36		
	8	10.67	19.43	14.57	60.97	540	455	58	38		
	9	12.13	22.09	16.57	69.33	602	508	66	41		
750	6	9.65	17.57	13.13	55.15	480	401	51	36	143	57
	7	10.16	18.51	13.88	58.08	514	431	55	38		
	8	11.11	20.24	15.18	63.52	562	473	61	40		
	9	12.58	22.91	17.18	71.89	624	526	69	43		

注：①怀孕牛干奶期间按上表计算营养需要。

②怀孕期间如未干奶，除按上表计算营养需要外还应加产奶的营养需要。

（4）生长母牛的营养需要

体重（kg）	日增重（g）	日粮干物质（kg）	奶牛能量单位（NND）	产奶净能		可消化粗蛋白质（g）	小肠可消化粗蛋白质（g）	钙（g）	磷（g）	胡萝卜素（mg）	维生素A（千单位）
				(Mcal)	(MJ)						
40	0		2.20	1.65	6.90	41		2	2	4.0	1.6
	200		2.67	2.00	8.37	92		6	4	4.1	1.6
	300		2.93	2.20	9.21	117		8	5	4.2	1.7
	400		2.23	2.42	10.13	141		11	6	4.3	1.7
	500		3.52	2.64	11.05	164		12	7	4.4	1.8
	600		3.84	2.86	12.05	188		14	8	4.5	1.8
	700		4.19	3.14	13.14	210		16	10	4.6	1.8
	800		4.56	3.42	14.31	231		18	11	4.7	1.9

（续）

体重 （kg）	日增重 （g）	日粮干物质 （kg）	奶牛能量单位 （NND）	产奶净能		可消化粗蛋白质（g）	小肠可消化粗蛋白质（g）	钙（g）	磷（g）	胡萝卜素（mg）	维生素A（千单位）
				（Mcal）	（MJ）						
50	0		2.56	1.92	8.04	49		3	3	5.0	2.0
	300		3.32	2.49	10.42	124		9	5	5.3	2.1
	400		3.60	2.70	11.30	148		11	6	5.4	2.2
	500		3.92	2.94	12.31	172		13	8	5.5	2.2
	600		4.24	3.18	13.31	194		15	9	5.6	2.2
	700		4.60	3.45	14.44	216		17	10	5.7	2.3
	800		4.99	3.74	15.65	238		19	11	5.8	2.3
60	0		2.89	2.17	9.08	56		4	3	6.0	2.4
	300		3.67	2.75	11.51	131		10	5	6.3	2.5
	400		3.96	2.97	12.43	154		12	6	6.5	2.6
	500		4.28	3.21	13.44	178		14	7	6.5	2.6
	600		4.63	3.47	14.52	199		16	9	6.6	2.6
	700		4.99	3.74	15.65	221		18	10	6.7	2.7
	800		5.37	4.03	16.87	243		20	11	6.8	2.7
70	0	1.22	3.21	2.41	10.09	63		4	4	7.0	2.8
	300	1.67	4.01	3.01	12.60	142		10	6	7.9	3.2
	400	1.85	4.32	3.24	13.56	168		12	7	8.1	3.2
	500	2.03	4.64	3.48	14.56	193		14	8	8.3	3.3
	600	2.21	4.99	3.74	15.56	215		16	10	8.4	3.4
	700	2.39	5.36	4.02	16.82	239		18	11	8.5	3.4
	800	3.61	5.76	4.32	18.08	262		20	12	8.6	3.4
80	0	1.35	3.51	2.63	11.01	70		5	4	8.0	3.2
	300	1.80	1.80	3.24	13.56	149		11	6	9.0	3.6
	400	1.98	4.64	3.48	14.57	174		13	7	9.1	3.6
	500	2.16	4.96	3.72	15.57	198		15	8	9.2	3.7
	600	2.34	5.32	3.99	16.70	222		17	10	9.3	3.7
	700	2.57	5.71	4.28	17.91	245		19	11	9.4	3.8
	800	2.79	6.12	4.59	19.21	268		21	12	9.5	3.8

（续）

体重 （kg）	日增重 （g）	日粮干物质 （kg）	奶牛能量单位 （NND）	产奶净能		可消化粗蛋白质（g）	小肠可消化粗蛋白质（g）	钙（g）	磷（g）	胡萝卜素（mg）	维生素A（千单位）
				（Mcal）	（MJ）						
90	0	1.45	3.80	2.85	11.93	76		6	5	9.0	3.6
	300	1.84	4.64	3.48	14.57	154		12	7	9.5	3.8
	400	2.12	4.96	3.72	15.57	179		14	8	9.7	3.9
	500	2.30	5.29	3.97	16.62	203		16	9	9.9	4.0
	600	2.48	5.65	4.24	17.75	226		18	11	10.1	4.0
	700	2.70	6.06	4.54	19.00	249		20	12	10.3	4.1
	800	2.93	6.48	4.86	20.34	272		22	13	10.5	4.2
100	0	1.62	4.08	3.06	12.81	82		6	5	10.0	4.0
	300	2.07	4.93	3.70	15.49	173		13	7	10.5	4.2
	400	2.25	5.27	3.95	16.53	202		14	8	10.7	4.3
	500	2.43	5.61	4.21	17.62	231		16	9	11.0	4.4
	600	2.66	5.99	4.49	18.79	258		18	11	11.2	4.4
	700	2.84	6.39	4.79	20.05	285		20	12	11.4	4.5
	800	3.11	6.81	5.11	21.39	311		22	13	11.6	4.6
125	0	1.89	4.73	3.55	14.86	97	82	8	6	12.5	5.0
	300	2.39	5.64	4.23	17.70	186	164	14	7	13.0	5.2
	400	2.57	5.96	4.47	18.71	215	190	16	8	13.2	5.3
	500	2.79	6.35	4.76	19.92	243	215	18	10	13.4	5.4
	600	3.02	6.75	5.06	21.18	268	239	20	11	13.6	5.4
	700	3.24	7.17	5.38	22.51	295	264	22	12	13.8	5.5
	800	3.51	7.63	5.72	23.94	322	288	24	13	14.0	5.6
	900	3.74	8.12	6.09	25.48	347	311	26	14	14.2	5.7
	1 000	4.05	8.67	6.50	27.20	370	332	28	16	14.4	5.8
150	0	2.21	5.35	4.01	16.78	111	94	9	8	15.0	6.0
	300	2.70	6.31	4.73	19.80	202	175	15	9	15.7	6.3
	400	2.88	6.67	5.00	20.92	226	200	17	10	16.0	6.4
	500	3.11	7.05	5.29	22.14	254	225	19	11	16.3	6.5
	600	3.33	7.47	5.60	23.44	279	248	21	12	16.6	6.6
	700	3.60	7.92	5.94	24.86	305	272	23	13	17.0	6.8
	800	3.83	8.40	6.30	26.36	331	296	25	14	17.3	6.9
	900	4.10	8.92	6.69	28.00	356	319	27	16	17.6	7.0
	1 000	4.41	9.49	7.12	29.80	378	339	29	17	18.0	7.2

（续）

体重 (kg)	日增重 (g)	日粮干物质 (kg)	奶牛能量单位 (NND)	产奶净能		可消化粗蛋白质（g）	小肠可消化粗蛋白质（g）	钙 (g)	磷 (g)	胡萝卜素 (mg)	维生素A（千单位）
				(Mcal)	(MJ)						
175	0	2.48	5.93	4.45	18.62	125	106	11	9	17.5	7.0
	300	3.02	7.05	5.29	22.14	210	184	17	10	18.2	7.3
	400	3.20	7.48	5.61	23.48	238	210	19	11	18.5	7.4
	500	3.42	7.95	5.96	24.94	266	235	22	12	18.8	7.5
	600	3.65	8.43	6.32	26.45	290	257	23	13	19.1	7.6
	700	3.92	8.96	6.72	28.12	316	281	25	14	19.4	7.8
	800	4.19	9.53	7.15	29.92	341	304	27	15	19.7	7.9
	900	4.50	10.15	7.61	31.85	365	326	29	16	20.0	8.0
	1 000	4.82	10.81	8.11	33.94	387	346	31	17	20.3	8.1
200	0	2.70	6.48	4.86	20.34	160	133	12	10	20.0	8.0
	300	3.29	7.65	5.74	24.02	244	210	18	11	21.0	8.4
	400	3.51	8.11	6.08	25.44	271	235	20	12	21.5	8.6
	500	3.74	8.59	6.44	26.95	297	259	22	13	22.0	8.8
	600	3.96	9.11	6.83	28.58	322	282	24	14	22.5	9.0
	700	4.23	9.67	7.25	30.34	347	305	26	15	23.0	9.2
	800	4.55	10.25	7.69	32.18	372	327	28	16	23.5	9.4
	900	4.86	10.91	8.18	34.23	396	349	30	17	24.0	9.6
	1 000	5.18	11.60	8.70	36.41	417	368	32	18	24.5	9.8
250	0	3.20	7.53	5.65	23.64	189	157	15	13	25.0	10.0
	300	3.83	8.83	6.62	27.70	270	231	21	14	26.5	10.6
	400	4.05	9.31	6.98	29.21	296	255	23	15	27.0	10.8
	500	4.32	9.83	7.37	30.84	323	279	25	16	27.5	11.0
	600	4.59	10.40	7.80	32.64	345	300	27	17	28.0	11.2
	700	4.86	11.01	8.26	34.56	370	323	29	18	28.5	11.4
	800	5.18	11.65	8.74	36.57	394	345	31	19	29.0	11.6
	900	5.54	12.37	9.28	38.83	417	365	33	20	29.5	11.8
	1 000	5.90	13.13	9.83	41.13	437	385	35	21	30.0	12.0

（续）

体重（kg）	日增重（g）	日粮干物质（kg）	奶牛能量单位（NND）	产奶净能		可消化粗蛋白质（g）	小肠可消化粗蛋白质（g）	钙（g）	磷（g）	胡萝卜素（mg）	维生素A（千单位）
				（Mcal）	（MJ）						
300	0	3.69	8.51	6.38	26.70	216	180	18	15	30.0	12.0
	300	4.37	10.08	7.56	31.64	295	253	24	16	31.5	12.6
	400	4.59	10.68	8.01	33.52	321	276	26	17	32.0	12.8
	500	4.91	11.31	8.48	35.49	346	299	28	18	32.5	13.0
	600	5.18	11.99	8.99	37.62	368	320	30	19	33.0	13.2
	700	5.49	12.72	9.54	39.92	392	342	32	20	33.5	13.4
	800	5.85	13.51	10.13	42.39	415	362	34	21	34.0	13.6
	900	6.21	14.36	10.77	45.07	438	383	36	22	34.5	13.8
	1 000	6.62	15.29	11.47	48.00	458	402	38	23	35.0	14.0
350	0	4.14	9.43	7.07	29.59	243	202	21	18	35.0	14.0
	300	4.86	11.11	8.33	34.86	321	273	27	19	36.8	14.7
	400	5.13	11.76	8.82	36.91	345	296	29	20	37.4	15.0
	500	5.45	12.44	9.33	39.04	369	318	31	21	38.0	15.2
	600	5.76	13.17	9.88	41.34	392	338	33	22	38.6	15.4
	700	6.08	13.96	10.47	43.81	415	360	35	23	39.2	15.7
	800	6.39	14.83	11.12	46.53	442	381	37	24	39.8	15.9
	900	6.84	15.75	11.81	49.42	460	401	39	25	40.4	16.1
	1 000	7.29	16.75	12.56	52.56	480	419	41	26	41.0	16.4
400	0	4.55	10.32	7.74	32.39	268	224	24	20	40.0	16.0
	300	5.36	12.28	9.21	38.54	344	294	30	21	42.0	16.8
	400	5.63	13.03	9.77	40.88	368	316	32	22	43.0	17.2
	500	5.94	13.81	10.36	43.35	393	338	34	23	44.0	17.6
	600	6.30	14.65	10.99	45.99	415	359	36	24	45.0	18.0
	700	6.66	15.57	11.68	48.87	438	380	38	25	46.0	18.4
	800	7.07	16.56	12.42	51.97	460	400	40	26	47.0	18.8
	900	7.47	17.64	13.24	55.40	482	420	42	27	48.0	19.2
	1 000	7.97	18.80	14.10	59.00	501	437	44	28	49.0	19.6

（续）

体重 （kg）	日增重 （g）	日粮干物质 （kg）	奶牛能量单位 （NND)	产奶净能		可消化粗蛋白质（g）	小肠可消化粗蛋白质 （g）	钙 （g）	磷 （g）	胡萝卜素 （mg）	维生素A（千单位）
				（Mcal）	（MJ）						
450	0	5.00	11.16	8.37	35.03	293	244	27	23	45.0	18.0
	300	5.80	13.25	9.94	41.59	368	313	33	24	48.0	19.2
	400	6.10	14.04	10.53	44.06	393	335	35	25	49.0	19.6
	500	6.50	14.88	11.16	46.70	417	355	37	26	50.0	20.0
	600	6.80	15.80	11.85	49.59	439	377	39	27	51.0	20.4
	700	7.20	16.79	12.58	52.64	461	398	41	28	52.0	20.8
	800	7.70	17.84	13.38	55.99	484	419	43	29	53.0	21.2
	900	8.10	18.99	14.24	59.59	505	439	45	30	54.0	21.6
	1 000	8.60	20.23	15.17	63.48	524	456	47	31	55.0	22.0
500	0	5.40	11.97	8.98	37.58	317	264	30	25	50.0	20.0
	300	6.30	14.37	10.78	45.11	392	333	36	26	53.0	21.2
	400	6.60	15.27	11.45	47.91	417	355	38	27	54.0	21.6
	500	7.00	16.24	12.18	50.97	441	377	40	28	55.0	22.0
	600	7.30	17.27	12.95	54.19	463	397	42	29	56.0	22.4
	700	7.80	18.39	13.79	57.70	485	418	44	30	57.0	22.8
	800	8.20	19.61	14.71	61.55	507	438	46	31	58.0	23.2
	900	8.70	20.91	15.68	65.61	529	458	48	32	59.0	23.6
	1 000	9.30	22.33	16.75	70.09	548	476	50	33	60.0	24.0
550	0	5.80	12.77	9.58	40.09	341	284	33	28	55.0	22.0
	300	6.80	15.31	11.48	48.04	417	354	39	29	58.0	23.0
	400	7.10	16.27	12.20	51.05	441	376	30	30	59.0	23.6
	500	7.50	17.29	12.97	54.27	465	397	31	31	60.0	24.0
	600	7.90	18.40	13.80	57.74	487	418	45	32	61.0	24.4
	700	8.30	19.57	14.68	61.43	510	439	47	33	62.0	24.8
	800	8.80	20.85	15.64	65.44	533	460	49	34	63.0	25.2
	900	9.30	22.25	16.69	69.84	554	480	51	35	64.0	25.6
	1 000	9.90	23.76	17.82	74.56	573	496	53	36	65.0	26.0

（续）

体重 (kg)	日增重 (g)	日粮干物质 (kg)	奶牛能量单位 (NND)	产奶净能		可消化粗蛋白质(g)	小肠可消化粗蛋白质(g)	钙 (g)	磷 (g)	胡萝卜素 (mg)	维生素A (千单位)
				(Mcal)	(MJ)						
600	0	6.20	13.53	10.15	42.47	364	303	36	30	60.0	24.0
	300	7.20	16.39	12.29	51.43	441	374	42	31	66.0	26.4
	400	7.60	17.48	13.11	54.86	465	396	44	32	67.0	26.8
	500	8.00	18.64	13.98	58.50	489	418	46	33	68.0	27.2
	600	8.40	19.88	14.91	62.39	512	439	48	34	69.0	27.6
	700	8.90	21.23	15.92	66.61	535	459	50	35	70.0	28.0
	800	9.40	22.67	17.00	71.13	557	480	52	36	71.0	28.4
	900	9.90	24.24	18.18	76.07	580	501	54	37	72.0	28.8
	1 000	10.50	25.93	19.45	81.38	599	518	56	38	73.0	29.2

（5）生长公牛的营养需要

体重 (kg)	日增重 (g)	日粮干物质 (kg)	奶牛能量单位 (NND)	产奶净能		可消化粗蛋白质(g)	小肠可消化粗蛋白质(g)	钙 (g)	磷 (g)	胡萝卜素 (mg)	维生素A (千单位)
				(Mcal)	(MJ)						
40	0		2.20	1.65	6.91	41		2	2	4.0	1.6
	200		2.63	1.97	8.25	92		6	4	4.1	1.6
	300		2.87	2.15	9.00	117		8	5	4.2	1.7
	400		3.12	2.34	9.80	141		11	6	4.3	1.7
	500		3.39	2.54	10.63	164		12	7	4.4	1.8
	600		3.68	2.76	11.55	188		14	8	4.5	1.8
	700		3.99	2.99	12.52	210		16	10	4.6	1.8
	800		4.32	3.24	13.56	231		18	11	4.7	1.9
50	0		2.56	1.92	8.04	49		3	3	5.0	2.0
	300		3.24	2.43	10.17	124		9	5	5.3	2.1
	400		3.51	2.63	11.01	148		11	6	5.4	2.2
	500		3.77	2.83	11.85	172		13	8	5.5	2.2
	600		4.08	3.06	12.81	194		15	9	5.6	2.2
	700		4.40	3.30	13.81	216		17	10	5.7	2.3
	800		4.73	3.55	14.86	238		19	11	5.8	2.3

（续）

体重（kg）	日增重（g）	日粮干物质（kg）	奶牛能量单位（NND）	产奶净能		可消化粗蛋白质（g）	小肠可消化粗蛋白质（g）	钙（g）	磷（g）	胡萝卜素（mg）	维生素 A（千单位）
				（Mcal）	（MJ）						
60	0		2.89	2.17	9.08	56		4	4	7.0	2.8
	300		3.60	2.70	11.30	131		10	6	7.9	3.2
	400		3.85	2.89	12.10	154		12	7	8.1	3.2
	500		4.15	3.11	13.02	178		14	8	8.3	3.3
	600		4.45	3.34	13.98	199		16	10	8.4	3.4
	700		4.77	3.58	14.98	221		18	11	8.5	3.4
	800		5.13	3.85	16.11	243		20	12	8.6	3.4
70	0	1.2	3.21	2.41	10.09	63		4	4	7.0	3.2
	300	1.6	3.93	2.95	12.35	142		10	6	7.9	3.6
	400	1.8	4.20	3.15	13.18	168		12	7	8.1	3.6
	500	1.9	4.49	3.37	14.11	193		14	8	8.3	3.7
	600	2.1	4.81	3.61	15.11	215		16	10	8.4	3.7
	700	2.3	5.15	3.86	16.16	239		18	11	8.5	3.8
	800	2.5	5.51	4.13	17.28	262		20	12	8.6	3.8
80	0	1.4	3.51	2.63	11.01	70		5	4	8.0	3.2
	300	1.8	4.24	3.18	13.31	149		11	6	9.0	3.6
	400	1.9	4.52	3.39	14.19	174		13	7	9.1	3.6
	500	2.1	4.81	3.61	15.11	198		15	8	9.2	3.7
	600	2.3	5.13	3.85	16.11	222		17	9	9.3	3.7
	700	2.4	5.48	4.11	17.20	245		19	11	9.4	3.8
	800	2.7	5.85	4.39	18.37	268		21	12	9.5	3.8
90	0	1.5	3.80	2.85	11.93	76		6	5	9.0	3.6
	300	1.9	4.56	3.42	14.31	154		12	7	9.5	3.8
	400	2.1	4.84	3.63	15.19	179		14	8	9.7	3.9
	500	2.2	5.15	3.86	16.16	203		16	9	9.9	4.0
	600	2.4	5.47	4.10	17.16	226		18	11	10.1	4.0
	700	2.6	5.83	4.37	18.29	249		20	12	10.3	4.1
	800	2.8	6.20	4.65	19.46	272		22	13	10.5	4.2

（续）

体重（kg）	日增重（g）	日粮干物质（kg）	奶牛能量单位（NND）	产奶净能		可消化粗蛋白质（g）	小肠可消化粗蛋白质（g）	钙（g）	磷（g）	胡萝卜素（mg）	维生素A（千单位）
				（Mcal）	（MJ）						
100	0	1.6	4.08	3.06	12.81	82		6	5	10.0	4.0
	300	2.0	4.85	3.64	15.23	173		13	7	10.5	4.2
	400	2.2	5.15	3.86	16.16	202		14	8	10.7	4.3
	500	2.3	5.45	4.09	17.12	231		16	9	11.0	4.4
	600	2.5	5.79	4.34	18.16	258		18	11	11.2	4.4
	700	2.7	6.16	4.62	19.34	285		20	12	11.4	4.5
	800	2.9	6.55	4.91	20.55	311		22	13	11.6	4.6
125	0	1.9	4.73	3.55	14.86	97	82	8	6	12.5	
	300	2.3	5.55	4.16	17.41	186	164	14	7	13.0	5.0
	400	2.5	5.87	4.40	18.41	215	190	16	8	13.2	5.2
	500	2.7	6.19	4.64	19.42	243	215	18	10	13.4	5.3
	600	2.9	6.55	4.91	20.55	268	239	20	11	13.6	5.4
	700	3.1	6.93	5.20	21.76	295	264	22	12	13.8	5.5
	800	3.3	7.33	5.50	23.02	322	288	24	13	14.0	5.6
	900	3.6	7.79	5.84	24.44	347	311	26	14	14.2	5.7
	1 000	3.8	8.28	6.21	25.99	370	332	28	16	14.4	5.8
150	0	2.2	5.35	4.01	16.78	111	94	9	8	15.0	6.0
	300	2.7	6.21	4.66	19.50	202	175	15	9	15.7	6.3
	400	2.8	6.53	4.90	20.51	226	200	17	10	16.0	6.4
	500	3.0	6.88	5.16	21.59	254	225	19	11	16.3	6.5
	600	3.2	7.25	5.44	22.77	279	248	21	12	16.6	6.6
	700	3.4	7.67	5.75	24.06	305	272	23	13	17.0	6.8
	800	3.7	8.09	6.07	25.40	331	296	25	14	17.3	6.9
	900	3.9	8.56	6.42	26.87	356	319	27	16	17.6	7.0
	1 000	4.2	9.08	6.81	28.50	378	339	29	17	18.0	7.2

（续）

体重（kg）	日增重（g）	日粮干物质（kg）	奶牛能量单位（NND）	产奶净能		可消化粗蛋白质（g）	小肠可消化粗蛋白质（g）	钙（g）	磷（g）	胡萝卜素（mg）	维生素A（千单位）
				(Mcal)	(MJ)						
175	0	2.5	5.93	4.45	18.62	125	106	11	9	17.5	7.0
	300	2.9	6.95	5.21	21.80	210	184	17	10	18.2	7.3
	400	3.2	7.32	5.49	22.98	238	210	19	11	18.5	7.4
	500	3.8	7.75	5.81	24.31	266	235	22	12	18.8	7.5
	600	3.6	8.17	6.13	25.65	290	257	23	13	19.1	7.6
	700	3.8	8.65	6.49	27.16	316	281	25	14	19.4	7.7
	800	4.0	9.17	6.88	28.79	341	304	27	15	19.7	7.8
	900	4.3	9.72	7.29	30.51	365	326	29	16	20.0	7.9
	1 000	4.6	10.32	7.74	32.39	387	346	31	17	20.3	8.0
200	0	2.7	6.48	4.86	20.34	160	133	12	10	20.0	8.1
	300	3.2	7.53	5.65	23.64	244	210	18	11	21.0	8.4
	400	3.4	7.95	5.96	24.94	271	235	20	12	21.5	8.6
	500	3.6	8.37	6.28	26.28	297	259	22	13	22.0	8.8
	600	3.8	8.84	6.63	27.74	322	282	24	14	22.5	9.0
	700	4.1	9.35	7.01	29.33	347	305	26	15	23.0	9.2
	800	4.4	9.88	7.41	31.01	372	327	28	16	23.5	9.4
	900	4.6	10.47	7.85	32.85	396	349	30	17	24.0	9.6
	1 000	5.0	11.09	8.32	34.82	417	368	32	18	24.5	9.8
250	0	3.2	7.53	5.65	23.64	186	157	15	13	25.0	10.0
	300	3.8	8.69	6.52	27.28	270	231	21	14	26.5	10.6
	400	4.0	9.13	6.85	28.67	296	255	23	15	27.0	10.8
	500	4.2	9.60	7.20	30.13	323	279	25	16	27.5	11.0
	600	4.5	10.12	7.59	31.76	345	300	27	17	28.0	11.2
	700	4.7	10.67	8.00	33.48	370	323	29	18	28.5	11.4
	800	5.0	11.24	8.43	35.28	394	345	31	19	29.0	11.6
	900	5.3	11.89	8.92	37.33	417	366	33	20	29.5	11.8
	1 000	5.6	12.57	9.43	39.46	437	385	35	21	30.0	12.0

（续）

体重（kg）	日增重（g）	日粮干物质（kg）	奶牛能量单位（NND）	产奶净能		可消化粗蛋白质（g）	小肠可消化粗蛋白质（g）	钙（g）	磷（g）	胡萝卜素（mg）	维生素A（千单位）
				（Mcal）	（MJ）						
300	0	3.7	8.51	6.38	26.70	216	180	18	15	30.0	12.0
	300	4.3	9.92	7.44	31.13	295	253	24	16	31.5	12.6
	400	4.5	10.47	7.85	32.85	321	276	26	17	32.0	12.8
	500	4.8	11.03	8.27	34.61	346	299	28	18	32.5	13.0
	600	5.0	11.64	8.73	36.53	368	320	30	19	33.0	13.2
	700	5.3	12.29	9.22	38.85	392	342	32	20	33.5	13.4
	800	5.6	13.01	9.76	40.84	415	362	34	21	34.0	13.6
	900	5.9	13.77	10.33	43.23	438	383	36	22	34.5	13.8
	1 000	6.3	14.61	10.96	45.86	458	402	38	23	35.0	14.0
350	0	4.1	9.43	7.07	29.59	243	202	21	18	35.0	14.0
	300	4.8	10.93	8.20	34.31	321	273	27	19	36.8	14.7
	400	5.0	11.53	8.65	36.20	345	296	29	20	37.4	15.0
	500	5.3	12.13	9.10	38.08	369	318	31	21	38.0	15.2
	600	5.6	12.80	9.60	40.17	392	338	33	22	38.6	15.4
	700	5.9	13.51	10.13	42.39	415	360	35	23	39.2	15.7
	800	6.2	14.29	10.72	44.86	442	381	37	24	39.8	15.9
	900	6.6	15.12	11.34	47.45	460	401	39	25	40.4	16.1
	1 000	7.0	16.01	12.01	50.25	480	419	41	26	41.0	16.4
400	0	4.5	10.32	7.74	32.39	268	224	24	20	40.0	16.0
	300	5.3	12.08	9.05	37.91	344	294	30	21	42.0	16.8
	400	5.5	12.76	9.57	40.05	368	316	32	22	43.0	17.2
	500	5.8	13.47	10.10	42.26	393	338	34	23	44.0	17.6
	600	6.1	14.23	10.67	44.65	415	359	36	24	45.0	18.0
	700	6.4	15.05	11.29	47.24	438	380	38	25	46.0	18.4
	800	6.8	15.93	11.95	50.00	460	400	40	26	47.0	18.8
	900	7.2	16.91	12.68	53.06	482	420	42	27	48.0	19.2
	1 000	7.6	17.95	13.46	56.32	501	437	44	28	49.0	19.6

（续）

体重（kg）	日增重（g）	日粮干物质（kg）	奶牛能量单位（NND）	产奶净能		可消化粗蛋白质（g）	小肠可消化粗蛋白质（g）	钙（g）	磷（g）	胡萝卜素（mg）	维生素A（千单位）
				(Mcal)	(MJ)						
	0	5.0	11.16	8.37	35.03	293	244	27	23	45.0	18.0
	300	5.7	13.04	9.78	40.92	368	313	33	24	48.0	19.2
	400	6.0	13.75	10.31	43.14	393	335	35	25	49.0	19.6
	500	6.3	14.51	10.88	45.53	417	355	37	26	50.0	20.0
450	600	6.7	15.33	11.50	48.10	439	377	39	27	51.0	20.4
	700	7.0	16.21	12.16	50.88	461	398	41	28	52.0	20.8
	800	7.4	17.17	12.88	53.89	484	419	43	29	53.0	21.2
	900	7.8	18.20	13.65	57.12	505	439	45	30	54.0	21.6
	1 000	8.2	19.32	14.49	60.63	524	456	47	31	55.0	22.0
	0	5.4	11.97	8.93	37.58	317	264	30	25	50.0	20.0
	300	6.2	14.13	10.60	44.36	392	333	36	26	53.0	21.2
	400	6.5	14.93	11.20	46.87	417	355	38	27	54.0	21.6
	500	6.8	15.81	11.86	49.63	441	377	40	28	55.0	22.0
500	600	7.1	16.73	12.55	52.51	463	397	42	29	56.0	22.4
	700	7.6	17.75	13.31	55.69	485	418	44	30	57.0	22.8
	800	8.0	18.85	14.14	59.17	507	438	46	31	58.0	23.2
	900	8.4	20.01	15.01	62.81	529	458	48	32	59.0	23.6
	1 000	8.9	21.29	15.97	66.82	548	476	50	33	60.0	24.0
	0	5.8	12.77	9.58	40.09	341	284	33	28	55.0	22.0
	300	6.7	15.04	11.28	47.20	417	354	39	29	58.0	23.0
	400	6.9	15.92	11.94	49.96	441	376	41	30	59.0	23.6
	500	7.3	16.84	12.63	52.85	465	397	43	31	60.0	24.0
550	600	7.7	17.84	13.38	55.99	487	418	45	32	61.0	24.4
	700	8.1	18.89	14.17	59.29	510	439	47	33	62.0	24.8
	800	8.5	20.04	15.03	62.89	533	460	49	34	63.0	25.2
	900	8.9	21.31	15.98	66.87	554	480	51	35	64.0	25.6
	1 000	9.5	22.67	17.00	71.13	573	496	53	36	65.0	26.0

（续）

体重 （kg）	日增重 （g）	日粮干物质 （kg）	奶牛能量单位 （NND）	产奶净能		可消化粗蛋白质 （g）	小肠可消化粗蛋白质 （g）	钙 （g）	磷 （g）	胡萝卜素 （mg）	维生素A （千单位）
				（Mcal）	（MJ）						
	0	6.2	13.53	10.15	42.47	364	303	36	30	60.0	24.0
	300	7.1	16.11	12.08	50.55	441	374	42	31	66.0	26.4
	400	7.4	17.08	12.81	53.60	465	396	44	32	67.0	26.8
	500	7.8	18.13	13.60	56.91	489	418	46	33	68.0	27.2
600	600	8.2	19.24	14.43	60.38	512	439	48	34	69.0	27.6
	700	8.6	20.45	15.34	64.19	535	459	50	35	70.0	28.0
	800	9.0	21.76	16.32	68.29	557	480	52	36	71.0	28.4
	900	9.5	23.17	17.38	72.72	580	501	54	37	72.0	28.8
	1 000	10.1	24.69	18.52	77.49	599	518	56	38	73.0	29.2

（6）种公牛的营养需要

体重 （kg）	日粮干物质 （kg）	奶牛能量单位 （NND）	产奶净能		可消化粗蛋白质（g）	钙 （g）	磷 （g）	胡萝卜素 （mg）	维生素A （千单位）
			（Mcal）	（MJ）					
500	7.99	13.40	10.05	42.05	423	32	24	53	21
600	9.17	15.36	11.52	48.20	485	36	27	64	26
700	10.29	17.24	12.93	54.10	544	41	31	74	30
800	11.37	19.05	14.29	59.79	602	45	34	85	34
900	12.42	20.81	15.61	65.32	657	49	37	95	38
1 000	13.44	22.52	16.89	70.64	711	53	40	106	42
1 100	14.44	24.26	18.15	75.94	764	57	43	117	47
1 200	15.42	25.83	19.37	81.05	816	61	46	127	51
1 300	16.37	27.49	20.57	86.07	866	65	49	138	55
1 400	17.31	28.99	21.74	90.97	916	69	52	148	59

三、各种肉牛的营养需要量

(1) 生长肥育牛的营养需要量

体重 (kg)	日增重 (kg)	干物质 (kg)	肉牛能量单位 (RND)	综合净能 (MJ)	粗蛋白质 (g)	钙 (g)	磷 (g)
	0	2.66	1.46	11.76	236	5	5
	0.3	3.29	1.87	15.10	377	14	8
	0.4	3.49	1.97	15.90	421	17	9
	0.5	3.70	2.07	16.74	465	19	10
	0.6	3.91	2.19	17.66	507	22	11
150	0.7	4.12	2.30	18.53	548	25	12
	0.8	4.33	2.45	19.75	589	28	13
	0.9	4.54	2.16	21.05	627	31	14
	1.0	4.75	2.80	22.64	665	34	15
	1.1	4.95	3.02	24.35	704	37	16
	1.2	5.16	3.25	26.28	739	40	16
	0	2.98	1.63	13.18	265	6	6
	0.3	3.63	2.09	16.90	4.8	14	9
	0.4	3.85	2.20	17.78	447	17	9
	0.5	4.07	2.32	18.71	489	20	10
	0.6	4.29	2.44	19.71	530	23	11
175	0.7	4.51	2.57	20.75	571	26	12
	0.8	4.72	2.79	22.05	609	28	13
	0.9	4.94	2.91	23.47	650	31	14
	1.0	5.16	3.12	25.23	686	34	15
	1.1	5.38	3.37	27.20	724	37	16
	1.2	5.59	3.63	29.29	759	40	17

（续）

体重 (kg)	日增重 (kg)	干物质 (kg)	肉牛能量单位 (RND)	综合净能 (MJ)	粗蛋白质 (g)	钙 (g)	磷 (g)
	0	3.30	1.80	14.56	293	7	7
	0.3	3.98	2.32	18.70	428	15	9
	0.4	4.12	2.43	19.62	472	17	10
	0.5	4.41	2.56	20.67	514	20	11
	0.6	4.66	2.69	21.76	555	23	12
200	0.7	4.89	2.83	22.89	593	26	13
	0.8	5.12	3.01	24.31	631	29	14
	0.9	5.31	3.21	25.90	669	31	15
	1.0	5.57	3.45	27.82	708	34	16
	1.1	5.80	3.71	29.96	743	37	17
	1.2	6.03	4.00	32.30	778	40	17
	0	3.60	1.84	15.10	320	7	7
	0.3	4.31	2.56	20.71	452	15	10
	0.4	4.55	2.69	21.76	494	18	11
	0.5	4.78	2.83	22.89	535	20	12
	0.6	5.02	2.98	24.10	576	23	13
225	0.7	5.26	3.14	25.36	614	26	14
	0.8	5.49	3.33	26.90	652	29	14
	0.9	5.73	3.55	28.66	691	31	15
	1.0	5.96	3.81	30.79	726	34	16
	1.1	6.20	4.10	33.10	761	37	17
	1.2	6.44	4.42	35.69	796	39	18
	0	3.90	2.20	17.78	346	8	8
	0.3	4.64	2.18	22.72	475	16	11
	0.4	4.88	2.95	23.85	517	18	11
	0.5	5.13	3.11	25.10	558	21	12
	0.6	5.37	3.27	26.44	599	23	13
250	0.7	5.62	3.45	27.82	637	26	14
	0.8	5.87	3.65	29.50	672	29	15
	0.9	6.11	3.89	31.88	711	31	16
	1.0	6.36	4.18	33.72	746	34	17
	1.1	6.60	4.49	36.38	781	36	18
	1.2	6.85	4.84	39.08	814	39	18

（续）

体重 (kg)	日增重 (kg)	干物质 (kg)	肉牛能量单位 (RND)	综合净能 (MJ)	粗蛋白质 (g)	钙 (g)	磷 (g)
	0	4.19	2.10	19.37	372	9	9
	0.3	4.96	3.07	24.77	501	16	12
	0.4	5.21	3.22	25.98	543	19	12
	0.5	5.47	3.39	27.36	581	21	13
	0.6	5.72	3.57	28.79	619	24	14
275	0.7	5.98	3.75	30.29	657	26	15
	0.8	6.23	3.98	32.13	696	29	16
	0.9	6.49	4.23	34.18	731	31	16
	1.0	6.74	4.55	36.74	766	34	17
	1.1	7.00	4.89	39.50	798	36	18
	1.2	7.25	5.26	42.51	834	39	19
	0	4.47	2.60	21.00	397	10	10
	0.3	5.26	3.32	26.78	523	17	12
	0.4	5.53	3.48	28.12	565	19	13
	0.5	5.79	3.66	29.58	603	21	14
	0.6	6.06	3.86	31.13	641	24	15
300	0.7	6.32	4.06	32.76	679	26	15
	0.8	6.58	4.31	34.77	715	29	16
	0.9	6.85	4.58	36.99	750	31	17
	1.0	7.11	4.92	39.71	785	34	18
	1.1	7.38	5.29	42.68	818	36	19
	1.2	7.64	5.69	45.98	850	38	20
	0	4.75	2.78	22.43	421	11	11
	0.3	5.57	3.54	28.58	547	17	13
	0.4	5.84	3.72	30.04	586	19	14
	0.5	6.12	3.91	31.59	624	22	14
	0.6	6.39	4.12	33.26	662	24	15
325	0.7	6.66	4.36	35.02	700	26	16
	0.8	6.94	4.60	37.15	736	29	17
	0.9	7.21	4.90	39.5	771	31	18
	1.0	7.49	5.25	42.43	803	33	18
	1.1	7.76	5.65	45.61	839	36	19
	1.2	8.03	6.08	49.12	868	38	20

（续）

体重 （kg）	日增重 （kg）	干物质 （kg）	肉牛能量单位 （RND）	综合净能 （MJ）	粗蛋白质 （g）	钙 （g）	磷 （g）
350	0	5.20	2.95	23.85	445	12	12
	0.3	5.87	3.76	30.38	569	18	14
	0.4	6.15	3.95	31.92	607	20	14
	0.5	6.43	4.16	33.60	645	22	15
	0.6	6.72	4.38	35.40	683	24	16
	0.7	7.00	4.61	37.24	719	27	17
	0.8	7.28	4.89	39.50	757	29	17
	0.9	7.57	5.21	42.05	789	31	18
	1.0	7.85	5.59	45.15	824	33	19
	1.1	8.13	6.01	48.53	857	36	20
	1.2	8.41	6.47	52.26	889	38	20
375	0	5.28	3.13	25.27	469	12	12
	0.3	6.16	3.99	32.22	593	18	14
	0.4	6.45	4.19	33.85	631	20	15
	0.5	6.74	4.41	35.61	669	22	16
	0.6	7.03	4.65	37.53	704	25	17
	0.7	7.32	4.89	39.50	743	27	17
	0.8	7.62	5.19	41.88	778	29	18
	0.9	7.91	5.52	44.60	810	31	19
	1.0	8.20	5.93	47.87	845	33	19
	1.1	8.49	6.26	50.54	878	35	20
	1.2	8.79	6.75	54.18	907	38	21
400	0	5.55	3.31	26.74	402	13	13
	0.3	6.45	4.22	34.06	613	19	15
	0.4	6.76	4.43	35.77	651	21	16
	0.5	7.06	4.66	37.66	689	23	17
	0.6	7.06	4.91	39.66	727	25	17
	0.7	7.66	5.17	41.76	763	27	18
	0.8	7.96	5.49	44.31	798	29	19
	0.9	8.26	5.64	47.15	830	31	19
	1.0	8.56	6.27	50.63	866	33	20
	1.1	8.87	6.74	54.43	895	35	21
	1.2	9.17	7.26	58.66	927	37	21

（续）

体重 （kg）	日增重 （kg）	干物质 （kg）	肉牛能量单位 （RND）	综合净能 （MJ）	粗蛋白质 （g）	钙 （g）	磷 （g）
	0	5.80	3.48	28.08	515	14	14
	0.3	6.73	4.43	35.77	636	19	16
	0.4	7.04	4.65	37.57	671	21	17
	0.5	7.35	4.90	39.54	712	23	17
	0.6	7.66	5.16	41.67	747	25	18
425	0.7	7.97	5.44	43.89	783	27	18
	0.8	8.29	5.77	46.57	818	29	19
	0.9	8.60	6.14	49.58	850	31	20
	1.0	8.91	6.59	53.22	886	33	20
	1.1	9.22	7.09	57.21	918	35	21
	1.2	9.53	7.64	61.67	947	37	22
	0	6.08	3.63	29.33	583	15	15
	0.3	7.02	4.63	37.41	659	20	17
	0.4	7.34	4.87	39.33	697	21	17
	0.5	7.66	5.12	41.38	732	23	18
	0.6	7.98	5.40	43.60	770	25	19
450	0.7	8.30	5.69	45.94	806	27	19
	0.8	8.62	6.03	48.74	841	29	20
	0.9	8.94	6.43	51.92	873	31	20
	1.0	9.26	6.90	55.77	906	33	21
	1.1	9.58	7.42	59.96	938	35	22
	1.2	9.90	8.00	64.60	967	37	22
	0	6.31	3.79	30.63	560	16	16
	0.3	7.30	4.84	39.08	681	20	17
	0.4	7.63	5.09	41.09	719	22	18
	0.5	7.96	5.35	43.26	754	24	19
	0.6	8.29	5.64	45.61	789	25	19
475	0.7	8.61	5.94	48.03	825	27	20
	0.8	8.94	6.31	51	860	29	20
	0.9	9.27	6.72	54.31	892	31	21
	1.0	9.60	7.22	58.32	928	33	21
	1.1	9.93	7.77	62.76	957	35	22
	1.2	10.26	8.37	67.61	989	36	23

（续）

体重 （kg）	日增重 （kg）	干物质 （kg）	肉牛能量单位 （RND）	综合净能 （MJ）	粗蛋白质 （g）	钙 （g）	磷 （g）
	0	6.56	3.95	31.92	582	16	16
	0.3	7.58	5.04	40.71	700	21	18
	0.4	7.91	5.30	42.84	738	22	19
	0.5	8.25	5.58	45.10	776	24	19
	0.6	8.59	5.88	47.53	811	26	20
500	0.7	8.93	6.20	50.08	847	27	20
	0.8	9.27	6.58	53.18	882	29	21
	0.9	9.61	7.01	56.65	912	31	21
	1.0	9.94	7.53	60.88	947	33	22
	1.1	10.28	8.10	65.48	979	34	23
	1.2	10.62	8.73	70.54	1 011	36	23

（2）生长母牛的营养需要量

体重 （kg）	日增重 （kg）	干物质 （kg）	肉牛能量单位 （RND）	综合净能 （MJ）	粗蛋白质 （g）	钙 （g）	磷 （g）
	0	2.66	1.46	11.76	236	5	5
	0.3	3.29	1.90	15.31	377	13	8
	0.4	3.49	2.00	16.15	421	16	9
	0.5	3.70	2.11	17.07	465	19	10
150	0.6	3.91	2.24	18.07	507	22	11
	0.7	4.12	2.36	19.08	548	25	11
	0.8	4.33	2.52	20.33	589	28	12
	0.9	4.54	2.69	21.76	627	31	13
	1.0	4.75	2.91	23.47	665	34	14
	0	2.98	1.63	13.18	265	6	6
	0.3	3.63	2.12	17.15	403	14	8
	0.4	3.85	2.24	18.07	447	17	9
	0.5	4.07	2.37	19.12	489	19	10
175	0.6	4.29	2.50	20.21	530	22	11
	0.7	4.51	2.64	21.34	571	25	12
	0.8	4.72	2.81	22.72	609	28	13
	0.9	4.94	3.01	24.31	650	30	14
	1.0	5.16	3.24	26.19	686	33	15

（续）

体重 （kg）	日增重 （kg）	干物质 （kg）	肉牛能量单位 （RND）	综合净能 （MJ）	粗蛋白质 （g）	钙 （g）	磷 （g）
200	0	3.30	1.80	14.56	293	7	7
	0.3	3.98	2.34	18.91	428	14	9
	0.4	4.21	2.47	19.46	472	17	10
	0.5	4.44	2.61	21.09	514	20	11
	0.6	4.66	2.76	22.30	555	22	12
	0.7	4.89	2.92	23.43	593	25	13
	0.8	5.12	3.10	25.06	631	28	14
	0.9	5.34	3.32	26.78	669	30	14
	1.0	5.57	3.58	28.87	708	33	15
225	0	3.60	1.87	15.10	320	7	7
	0.3	4.31	2.60	20.96	452	15	10
	0.4	4.55	2.74	22.09	494	17	11
	0.5	4.78	2.89	23.35	535	20	12
	0.6	5.02	3.06	24.60	576	22	12
	0.7	5.26	3.22	26.02	614	25	13
	0.8	5.49	3.44	27.74	652	28	14
	0.9	5.73	3.67	29.62	691	30	15
	1.0	5.96	3.95	31.92	726	33	16
250	0	3.90	2.20	17.78	346	8	8
	0.3	4.64	2.84	22.97	475	15	11
	0.4	4.88	3.00	24.23	517	18	11
	0.5	5.13	3.17	25.10	558	20	12
	0.6	5.37	3.35	27.03	559	23	13
	0.7	5.62	3.53	28.52	637	25	14
	0.8	5.87	3.76	30.38	672	28	15
	0.9	6.11	4.02	32.47	711	30	15
	1.0	6.36	4.33	34.98	746	33	17

（续）

体重 （kg）	日增重 （kg）	干物质 （kg）	肉牛能量单位 （RND）	综合净能 （MJ）	粗蛋白质 （g）	钙 （g）	磷 （g）
	0	4.19	2.40	19.37	372	9	9
	0.3	4.96	3.10	25.06	501	16	11
	0.4	5.21	3.27	26.40	543	18	12
	0.5	5.47	3.45	27.87	581	20	13
275	0.6	5.72	3.65	29.46	619	23	14
	0.7	5.98	3.85	31.10	696	28	15
	0.8	6.23	4.10	33.10	696	28	15
	0.9	6.49	4.38	35.35	731	30	16
	1.0	6.74	4.72	38.07	766	32	17
	0	4.47	2.60	21.00	397	10	10
	0.3	5.26	3.35	27.07	523	16	12
	0.4	5.53	3.54	28.58	565	18	13
	0.5	5.79	3.74	30.17	603	21	14
300	0.6	6.06	3.95	31.88	641	23	14
	0.7	6.32	4.17	33.64	679	25	15
	0.8	6.58	4.44	35.82	715	28	16
	0.9	6.85	4.74	38.24	750	30	17
	1.0	7.11	5.10	41.14	785	32	17
	0	4.75	2.78	22.43	421	11	11
	0.3	5.57	3.59	28.95	547	17	13
	0.4	5.84	3.78	30.54	586	19	14
	0.5	6.12	3.99	32.22	624	21	14
325	0.6	6.39	4.22	34.06	662	23	15
	0.7	6.66	4.46	35.98	700	25	16
	0.8	6.94	4.74	38.28	736	28	16
	0.9	7.21	5.06	40.88	771	30	17
	1.0	7.49	5.45	44.02	803	32	18

（续）

体重 （kg）	日增重 （kg）	干物质 （kg）	肉牛能量单位 （RND）	综合净能 （MJ）	粗蛋白质 （g）	钙 （g）	磷 （g）
	0	5.02	2.95	23.85	445	12	12
	0.3	5.87	3.81	30.75	569	17	14
	0.4	6.15	4.02	32.17	607	19	14
	0.5	6.43	4.24	34.27	645	21	15
350	0.6	6.72	4.49	36.23	683	23	16
	0.7	7.00	4.74	38.21	719	25	16
	0.8	7.28	5.04	40.71	757	28	17
	0.9	7.57	5.38	43.47	789	30	18
	1.0	7.85	5.80	46.82	824	32	18
	0	5.28	3.13	25.27	469	12	12
	0.3	6.16	4.04	32.59	593	18	14
	0.4	6.45	4.26	34.39	631	20	15
	0.5	6.74	4.50	36.32	669	22	16
375	0.6	7.03	4.76	38.11	704	24	16
	0.7	7.42	5.03	40.58	743	26	17
	0.8	7.62	5.35	43.18	778	28	18
	0.9	7.91	5.71	46.11	810	30	18
	1.0	8.20	6.15	49.66	845	32	19
	0	5.55	3.31	26.71	492	13	13
	0.3	6.45	4.26	34.43	613	18	15
	0.4	6.76	4.50	36.36	651	20	16
	0.5	7.06	4.76	38.41	689	22	16
400	0.6	7.36	5.03	40.58	727	24	17
	0.7	7.66	5.31	42.89	763	26	17
	0.8	7.96	5.65	45.65	798	28	18
	0.9	8.26	6.04	48.74	830	29	19
	1.0	8.56	6.50	52.51	866	31	19

（3）妊娠母牛的营养需要量

体重 （kg）	妊娠 月份	干物质 （kg）	肉牛能量单位 （RND）	综合净能 （MJ）	粗蛋白质 （g）	钙 （g）	磷 （g）
300	6	6.32	2.80	22.60	409	14	12
	7	6.43	3.11	25.12	477	16	12
	8	6.60	3.50	28.26	587	18	13
	9	6.77	3.97	32.05	735	20	13
350	6	6.86	3.12	25.19	449	16	13
	7	6.98	3.45	27.87	517	18	14
	8	7.15	3.87	31.24	627	20	15
	9	7.32	4.37	35.30	775	22	15
400	6	7.39	3.43	27.69	488	18	15
	7	7.51	3.78	30.56	556	20	16
	8	7.68	4.23	34.13	666	22	16
	9	7.81	4.76	38.17	814	24	17
450	6	7.90	3.73	30.12	526	20	17
	7	8.02	4.11	33.15	591	22	18
	8	8.19	4.58	36.99	701	24	18
	9	8.36	5.15	41.58	852	27	19
500	6	8.40	4.03	32.51	563	22	19
	7	8.52	4.42	35.72	631	24	19
	8	8.69	4.92	39.76	741	26	20
	9	8.86	5.53	44.62	889	29	21
550	6	8.89	4.31	34.83	599	24	20
	7	9.00	4.73	38.23	667	26	21
	8	9.17	5.26	42.47	777	29	22
	9	9.31	5.90	47.61	925	31	23

(4) 哺乳母牛的营养需要量

体重 (kg)	干物质 (kg)	肉牛能量单位 (RND)	综合净能 (MJ)	粗蛋白质 (g)	钙 (g)	磷 (g)
300	4.47	2.36	19.04	332	10	10
350	5.02	2.65	21.38	372	12	12
400	5.55	2.93	23.64	411	13	13
450	6.06	3.20	25.82	449	15	15
500	6.56	3.46	27.94	486	16	16
550	7.01	3.72	30.04	522	18	18

(5) 哺乳母牛每千克标准乳的营养需要量

干物质 (kg)	肉牛能量单位 (RND)	综合净能 (MJ)	粗蛋白质 (g)	钙 (g)	磷 (g)
0.45	0.32	2.57	85	2.46	1.12

(6) 哺乳母牛各泌乳月

预计日泌乳量（单位：kg，4%乳脂率）

泌乳力	哺 乳 月					
	一	二	三	四	五	六
较好	10.00	9.10	8.02	7.30	6.40	5.50
平均	7.50	6.90	6.20	5.50	4.80	4.20
较差	5.00	4.60	4.10	3.70	3.20	2.80

(7) 肉牛矿物质需要量及最大耐受量（干物质基础）

矿物质	需 要 量		最大耐受量
	推荐量	范围	
钙（%）	＊＊		2.0
钴（mg/mg）	0.1	0.07～0.11	5.0
铜（mg/kg）	8.0	4.0～10.0	115.0
碘（mg/kg）	0.5	0.2～2.0	50.0

（续）

矿物质	需　要　量		最大耐受量
	推荐量	范围	
铁（mg/kg）	50.0	50.0～100.0	1 000.0
镁（%）	0.10	0.05～0.25	0.4
锰（mg/kg）	40.0	20.0～50.0	1 000.0
磷（%）	＊＊		1.0
硒（mg/kg）	0.20	0.05～0.30	2.0
钠（%）	0.08	0.06～0.10	10.0
氯（%）			
硫（%）	0.10	0.08～0.15	0.4
锌（mg/kg）	30.0	20.0～40.0	500.0
钼（mg/kg）			6.0
钾（%）	0.65	0.05～0.70	3.0

标准中各项的含义如下：

干物质是指每天进食的日粮中除去水分后的绝干物质。

综合净能是把维持净能与增重净能结合起来的综合评定指标。

四、奶牛膘情等级评定

等级	观　察　触　摸	手上相应部位的感觉
1	背部脊骨突出，脊椎可见。胸部肋骨清晰可见。脊椎横突尖锐，触摸感觉不到脂肪层。腰角和坐骨结节突出，触摸尖锐。腰角和坐骨结节之间、尾根两侧深陷。腰椎横突形成明显的"搁板"	中指关节背部。有骨质感，且尖锐

（续）

等级	观 察 触 摸	手上相应部位的感觉
2	大拇指触摸可明显感觉到脊椎横突的圆形末端，有薄薄的一层脂肪层。可见胸部肋骨，但不如"1级"明显。可看见"搁板"，也不如"1级"明显。从奶牛后面看，脊柱显著高于背线，脊椎间距不明显。腰角与坐骨结节之间、尾根两侧仍可下弦，但不如"1级"明显	手指两关节间背部的感觉。可摸到骨头，但略感觉到上面有一层肉
3	只有大拇指用力摸才能感觉到每个腰椎横突，"搁板"不易辨认，从奶牛后面看，脊椎的突起程度不如"2级"。可见腰角和坐骨结节，但呈圆形。尾根两侧无凹陷	手指两关节前部的感觉。可摸到骨头，但明显感觉到上面有一层肉
4	用力触摸也感觉不到腰椎横突。从后面看不出脊背突起。腰角浑圆，从后面看，两腰角间平直。从腰角至尾根区域，可感觉到很厚的脂肪层	手掌中心部位的感觉。可感觉到肉下面较硬，但感觉不到具体的骨头
5	奶牛后背、两侧和后躯脂肪很厚。感觉不到腰椎横突。看不见肋骨和腰角	手掌拇指侧（最厚部位）的感觉。下面感觉不到骨头

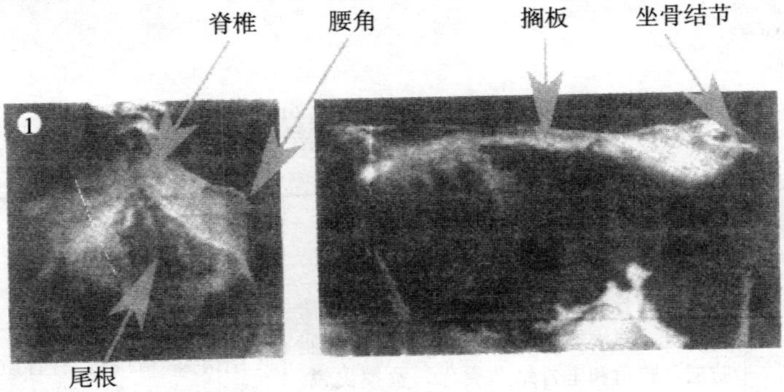

脊椎　　腰角　　　　搁板　　坐骨结节

尾根

附图1　奶牛膘情等级评定1级

（资料提供：中欧奶类项目技术援助组）

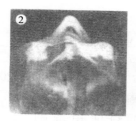

附图 2　奶牛膘情等级评定 2 级

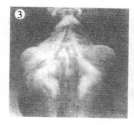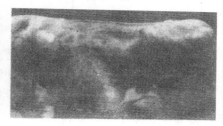

附图 3　奶牛膘情等级评定 3 级

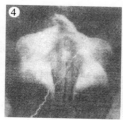

附图 4　奶牛膘情等级评定 4 级

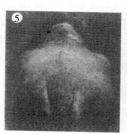

附图 5　奶牛膘情等级评定 5 级

五、中华人民共和国农业行业标准

NY 5048—2001

无公害食品　奶牛饲养饲料使用准则

前　言

本标准由中华人民共和国农业部提出。

本标准起草单位：上海光明乳业股份有限公司。

本标准主要起草人：王光文、边四辈、马玉敏、范占炼、刘宵玲、陆耀华、陈小弟、董德宽。

1　范围

本标准规定了生产无公害生鲜牛奶所需的奶牛饲料质量要求、试验方法、检测规则、标签、包装、贮存、运输及使用原则和奶牛饮用水质量标准。

本标准适用于饲养奶牛以及生产经营奶牛饲料的单位。

2　规范性引用文件

下列文件中的条款通过本标准的引用而成为本标准的条款。凡是注日期的引用文件，其随后所有的修改单（不包括勘误的内容）或修订版均不适用于本标准，然而，鼓励根据本标准达成协议的各方研究是否可使用这些文件的最新版本。凡是不注日期的引用文件，其最新版本适用于本标准。

GB 4285　农药安全使用标准

GB/T 8381　饲料中黄曲霉素白 B_1 的测定方法

GB 10648　饲料标签

GB 13078　饲料卫生标准

GB/T 13079　饲料中总砷的测定方法

GB/T 13080　饲料中铅的测定方法

GB/T 13081　饲料中汞的测定方法

GB/T 13082　饲料中的镉测定方法

GB/T 13083　饲料中氟的测定方法

GB/T 13085　饲料中亚硝酸盐的测定方法

GB/T 13090　饲料中六六六、滴滴涕的测定方法

GB/T 13091　饲料中沙门氏菌的检验方法

GB/T 13092　饲料中霉菌的检验方法

GB/T 13882　饲料中碘的测定方法　硫氰酸铁-亚硝酸催化动力学法

GB/T 13883　饲料中硒的测定方法 2，3-二氨基萘荧光法

GB/T 14699　饲料采样方法

GB/T 16764　配合饲料企业卫生规范

GB/T 17480　饲料中黄曲霉素白 B_1 的测定方法　酶联免疫法

饲料和饲料添加剂管理条例

允许使用的饲料添加剂品种目录

农业转基因生物安全管理条例

青贮饲料质量评定标准

3　术语和定义

下列术语和定义适用于本标准。

3.1　饲料 feed

经工业化加工、制作的供动物食用的饲料，包括单一饲料、添加剂预混合饲料、浓缩饲料、配合饲料和精料补充料。

3.2　饲料原料 feedstuff，single feed

除饲料添加剂以外的用于生产配合饲料和浓缩饲料的单一饲

料成分，包括饲用谷物、粮食加工副产品、油脂工业副产品、发酵工业副产品、动物性蛋白质饲料、饲用油脂等。

3.3 饲料添加剂 feed additive

在饲料加工、制作、使用过程中添加的少量或者微量物质，包括营养性饲料添加剂和一般饲料添加剂。

3.4 营养性饲料添加剂 nutritive feed additive

用于补充饲料营养成分的少量或者微量物质，包括饲料级氨基酸、维生素、矿物质微量元素、酶制剂、非蛋白氮等。

3.5 一般性饲料添加剂 general feed additive

为保证或者改善饲料品质、提高饲料利用率而掺入饲料中的少量或者微量物质。

3.6 精饲料 concentrate

容积大、纤维成分含量低（干物质中粗纤维含量小于18%）、可消化养分含量高的饲料。主要有禾本科籽实、豆科籽实、饼粕类、糠麸类、草籽树实类、淀粉质的块根、块茎瓜果类（薯类、甜菜）、工业副产品类（玉米淀粉渣、DDGS、啤酒糟粕等）、酵母类、油脂类、棉籽等饲料原料和由多种饲料原料按一定比例配制的奶牛精料补充料。

3.7 粗饲料 roughage

容积重小、纤维成分含量高、可消化养分含量低的饲料。主要有牧草与野草、青贮料类、农副产品类（包括藤、蔓、秸、秧、荚、壳）及干物质中粗纤维含量大于等于18%的糟渣类、树叶类和非淀粉质的块根、块茎类。

3.8 矿物质饲料 mineral feeds

主要有钙、磷（碳酸钙、磷酸氢钙等）和盐等。

4 要求

4.1 饲料原料

4.1.1 感官要求：应具有一定的新鲜度，具有该品种应有的色、嗅、味和组织形态特征，无发霉、变质、结块、异味及异臭。

4.1.2 饲料原料中有害物质及微生物允许量应符合 GB 13078 的要求。

4.1.3 饲料原料中含有饲料添加剂的应做相应说明。

4.2 饲料添加剂

4.2.1 感官要求：应具有该品种应有的色、嗅、味和形态特征，无发霉、变质、异味及异臭。

4.2.2 有害物质及微生物允许量应符合 GB 13078 及相关标准的要求。

4.2.3 饲料中使用的营养性饲料添加剂和一般性饲料添加剂产品应是《允许使用的饲料添加剂品种目录》所规定的品种，或取得试生产产品批准文号的新饲料添加剂品种。

4.2.4 饲料添加剂产品的使用应遵照产品说明书所规定的用法、用量使用。

4.3 配合饲料、浓缩饲料和添加剂预混合饲料

4.3.1 感官要求：应色泽一致，无发酵霉变、结块、异味及异臭。

4.3.2 有害物质及微生物允许量应符合 GB 13078 及相关标准的要求。

4.3.3 奶牛配合饲料、浓缩饲料和添加剂预混合饲料中不应使用任何药物。

4.4 饲料加工过程

4.4.1 饲料企业的工厂设计与设施卫生、工厂卫生管理和生产过程的卫生应符合 GB/T 16764 的要求。

4.4.2 配料

4.4.2.1 定期对计量设备进行检验和正常维护，以确保其精确性和稳定性，其误差不应大于规定范围。

4.4.2.2 微量和极微量组分应进行预稀释，并且应在专门的配

料室内进行。

4.4.2.3 配料室应有专人管理，保持卫生整洁。

4.5 混合

4.5.1 混合时间，按设备性能不应少于规定时间。

4.5.2 混合工序投料应按先大量、后小量的原则进行。投入的微量组分应将其稀释到配料称最大称量的 5％以上。

4.6 留样

4.6.1 新接受的饲料原料和各个批次生产的饲料产品均应保留样品。样品密封后留置专用样品室或样品柜内保存。样品室和样品柜应保持阴凉、干燥。采样方法按 GB/T 14699 执行。

4.6.2 留样应设标签，载明饲料品种、生产日期、批次、生产负责人和采样人等事项，并建立档案由专人负责保管。

4.6.3 样品应保留至该批产品保质期满后 3 个月。

5 饲料检测方法

5.1 饲料采样方法按 GB/T 14699 执行。

5.2 砷按 GB/T 13079 执行。

5.3 铅按 GB/T 13080 执行。

5.4 汞按 GB/T 13081 执行。

5.5 镉按 GB/T 13082 执行。

5.6 氟按 GB/T 13083 执行。

5.7 六六六、滴滴涕按 GB/T 13090 执行。

5.8 沙门氏菌按 GB/T 13091 执行。

5.9 霉菌按 GB/T 13092 执行。

5.10 黄曲霉毒素 B_1 按 GB/T 8381 执行。

6 检验规则

6.1 感官要求，粗蛋白质、钙和总磷含量为出厂检验项目，其余为型式检验项目。

6.2 在保证产品质量的前提下，生产厂可根据工艺、设备、配方、原料等的变化情况，自行确定出厂检验的批量。

6.3 试验测定值的双试验相对偏差按相应标准规定执行。

6.4 检测与仲裁判定各项指标合格与否时，应考虑允许误差。

7 标签、包装、贮存和运输

7.1 标签

商品饲料应在包装物上附有饲料标签，标签应符合 GB 10648 中的有关规定。

7.2 包装

7.2.1 饲料包装应完整，无漏洞，无污染和异味。

7.2.2 包装材料应符合 GB/T 16764 的要求。

7.2.3 包装印刷油墨无毒，不应向内容物渗漏。

7.2.4 包装物的重复使用应遵守《饲料和饲料添加剂管理条例》的有关规定。

7.3 贮存

7.3.1 饲料的贮存应符合 GB/T 16764 的要求。

7.3.2 不合格和变质饲料应做无害化处理，不应存放在饲料贮存场所内。

7.3.3 饲料贮存场地不应使用化学灭鼠药和杀鸟剂。

7.3.4 干草类及秸秆类贮存时，水分含量应低于 15％，防止日晒、雨淋、霉变。

7.3.5 青绿饲料与野草类、块根、块茎、瓜果类应堆放在棚内，堆宽不宜超过 2m，堆高不宜超过 1m，堆放时间不宜过长，防止日晒、雨淋、发芽霉变。

7.4 运输

7.4.1 运输工具应符合 GB/T 16764 的要求。

7.4.2 运输作业应防止污染，保持包装的完整。

7.4.3 不应使用运输畜禽等动物的车辆运输饲料产品。

7.4.4 饲料运输工具和装卸场地应定期清洗和消毒。

8 其他有关使用饲料和饲料添加剂的原则与规定

8.1 不应使用未取得产品进口登记证的境外饲料和饲料添加剂。

8.2 不应在饲料中使用违禁的药物或饲料添加剂。

8.3 禁止在奶牛饲料中添加和使用肉骨粉、骨粉、血粉、血浆粉、动物下脚料、动物脂粉、干血浆及其他血液制品、脱水蛋白、蹄粉、角粉、鸡杂碎粉、羽毛粉、油渣、鱼粉、骨胶等动物源性饲料。

8.4 根据奶牛营养需要合理投料、合理使用微量元素添加剂，尽量降低粪尿、甲烷的排出量，减少氮、磷、锌、铜的排出量，降低对环境的污染。

8.5 所使用的工业副产品饲料应来自生产绿色食品和无公害食品的副产品。

8.6 严格执行《饲料和饲料添加剂管理条例》有关规定。

8.7 严格执行《农业转基因生物安全管理条例》有关规定。

8.8 栽培饲料作物的农药使用按 GB 4285 规定执行。

8.9 青贮饲料的制作、贮存按《青贮饲料质量评定标准》规定执行。

NY 5032—2001

无公害食品 生猪饲养饲料使用准则

前 言

本标准的附录 A 和附录 B 为规范性附录。

本标准由中华人民共和国农业部提出。

本标准起草单位：中国农业科学院饲料研究所。

本标准主要起草人：吴子林、秦玉昌、杨禄良。

1 范围

本标准规定了生产无公害生猪所需饲料原料、饲料添加剂、添加剂预混合饲料、浓缩饲料、配合饲料和饲料加工过程的要求、试验方法、检验规则、判定规则、标签、包装、贮藏、运输的规范。

本标准适用于生产无公害生猪所需的商品配合饲料、浓缩饲料、添加剂预混合饲料和生产无公害生猪的养殖场自配饲料。

2 规范性引用文件

下列文件中的条款通过本标准的引用而成为本标准的条款。凡是注日期的引用文件，其随后所有的修改单（不包括勘误的内容）或修订版均不适用于本标准，然而，鼓励根据本标准达成协议的各方研究是否可使用这些文件的最新版本。凡是不注日期的引用文件，其最新版本适用于本标准。

GB/T 6432　饲料中粗蛋白测定方法

GB/T 6436　饲料中钙的测定方法

GB/T 6437　饲料总磷的测定方法　光度法

GB/T 8381　饲料中黄曲霉素 B_1 的测定

GB/T 10647　饲料工业通用术语

GB 10648　饲料标签

GB 13078　饲料卫生标准

GB/T 13079　饲料中总砷的测定

GB/T 13080　饲料中铅的测定方法

GB/T 13081　饲料中汞的测定方法

GB/T 13082　饲料中镉的测定方法

GB/T 13083　饲料中氟的测定方法

GB/T 13084　饲料中氰化物的测定方法

GB/T 13085　饲料中亚硝酸盐的测定方法

GB/T 13086　饲料中游离棉酚的测定方法

GB/T 13087　饲料中异硫氰酸酯的测定方法

GB/T 13090　饲料中六六六、滴滴涕的测定

GB/T 13091　饲料中沙门氏菌的检验方法

GB/T 13092　饲料中霉菌的检验方法

GB/T 13093　饲料中细菌总数的测定方法

GB/T 13885　饲料中铁、铜、锰、锌、镁的测定方法　原子吸收光谱法

GB/T 14699.1　饲料采样方法

GB/T 16764　配合饲料企业卫生规范

NY 438　饲料中盐酸克伦特罗的测定

饲料和饲料添加剂管理条例

3　术语和定义

GB/T 10647 中确立的以及下列术语和定义适用于本标准。

3.1　饲料 feed

经工业化加工、制作的供动物食用的饲料，包括单一饲料、添加剂预混合饲料、浓缩饲料、配合饲料和精料补充料。

［《饲料和饲料添加剂管理条例》第二条］

3.2　饲料添加剂 feed additive

在饲料加工、制作、使用过程中添加的少量或者微量物质，包括营养性添加剂和一般性饲料添加剂。

［《饲料和饲料添加剂管理条例》第二条］

3.3　营养性饲料添加剂 nutritive feed additive

用于补充饲料营养成分的少量或者微量物质，包括饲料级氨基酸、维生素、矿物质微量元素、酶制剂、非蛋白氮等。

［《饲料和饲料添加剂管理条例》第三十条］

3.4　一般性饲料添加剂 general feed additive

为保证或者改善饲料品质、提高饲料利用率而掺入饲料中的

少量或者微量物质。

　　［《饲料和饲料添加剂管理条例》第三十条］

3.5　药物饲料添加剂 medical feed additive

　　为预防、治疗动物疾病而掺入载体或者稀释剂的兽药的预混物，包括抗球虫药类、驱虫剂类、抑菌促生长类等。

　　［《饲料和饲料添加剂管理条例》第三十条］

3.6　饲料原料 feedstuff

　　除饲料添加剂以外的用于生产配合饲料和浓缩饲料的单一饲料成分，包括饲料谷物、粮食加工副产品、油脂工业副产品、发酵工业副产品、动物性蛋白质饲料、饲用油脂等。

4　要求

4.1　饲料原料

4.1.1　感官要求：色泽新鲜一致，无发酵、霉变、结块及异味、异嗅。

4.1.2　有害物质及微生物允许量应符合 GB 13078 的规定。

4.1.3　制药工业副产品不应作生猪饲料原料。

4.2　营养性饲料添加剂和一般性饲料添加剂

4.2.1　感官要求：具有该品种应有的色、嗅、味和组织形态特征，无异味、异嗅。

4.2.2　饲料中使用的营养性饲料添加剂和一般性饲料添加剂应是中华人民共和国农业部公布的《允许使用的饲料添加剂品种目录》所规定的品种（见附录 A）和取得试生产产品批准文号的新饲料添加剂品种。

4.2.3　饲料中使用的饲料添加剂产品应是具有农业部颁发的饲料添加剂生产许可证的正规企业生产的、具有产品批准文号的产品。

4.2.4　饲料添加剂的使用应遵照饲料标签所规定的用法和用量。

4.3　药物饲料添加剂

4.3.1 药物饲料添加剂的使用应按照中华人民共和国农业部发布的《药物饲料添加剂使用规范》执行。允许在无公害生猪饲料中使用的药物饲料添加剂见附录 B。

4.3.2 无公害生猪饲料中不应添加氨苯砷酸、洛克沙胂等砷制剂类药物饲料添加剂。

4.3.3 使用药物饲料添加剂应严格执行休药期制度。

4.3.4 生猪饲料中不应直接添加兽药。

4.3.5 生猪饲料中不应添加国家严禁使用的盐酸克伦特罗等违禁药物。

4.4 配合饲料、浓缩饲料和添加剂预混合饲料

4.4.1 感官要求：色泽一致，无发酵霉变、结块及异味、异嗅。

4.4.2 产品成分分析保证值应符合标签中所规定的含量。

4.4.3 生猪配合饲料中有害物质及微生物允许量应符合 GB 13078 的规定。

4.4.4 30kg 体重以下猪的配合饲料中铜的含量应不高于 250mg/kg；30～60kg 体重猪的配合饲料中铜的含量应不高于 150mg/kg；60kg 体重以上猪的配合饲料中铜的含量应不高于 25mg/kg。

4.4.5 浓缩饲料有害物质及微生物允许量和铜的含量按说明书的规定用量，折算成配合饲料中的含量计，不应超过本标准 4.4.2 和 4.4.3 中的规定。

4.4.6 添加剂预混合饲料中有害物质及微生物允许量见表 1。

表 1 添加剂预混合饲料中有害物质及微生物允许量

(按日粮中添加比例 1%计算)

项　　目	砷 (以 As 计)	重金属 (以 Pb 计)	沙门氏菌
仔猪、生长肥育猪微量元素预混合饲料，mg/kg	≤10	≤30	不得检出
仔猪、生长肥育猪复合预混合饲料，mg/kg	≤10	≤30	不得检出

4.5　饲料加工过程

4.5.1　饲料企业的工厂设计与设施卫生、工厂卫生管理和生产过程的卫生应符合 GB/T 16764 的要求。

4.5.2　配料

4.5.2.1　应定期对计量设备进行检验和正常维护，以确保其精确性和稳定性，其误差不应大于规定范围。

4.5.2.2　微量和极微量组分应进行预稀释，并且应在专门的配料室内进行。

4.5.2.3　配料室应有专人管理，保持卫生整洁。

4.5.3　混合

4.5.3.1　混合时间，按设备性能应不少于规定时间。

4.5.3.2　混合工序投料应按先大量、后小量的原则进行。投入的微量组分应将其稀释到配料称最大称量的 5% 以上。

4.5.3.3　生产含有药物饲料添加剂的饲料时，应根据药物类型，先生产药物含量低的饲料，再依次生产药物含量高的饲料。

4.5.3.4　同一班次应先生产不添加药物饲料添加剂的饲料，然后生产添加药物饲料添加剂的饲料。为防止加入药物饲料添加剂的饲料产品在生产过程中的交叉污染，在生产不同加入药物添加剂的饲料产品时，对所用的生产设备、工具、容器应进行彻底清理。

4.5.4　留样

4.5.4.1　新接受的饲料原料和各个批次生产的饲料产品均应保留样品。样品密封后留置专用样品室或样品柜内保存。样品室和样品柜应保持阴凉、干燥。采样方法按 GB/T 14699 执行。

4.5.4.2　留样应设标签，载明饲料品种、生产日期、批次、生产负责人和采样人等事项，并建立档案由专人负责保管。

4.5.4.3　样品应保留至该批产品保质期满后 3 个月。

5 检测方法

5.1 饲料采样方法：按 GB/T 14699 执行。

5.2 盐酸克伦特罗：按 NY 438 执行。

5.3 粗蛋白质：按 GB/T 6432 执行。

5.4 钙：按 GB/T 6436 执行。

5.5 总磷：按 GB/T 6437 执行。

5.6 黄曲霉素 B_1：按 GB/T 8381 执行。

5.7 总砷：按 GB/T 13079 执行。

5.8 铅：按 GB/T 13080 执行。

5.9 汞：按 GB/T 13081 执行。

5.10 镉：按 GB/T 13082 执行。

5.11 氟：按 GB/T 13083 执行。

5.12 氰化物：按 GB/T 13084 执行。

5.13 亚硝酸盐：按 GB/T 13085 执行。

5.14 游离棉酚：按 GB/T 13086 执行。

5.15 异硫氰酸酯：按 GB/T 13087 执行。

5.16 六六六、滴滴涕：按 GB/T 13090 执行。

5.17 沙门氏菌：按 GB/T 13091 执行。

5.18 霉菌：按 GB/T 13092 执行。

5.19 细菌总数：按 GB/T 13093 执行。

5.20 铜：按 GB/T 13885 执行。

6 检验规则

6.1 感官要求，粗蛋白质、钙和总磷含量为出厂检验项目，其余均为型式检验项目。

6.2 在保证产品质量的前提下，生产厂可根据工艺、设备、配方、原料等的变化情况，自行确定出厂检验的批量。

6.3 试验测定值的双试验相对偏差，按相应标准的规定执行。

6.4 检测与仲裁判定各项指标合格与否时，应考虑允许误差。

7 判定规则

　　卫生指标、限用药物和违禁药物等为判定合格指标。如检验中有一项指标不符合标准，应重新取样进行复验，复验结果中有一项不合格即判定为不合格。

8 标签、包装、贮存和运输

8.1 标签

　　商品饲料应在包装物上附有饲料标签，标签应符合 GB 10648 中的有关规定。

8.2 包装

8.2.1 饲料包装应完整，无漏洞，无污染和异味。

8.2.2 包装材料应符合 GB/T 16764 的要求。

8.2.3 包装印刷油墨应无毒，不应向内容物渗漏。

8.2.4 包装物的重复使用应遵守《饲料和饲料添加剂管理条例》的有关规定。

8.3 贮存

8.3.1 饲料的贮存应符合 GB/T 16764 的要求。

8.3.2 不合格和变质饲料应做无害化处理，不应存放在饲料贮存场所内。

8.3.3 饲料贮存场地不应使用化学灭鼠药和杀鸟剂。

8.4 运输

8.4.1 运输工具应符合 GB/T 16764 的要求。

8.4.2 运输作业应防止污染，保持包装的完整性。

8.4.3 不应使用运输畜禽等动物的车辆运输饲料产品。

8.4.4 饲料运输工具和装卸场地应定期清洗和消毒。

附 录 A

（规范性附录）

允许使用的饲料添加剂品种目录

表 A.1

类　别	饲料添加剂名称
饲料级氨基酸（7种）	L-赖氨酸盐酸盐，DL-蛋氨酸，DL-羟基蛋氨酸，DL-羟基蛋氨酸钙，N-羟甲基蛋氨酸，L-色氨酸，L-苏氨酸
饲料级维生素（26种）	β-胡萝卜素，维生素 A，维生素 A 乙酸酯，维生素 A 棕榈酸酯，维生素 D_3，维生素 E，维生素 E 乙酸酯，维生素 K_3（亚硫酸氢钠甲萘醌），二甲基嘧啶醇亚硫酸甲萘醌，维生素 B_1（盐酸硫胺），维生素 B_1（硝酸硫胺），维生素 B_2（核黄素），维生素 B_6，烟酸，烟酰胺，D-泛酸钙，DL-泛酸钙，叶酸，维生素 B_{12}（氰钴胺），维生素 C（L-抗坏血酸），L-抗坏血酸钙，L-抗坏血酸-2-磷酸酯，D-生物素，氯化胆碱，L-肉碱盐酸盐，肌醇
饲料级矿物质、微量元素（43种）	硫酸钠，氯化钠，磷酸二氢钠，磷酸氢二钠，磷酸二氢钾，磷酸氢二钾，碳酸钙，氯化钙，磷酸氢钙，磷酸二氢钙，磷酸三钙，乳酸钙，七水硫酸镁，一水硫酸镁，氧化镁，氯化镁，七水硫酸亚铁，一水硫酸亚铁，三水乳酸亚铁，六水柠檬酸亚铁，富马酸亚铁，甘氨酸铁，蛋氨酸铁，五水硫酸铜，一水硫酸铜，蛋氨酸铜，七水硫酸锌，一水硫酸锌，无水硫酸锌，氧化锌，蛋氨酸锌，一水硫酸锰，氯化锰，碘化钾，碘酸钾，碘酸钙，六水氯化钴，一水氯化钴，亚硒酸钠，酵母铜，酵母铁，酵母锰，酵母硒，吡啶铬，烟酸铬，酵母铬
饲料级酶制剂（12类）	蛋白酶（黑曲霉，枯草芽孢杆菌），淀粉酶（地衣芽孢杆菌，黑曲霉），支链淀粉酶（嗜酸乳杆菌），果胶酶（黑曲霉），脂肪酶，纤维素酶（reesei 木霉）麦芽糖酶（枯草芽孢杆菌），木聚糖酶（insolens 腐质霉），β-聚葡萄酶（枯草芽孢杆菌，黑曲霉），甘露聚糖酶（缓慢芽孢杆菌）；植酸酶（黑曲霉，米曲霉），葡萄糖氧化酶（青霉）
饲料级微生物添加剂（12种）	干酪乳杆菌，植物乳杆菌，粪链球菌，乳酸片球菌，枯草芽孢杆菌，纳豆芽孢杆菌，嗜酸乳杆菌，乳链球菌，啤酒酵母菌，产朊假丝酵母，沼泽红假单胞菌
抗氧剂（4种）	乙氧基喹啉，二丁基羟基甲苯（BHT），丁基羟基茴香醚（BHA），没食子酸丙酯

（续）

类　　别	饲料添加剂名称
防腐剂，电解质平衡剂（25种）	甲酸，甲酸钙，甲酸铵，乙酸，双乙酸钠，丙酸，丙酸钙，丙酸钠，丙酸铵，丁酸，乳酸，苯甲酸，苯甲酸钠，山梨酸，山梨酸钠，山梨酸钾，富马酸，柠檬酸，酒石酸，苹果酸，磷酸，氢氧化钠，碳酸氢钠，氯化钾，氢氧化铵
着色剂（6种）	β-阿朴-8'-胡萝卜素醛，辣椒红，β-阿朴-8'-胡萝卜素酸乙酯，虾青素，β，β-胡萝卜素-4，4-二酮（斑蝥黄），叶黄素（万寿菊花提取物）
调味剂、香料［6种（类）］	糖精钠，谷氨酸钠，5'-肌苷酸二钠，5'-鸟苷酸二钠，血根碱，食品用香料均可作饲料添加剂
黏结剂、抗结块剂和稳定剂［13种（类）］	α-淀粉，海藻酸钠，羧甲基纤维素钠，丙二醇，二氧化硅，硅酸钙，三氧化二铝，蔗糖脂肪酸酯，山梨醇酐脂肪酸酯，甘油脂肪酸酯，硬脂酸钙，聚氧乙烯20山梨醇酐单油酸酯，聚丙烯酸树脂Ⅱ
其他（10种）	糖萜素，甘露低聚糖，肠膜蛋白素，果寡糖，乙酰氧肟酸，天然类固醇萨洒皂角苷（YUCCA），大蒜素，甜菜碱，聚乙烯聚吡咯烷酮（PVPP），葡萄糖山梨醇

附　录　B
（规范性附录）

允许在无公害生猪饲料中使用的药物饲料添加剂

表 B.1

名　　称	含量规格	用法与用量（1 000kg饲料中添加量）	休药期（天）	商品名
杆菌肽锌预混剂	10%或15%	4～40g（4月龄以下），以有效成分计	0	
黄霉素预混剂	4%或8%	仔猪10～25g，生长、肥育猪5g，以有效成分计	0	富乐旺
维吉尼亚霉素预混剂	50%	20～50g	1	速大肥

（续）

名　称	含量规格	用法与用量 （1 000kg 饲料中添加量）	休药期 （天）	商品名
喹乙醇预混剂	5%	1 000～2 000g，禁用于体重超过 35kg 的猪	35	
阿美拉霉素预混剂	10%	4 月龄以内 200～400g，4～6 月龄 100～200g	0	效美素
盐霉素钠预混剂	5%、6%、10%、12%、45%、50%	25～75g，以有效成分计	5	优素精赛可喜
硫酸黏杆菌素预混剂	2%、4%、10%	仔猪 2～20g，以有效成分计	7	抗敌素
牛至油预混剂	2.5%	用于预防疾病 500～700g，用于治疗疾病 1 000～1 300g，连用 7 天，用于促生长 50～500g		诺必达
杆菌肽锌、硫酸黏杆菌素预混剂	杆菌肽锌 5% 硫酸黏杆菌素 1%	2 月龄以下 2～40g，4 月龄以下 2～20g，以有效成分计	7	万能肥素
土霉素钙	5%、10%、20%	10～50g（4 月龄以内），以有效成分计		
吉他霉素预混剂	2.2%、11%、55%、95%	促生长：5～55g 防治疾病：80～330g，连用 5～7 天，以有效成分计	7	
金霉素预混剂	10%、15%	25～75g（4 月龄以内），以有效成分计	7	
恩拉霉素预混剂	4%、8%	2.5～20g，以有效成分计	7	

注 1. 表中所列的商品名是由相应产品供应商提供的产品商品名。给出这一信息是为了方便本标准的使用者，并不表示对该产品的认可。如果其他等效产品具有相同的效果，则可使用这些等效产品。

注 2. 摘自中华人民共和国农业部农牧发 ［2001］20 号"关于发布《饲料药物饲料添加剂使用规范》的通知"中《药物饲料添加剂使用规范》。

NY 5127—2002

无公害食品 肉牛饲养饲料使用准则

前 言

本标准的附录 A、附录 B、附录 C 为规范性附录。

本标准由中华人民共和国农业部提出。

本标准由中国农业科学院饲料研究所负责起草，农业部饲料质量监督检验测试中心（济南）参加起草。

本标准主要起草人：刁其玉、屠焰、李祥明、刘华阳、武书庚。

1 范围

本标准规定了生产无公害肉牛所需的配合饲料、浓缩饲料、精料补充料、粗饲料、青绿饲料、添加剂预混合饲料、饲料原料和饲料添加剂的技术要求，以及饲料加工过程、试验方法、检验规则、标签、包装、贮存和运输的基本准则。

本标准适用于生产无公害肉牛所需的商品配合饲料、浓缩饲料、精料补充料、粗饲料、青绿饲料、添加剂预混合饲料、饲料原料和饲料添加剂以及生产无公害食品牛肉的养殖场自配饲料。

出口产品的质量应按双方合同要求进行。

2 规范性引用文件

下列文件中的条款通过本标准的引用而成为本标准的条款。凡是注日期的引用文件，其随后所有的修改单（不包括勘误的内容）或修订版均不适用于本标准，然而，鼓励根据本标准达成协议的各方研究是否可使用这些文件的最新版本。凡是不注日期的引用文件，其最新版本适用于本标准。

GB/T 6432　饲料中粗蛋白测定方法

GB/T 6435　饲料水分的测定方法

GB/T 6436　饲料中钙的测定方法

GB/T 6437　饲料中总磷的测定方法　光度法

GB/T 10647　饲料工业通用术语

GB 10648　饲料标签

GB 13078　饲料卫生标准

GB/T 13079　饲料中总砷的测定

GB/T 13080　饲料中铅的测定方法

GB/T 13081　饲料中汞的测定方法

GB/T 13082　饲料中镉的测定方法

GB/T 13083　饲料中氟的测定方法

GB/T 13084　饲料中氰化物的测定方法

GB/T 13086　饲料中游离棉酚的测定方法

GB/T 13087　饲料中异硫氰酸酯的测定方法

GB/T 13090　饲料中六六六、滴滴涕的测定

GB/T 13091　饲料中沙门氏菌的检验方法

GB/T 13092　饲料中霉菌检验方法

GB/T 14699　饲料采样方法

GB/T 16764　配合饲料企业卫生规范

GB/T 17480　饲料中黄曲霉毒素 B_1 的测定　酶联免疫吸附法

NY 5125　无公害产品　肉牛饲养兽药使用准则

NY 5126　无公害产品　肉牛饲养兽医防疫准则

NY/T 5128　无公害产品　肉牛饲养管理准则

饲料和饲料添加剂管理条例

饲料药物添加剂使用规范（中华人民共和国农业部公告[2001] 第 168 号）

3 术语和定义

GB/T 10647 中确立的以及下列术语和定义适用于本标准。

3.1 肉牛 beef cattle

在经济或体形结构上用于生产牛肉的品种（系）。

3.2 饲料 feed

经工业化加工、制作的供动物食用的饲料，包括单一饲料、添加剂预混合饲料、浓缩饲料、配合饲料、精料补充料、粗饲料。

3.3 饲料原料（单一饲料）feedstuff，single feed

以一种动物、植物、微生物或矿物质为来源的饲料。

3.4 粗饲料 roughage，forage

天然水分含量在 60% 以下，干物质中粗纤维含量等于或高于 18% 的饲料。

3.5 非蛋白氮 non-protein nitrogen

非蛋白质形态的含氮化合物。包括游离氨基酸及其他蛋白质降解的含氮产物，以及氨、尿素、磷酸脲、铵盐等简单含氮化合物，是粗蛋白质中扣除真蛋白质以外的成分。

3.6 饲料添加剂 feed additive

在饲料加工、制作、使用过程中添加的少量或者微量物质，包括营养性饲料添加剂和一般饲料添加剂。

3.7 营养性饲料添加剂 nutritive feed additive

用于补充饲料营养成分的少量或者微量物质，包括饲料级氨基酸、维生素、矿物质微量元素、酶制剂、非蛋白氮等。

3.8 一般饲料添加剂 general feed additive

为保证或者改善饲料品质、提高饲料利用率而掺入饲料中的少量或者微量物质。

3.9 药物饲料添加剂 medical feed additive

为预防、治疗动物疾病而掺入载体或者稀释剂的兽药的预混物，包括抗球虫药、驱虫剂类、抑菌促生长类等。

3.10 添加剂预混合饲料 additive premix

由一种或多种饲料添加剂与载体或稀释剂按一定比例配制的均匀混合物。

3.11 浓缩饲料 concentrate

由蛋白质饲料、矿物质饲料和添加剂预混料按一定比例配制的均匀混合物。

3.12 配合饲料 formula feed

根据饲养动物营养需要，将多种饲料原料按饲料配方经工业生产的饲料。

3.13 精料补充料 concentrate supplement

为补充以粗饲料、青饲料、青贮饲料为基础的草食饲养动物的营养，而用多种饲料原料按一定比例配制的饲料。

4 要求

4.1 饲料原料

4.1.1 感官指标

具有该品种应有的色、嗅、味和形态特征，无发霉、变质、结块及异味、异臭。

4.1.2 青绿饲料、干粗饲料不应发霉、变质。

4.1.3 有毒有害物质及微生物允许量应符合 GB 13078（见附录 A）及附录 B 的要求。

4.1.4 含有饲料添加剂的应做相应说明。

4.1.5 非蛋白氮类饲料的用量，非蛋白氮提供的总氮含量应低于饲料中总氮含量的 10%。

4.1.6 饲料如经发酵处理，使用的微生物制剂应是农业部允许使用的饲料添加剂品种目录中所规定的微生物品种和经农业部批准的新饲料添加剂品种。

4.1.7 不应使用除蛋、乳制品外的动物源性饲料。

4.1.8 不应使用抗生素滤渣作肉牛饲料原料。

4.1.9 不应使用激素、类激素产品。

4.2 饲料添加剂

4.2.1 感官指标

应具有该品种应有的色、嗅、味和形态特征，无发霉、变质、结块。

4.2.2 有害物质及微生物允许量应符合附录 A 的要求。

4.2.3 饲料中使用的营养性饲料添加剂和一般饲料添加剂产品应是农业部允许使用的饲料添加剂品种目录中所规定的品种和取得产品批准文号的新饲料添加剂品种。

4.2.4 饲料中使用的饲料添加剂产品应是取得饲料添加剂产品生产许可证的企业生产的、具有产品批准文号的产品或取得产品进口登记证的境外饲料添加剂。

4.2.5 药物饲料添加剂的使用应按照附录 C 执行。

4.2.6 使用药物饲料添加剂应严格执行休药期规定。

4.2.7 饲料添加剂产品的使用应遵照产品标签所规定的用法、用量使用。

4.3 粗饲料

应无发霉、变质、污染、冰冻及异味、异臭。

4.4 配合饲料、浓缩饲料、精料补充料和添加剂预混合饲料

4.4.1 感官指标

应色泽一致，无霉变、结块及异味、异臭。

4.4.2 有毒有害物质及微生物允许量应符合附录 A 及附录 B 的要求。

4.4.3 产品成分分析植应符合标签中所规定的含量。

4.4.4 肉牛配合饲料、浓缩饲料、精料补充料和添加剂预混合饲料中不应使用违禁药物。

4.5 饲料加工过程

4.5.1 饲料企业的工厂设计与设施卫生、工厂卫生管理和生产

过程的卫生应符合 GB/T 16764 的要求。

4.5.2 配料

4.5.2.1 定期对计量设备进行检验和正常维护，以确保其精确性和稳定性。

4.5.2.2 微量组分应进行预稀释，并且应在专门的配料室内进行。

4.5.2.3 配料室应有专人管理，保持卫生整洁。

4.5.3 混合

4.5.3.1 应按设备性能规定的时间进行混合。

4.5.3.2 混合工序投料应按先大量、后小量的原则进行。投入的微量组分应将其稀释到配料秤最大称量的 5% 以上。

4.5.3.3 生产含有药物饲料添加剂的饲料时，应根据药物类型，先生产药物含量低的饲料，再依次生产药物含量高的饲料。

4.5.3.4 同一班次应先生产不添加药物饲料添加剂的饲料，然后生产添加药物饲料添加剂的饲料。为防止加入药物饲料添加剂的饲料产品生产过程中的交叉污染，在生产加入不同药物添加剂的饲料产品时，对所用的生产设备、工具、容器应进行彻底清理。

4.5.4 留样

4.5.4.1 新接收的饲料原料和各个批次生产的饲料产品均应保留样品。样品密封后留置专用样品室或样品柜内保存。样品室和样品柜应保持阴凉、干燥。采样方法按 GB/T 14699 执行。

4.5.4.2 留样应设标签，标明饲料品种、生产日期、批次、生产负责人和采样人等事项，并建立档案由专人负责保管。

4.5.4.3 样品应保留至该批产品保质期满后 3 个月。

4.6 饲料的饲喂与使用

4.6.1 肉牛饲料的饲喂与使用应遵照 NY/T 5128 执行。

4.6.2 饲喂过程中肉牛的疾病治疗与防疫应遵照 NY 5125 和 NY 5126 执行。

5 试验方法

5.1 饲料采样方法：按 GB/T 14699 执行。

5.2 水分：按 GB/T 6435 执行。

5.3 粗蛋白：按 GB/T 6432 执行。

5.4 钙：按 GB/T 6436 执行。

5.5 总磷：按 GB/T 6437 执行。

5.6 总砷：按 GB/T 13079 执行。

5.7 铅：按 GB/T 13080 执行。

5.8 汞：按 GB/T 13081 执行。

5.9 镉：按 GB/T 13082 执行。

5.10 氟：按 GB/T 13083 执行。

5.11 氰化物：按 GB/T 13084 执行。

5.12 游离棉酚：按 GB/T 13086 执行。

5.13 异硫氰酸酯：按 GB/T 13087 执行。

5.14 六六六、滴滴涕：按 GB/T 13090 执行。

5.15 沙门氏菌：按 GB/T 13091 执行。

5.16 霉菌：按 GB/T 13092 执行。

5.17 黄曲霉毒素 B_1：按 GB/T 17480 执行。

6 检验规则

6.1 感官要求，水分、粗蛋白、钙和总磷含量为出厂检验项目，其余为型式检验项目。

6.2 在保证产品质量的前提下，生产厂可根据工艺、设备、配方、原料等变化情况，自行确定出厂检验的批量。

6.3 试验测定值的双试验相对偏差按相应标准规定执行。

6.4 检测与仲裁判定各项指标合格与否时，应考虑允许误差。

6.5 卫生指标、限用药物和违禁药物等为判定指标。如检验中有一项指标不符合标准，应重新取样进行复验。

6.6 复检

复检应在原批量中抽取加倍的比例重新检验。结果中有一项不合格即判定为不合格。

7 标签、包装、贮存和运输

7.1 标签

商品饲料应在包装物上附有饲料标签，标签应符合 GB 10648 中的有关规定。

7.2 包装

7.2.1 饲料包括应完整，无污染、无异味。

7.2.2 包括材料应符合 GB/T 16764 的要求。

7.2.3 包装印刷油墨无毒，不应向内容物渗漏。

7.2.4 包装物不应重复使用。生产方和使用方另有约定的除外。

7.3 贮存

7.3.1 饲料贮存应符合 GB/T 16764 的要求。

7.3.2 不合格和变质饲料应做无害化处理，不应存放在饲料贮存场所内。

7.3.3 干草类及秸秆类贮存时，水分含量应低于 15%，防止日晒、雨淋、霉变。

7.3.4 青绿饲料与野草类、块根、块茎、瓜果类应堆放在栅内，防止日晒、雨淋、发芽霉变。

7.4 运输

7.4.1 运输工具应符合 GB/T 16764 的要求。

7.4.2 运输作业应防止污染，保持包装的完整。

7.4.3 不应使用运输畜禽等动物的车辆运输饲料产品。

7.4.4 饲料运输工具和装卸场地应定期清洗和消毒。

附 录 A

（规范性附录）

饲料、饲料添加剂卫生指标

表 A.1 饲料及饲料添加剂的卫生指标

序号	安全卫生指标项目	产品名称	指标	试验方法	备 注
1	砷（以总砷计）的允许量（每千克产品中）mg	石粉	≤2.0	GB/T 13079	不包括国家主管部门批准使用的有机砷制剂中的砷含量
		硫酸亚铁、硫酸镁	≤2.0		
		磷酸盐	≤20.0		
		沸石粉、膨润土、麦饭石	≤10.0		
		硫酸铜、硫酸锰、硫酸锌、碘化钾、碘酸钙、氯化钴	≤5.0		
		氧化锌	≤10.0		
		肉牛精料补充料	≤10.0		
2	铅（以 Pb 计）的允许量（每千克产品中）mg	肉牛精料补充料	≤8	GB/T 13080	
		石粉	≤10		
		磷酸盐	≤30		
3	氟（以 F 计）的允许量（每千克产品中）mg	石粉	≤2 000	GB/T 13083	高氟饲料用 HG2636—1994 中的 4.4 条
		磷酸盐	≤1 800	HG 2636	
		肉牛精料补充料	≤50	GB/T 13083	
4	汞（以 Hg 计）的允许量（每千克产品中）mg	石粉	≤0.1	GB/T 13081	
5	镉（以 Cd 计）的允许量（每千克产品中）mg	米糠	≤1.0	GB/T 13082	
		石粉	≤0.75		

（续）

序号	安全卫生指标项目	产品名称	指标	试验方法	备　注
6	氰化物（以HCN计）的允许量（每千克产品中）mg	木薯干	≤100	B/T 13084	
		胡麻饼、粕	≤350		
7	游离棉酚的允许量（每千克产品中）mg	棉籽饼、粕	≤1 200	GB/T13086	
8	异硫氰酸酯（以丙烯基异硫氰酸酯计）的允许量（每千克产品中）mg	菜子饼、粕	≤4 000	GB/T 13087	
9	六六六的允许量（每千克产品中）mg	米糠 小麦麸 大豆饼、粕	≤0.05	GB/T 13090	
10	滴滴涕的允许量（每千克产品中）mg	米糠 小麦麸 大豆饼、粕	≤0.02	GB/T 13090	
11	沙门氏杆菌	饲料	不得检出	GB/T 13091	
12	霉菌的允许量（每克产品中）霉菌总数×10^3个	玉米	<40	GB/T 13092	限量饲用：40～100 禁用：>100
		小麦麸、米糠 豆饼（粕）、棉子饼（粕）、菜子饼（粕）	<50		限量饲用：40～80 禁用：>80
		肉牛精料补充料	<45		限量饲用：50～100 禁用：>100
13	黄曲霉毒素B_1允许量（每千克产品中）μg	玉米、花生饼（粕）、棉子饼（粕）、菜子饼（粕）	≤50	GB/T 17480 或 GB/T 8381	
		豆粕	≤30		
		肉牛精料补充料	≤50		

注 1. 摘自 GB 13078—2001《饲料卫生标准》。

注 2. 所列允许量均为以干物质含量为 88% 的饲料为基础计算。

附 录 B

（规范性附录）

饲料原料及肉牛饲料安全卫生指标

表 B.1　饲料原料及肉牛饲料安全卫生指标

序号	安全卫生指标项目	产品名称	指标	试验方法	备　注
1	砷（以总砷计）的允许量（每千克产品中）mg	植物性饲料原料	≤5.0	GB/T 13079	不包括国家主管部门批准使用的有机砷制剂中的砷含量
		矿物性饲料原料	≤10.0		
		肉牛浓缩饲料、配合饲料	≤10.0		
2	铅（以 Pb 计）的允许量（每千克产品中）mg	植物性饲料原料	≤8.0	GB/T 13080	
		矿物性饲料原料	≤25.0		
		肉牛浓缩饲料、配合饲料	≤30.0		
3	氟（以 F 计）的允许量（每千克产品中）mg	植物性饲料原料	≤100	GB/T 13083	
		矿物性饲料原料	≤1 800		
		肉牛浓缩饲料、配合饲料	≤50		
4	氰化物（以 HCN 计）的允许量（每千克产品中）mg	饲料原料	≤50	GB/T 13084	
		肉牛浓缩饲料、配合饲料和精料补充料	≤60		
5	六六六的允许量（每千克产品中）mg	饲料原料	≤0.40	GB/T 13090	
		肉牛浓缩饲料、配合饲料和精料补充料	≤0.40		
6	霉菌的允许量（每克产品中）（霉菌总数×10^3 个）	饲料原料	<40	GB/T 13092	限量饲用:40～100 禁用:>100
		肉牛浓缩饲料、配合饲料	<50		
7	黄曲霉毒素 B_1 允许量（每千克产品中）μg	饲料原料	≤30	GB/T 17480 或 GB/T 8381	
		肉牛浓缩饲料、配合饲料	≤80		

注 1. 表中各行中所列的饲料原料不包括 GB 13078 中已列出的饲料原料。

注 2. 所列允许量均为以干物质含量为 88% 的饲料为基础计算。

附　录　C

（规范性附录）

肉牛饲料药物添加剂使用规范

表 C.1　肉牛饲料药物添加剂使用规范

品　名	用　量	休药期	其他注意事项
莫能菌素钠预混剂	每头每天 200～360mg（以有效成分计）	5 天	禁止与泰妙菌素、竹桃霉素并用；搅拌配料时禁止与人的皮肤、眼睛接触
杆菌肽锌预混剂	每吨饲料添加犊牛 10～100g（3 月龄以下）、4～40g（6 月龄以下）（以有效成分计）	0 天	
黄霉素预混剂	肉牛每头每天 30～50mg（以有效成分计）	0 天	
盐霉素钠预混剂	每吨饲料添加 10～30g（以有效成分计）	5 天	禁止与泰妙菌素、竹桃霉素并用
硫酸黏杆菌素预混剂	犊牛每吨饲料添加 5～40g（以有效成分计）	7 天	

注 1. 摘自中华人民共和国农业部公布的《饲料药物添加剂使用规范》（中华人民共和国农业部公告第 168 号）。

注 2. 出口肉牛产品中药物饲料添加剂的使用按双方签订的合同进行。

NY 5150—2002

无公害食品　肉羊饲养饲料使用准则

前　言

本标准的附录 A 为规范性附录。

本标准由中华人民共和国农业部提出。

本标准起草单位：国家饲料质量监督检验中心（北京）、农业部饲料质量监督检验测试中心（成都）。

本标准主要起草人：苏晓鸥、杨曙明、田河山、柏凡、李云。

1 范围

本标准规定了生产无公害肉羊所需的配合饲料、浓缩饲料、精料补充料、添加剂预混合饲料、饲料原料、饲料添加剂加工过程的要求以及检验方法、检验规则、判定规则、标签、包装、贮存、运输的规范。

本标准适用于生产无公害肉羊所需的商品配合饲料、浓缩饲料、精料补充料、添加剂预混合饲料和生产无公害肉羊的养殖场自配饲料。

出口饲料产品的质量，应按双方签订的合同进行。

2 规范性引用文件

下列文件中的条款通过本标准的引用而成为本标准的条款。凡是注日期的引用文件，其随后所有的修改单（不包括勘误的内容）或修订版均不适用于本标准。然而，鼓励根据本标准达成协议的各方研究是否可使用这些文件的最新版本。凡是不注日期的引用文件，其最新版本适用于本标准。

GB 4285 农药安全使用标准

GB/T 6432 饲料中粗蛋白测定方法

GB/T 6435 饲料水分的测定方法

GB/T 6436 饲料中钙的测定方法

GB/T 6437 饲料中总磷的测定方法 光度法

GB/T 10647 饲料工业通用术语

GB 10648 饲料标签

GB 13078 饲料卫生标准

GB/T 13079　饲料中总砷的测定

GB/T 13080　饲料中铅的测定方法

GB/T 13081　饲料中汞的测定方法

GB/T 13082　饲料中镉的测定方法

GB/T 13083　饲料中氟的测定方法

GB/T 13084　饲料中氰化物的测定方法

GB/T 13090　饲料中六六六、滴滴涕的测定

GB/T 13091　饲料中沙门氏菌的检验方法

GB/T 13092　饲料中霉菌检验方法

GB/T 14699　饲料采样方法

GB/T 16764　配合饲料企业卫生规范

GB/T 17480　饲料中黄曲霉毒素 B_1 的测定　酶联免疫吸附法

NY/T 5151　无公害食品　肉羊饲养管理准则

NY 5148　无公害食品　肉羊饲养兽药使用准则

NY 5149　无公害食品　肉羊饲养兽医防疫准则

饲料和饲料添加剂管理条例

饲料药物添加剂使用规范（中华人民共和国农业部公告第 168 号）

禁止在饲料和动物饮水中使用的药物品种目录（农业部公告第 176 号）

农业转基因生物安全管理条例

3　术语和定义

GB/T 10647《饲料工业通用术语》中确立的以及下列术语和定义适用于本标准。

3.1　饲料 feeds

经工业化加工、制作的供动物食用的饲料，包括单一饲料、添加剂预混合饲料、浓缩饲料、配合饲料和精料补充料。

3.2　饲料原料（单一饲料）feed stuff，single feed

以一种动物、植物、微生物或矿物质为来源的饲料。

3.3　能量饲料 energy feed

干物质中粗纤维含量低于 18%，粗蛋白含量低于 20% 的饲料。

3.4　粗饲料 roughage feed

天然水分含量在 60% 以下，干物质中粗纤维含量等于或高于 18% 的饲料。

3.5　饲料添加剂 feed additive

指在饲料加工、制作、使用过程中添加的少量或者微量物质，包括营养性饲料添加剂和一般饲料添加剂。

3.6　营养性饲料添加剂 nutritive feed additive

指用于补充饲料营养成分的少量或者微量物质，包括饲料级氨基酸、维生素、矿物质微量元素、酶制剂、非蛋白氮等。

3.7　一般饲料添加剂 general feed additive

为保证或者改善饲料品质、提高饲料利用率而掺入饲料中的少量或者微量物质。

3.8　添加剂预混合饲料 additive premix

由一种或多种饲料添加剂与载体或稀释剂按一定比例配制的均匀混合物。

3.9　浓缩饲料 concentrate

由蛋白质饲料、矿物质饲料和添加剂预混料按一定比例配制的均匀混合物。

3.10　配合饲料 formula feed

根据饲养动物营养需要，将多种饲料原料按饲料配方经工业生产的饲料。

3.11　精料补充料 concentrate supplement

为补充以粗饲料、青饲料、青贮饲料为基础的草食饲养动物的营养，而用多种饲料原料按一定比例配制的饲料。

4 要求

4.1 饲料原料

4.1.1 感官指标：具有该品种应有的色、嗅、味和形态特征，无发霉、变质、结块及异嗅、异味。

4.1.2 青绿饲料、干粗饲料不应发霉、变质。

4.1.3 有毒有害物质及微生物允许量应符合 GB 13078 的规定。

4.1.4 不应在肉羊饲料中使用除蛋、乳制品外的动物源性饲料。

4.1.5 不应在肉羊饲料中使用各种抗生素滤渣。

4.2 饲料添加剂

4.2.1 感官指标：具有该品种应有的色、嗅、味和形态特征，无结块、发霉、变质。

4.2.2 饲料中使用的饲料添加剂应是农业部允许使用的饲料添加剂品种目录中所规定的品种和取得批准文号的新饲料添加剂品种。

4.2.3 饲料中使用的饲料添加剂产品应是取得饲料添加剂产品生产许可证企业生产的、具有产品批准文号的产品。

4.2.4 有毒有害物质应符合 GB 13078 的规定。

4.3 配合饲料、浓缩饲料、精料补充料和添加剂预混合饲料

4.3.1 感官指标应色泽一致，无霉变、结块及异臭、异味。

4.3.2 有毒有害物质及微生物允许量应符合 GB 13078 的规定。

4.3.3 肉羊配合饲料、浓缩饲料、精料补充料和添加剂预混合饲料中的药物饲料添加剂使用应遵守《饲料药物添加剂使用规范》。

4.3.4 肉羊饲料中不得添加《禁止在饲料和动物饮水中使用的药物品种目录》中规定的违禁药物。

4.4 饲料加工过程

4.4.1 饲料企业的工厂设计与设施卫生、工厂卫生管理和生产过程的卫生应符合 GB/T 16764 的要求。

4.4.2 配料

4.4.2.1 定期对计量设备进行检验和正常维护，以确保其精确

性和稳定性。

4.4.2.2 微量组分应进行预稀释，并且应在专门的配料室内进行。

4.4.2.3 配料室应有专人管理，保持卫生整洁。

4.4.3 混合

4.4.3.1 按设备性能规定的时间进行混合。

4.4.3.2 混合工序投料应按先大量、后小量的原则进行。投入的微量组分应将其稀释到配料称最大称量的 5％以上。

4.4.4 留样

4.4.4.1 新接收的饲料原料和各个批次生产的饲料产品均应保留样品。样品密封后留置专用样品室或样品柜内保存。样品室和样品柜应保持阴凉、干燥。采样方法按 GB/T 14699 执行。

4.4.4.2 留样应设标签，注明饲料品种、生产日期、批次、生产负责人和采样人等事项，并建立档案由专人负责保管。

4.4.4.3 样品应保留到该批产品保持期满后 3 个月。

4.5 饲料的饲喂与使用

4.5.1 肉羊饲料的饲喂与使用应遵照 NY/T 5151。

4.5.2 肉羊兽药的使用应遵照 NY 5148。

4.5.3 肉羊的疫病治疗与防疫应遵照 NY 5149。

5 检验方法

5.1 粗蛋白：按 GB/T 6432 执行。

5.2 水分：按 GB/T 6435 执行。

5.3 钙：按 GB/T 6436 执行。

5.4 总磷：按 GB/T 6437 执行。

5.5 总砷：按 GB/T 13079 执行。

5.6 铅：按 GB/T 13080 执行。

5.7 汞：按 GB/T 13081 执行。

5.8 镉：按 GB/T 13082 执行。

5.9 氟：按 GB/T 13083 执行。

5.10 氰化物：按 GB/T 13084 执行。

5.11 六六六、滴滴涕：按 GB/T 13090 执行。

5.12 沙门氏菌：按 GB/T 13091 执行。

5.13 霉菌：按 GB/T 13092 执行。

5.14 黄曲霉毒素 B_1：按 GB/T 17480 执行。

6 检验规则

6.1 感官指标、水分、粗蛋白质、钙和总磷含量为出厂检验项目，其余为型式检验项目。

6.2 在保证产品质量的前提下，生产厂可根据工艺、设备、配方、原料等的变化情况，自行确定出厂检验的批量。

6.3 试验测定值的双试验相对偏差按相应标准规定执行。

6.4 检测与仲裁判定各项指标合格与否时，应考虑允许误差。

6.5 判定规则：卫生指标、药物和违禁药物等为判定指标。如检验中有一项指标不符合标准，应重新取样进行复检，复检结果中有一项不合格即判定为不合格。

7 标签、包装、贮存和运输

7.1 标签

商品饲料应在包装物上附有饲料标签，标签应符合 GB 10648 中的有关规定。

7.2 包装

7.2.1 饲料包装应完整，无污染和异味。

7.2.2 包装材料应符合 GB/T 16764 的要求。

7.2.3 包装印刷油墨无毒，不应向内容物渗漏。

7.2.4 包装物不应重复使用。但是，生产方和使用方另有约定的除外。

7.3 贮存

7.3.1 饲料的贮存应符合 GB/T 16764 的要求。

7.3.2 不合格和变质饲料应做无害化处理，不应存放在饲料贮存场所内。

7.3.3 饲料贮存场地不应使用化学灭鼠药和杀鸟剂。

7.4 运输

7.4.1 运输工具应符合 GB/T 16764 的要求。

7.4.2 运输作业应防止污染，保持包装的完整。

7.4.3 不应使用运输畜禽等动物的车辆运输饲料产品。

7.4.4 饲料运输工具和装卸场地应定期清洗和消毒。

8 其他有关使用饲料和饲料添加剂的原则和规定

8.1 严格执行《农业转基因生物安全管理条例》有关规定。

8.2 严格执行《饲料和饲料添加剂管理条例》有关规定。

8.3 栽培饲料作物的农药使用按 GB 4285 规定执行。

附 录 A

（规范性附录）

饲料、饲料添加剂卫生指标

表 A.1　饲料及饲料添加剂的卫生指标

序号	安全卫生指标项目	产品名称	指标	试验方法	备注
1	砷（以总砷计）的允许量（每千克产品中）/mg	石粉	≤2.0	GB/T 13079	不包括国家主管部门批准使用的有机砷制剂中的砷含量
		硫酸亚铁、硫酸镁	≤2.0		
		磷酸盐	≤20.0		
		沸石粉、膨润土、麦饭石	≤10.0		
		硫酸铜、硫酸锰、硫酸锌、碘化钾、碘酸钙、氯化钴	≤5.0		
		氧化锌	≤10.0		
		精料补充料	≤10.0		

（续）

序号	安全卫生指标项目	产品名称	指标	试验方法	备注
2	铅（以 Pb 计）的允许量（每千克产品中）/mg	磷酸盐 石粉	≤30 ≤10	GB/T 13080	
3	氟（以 F 计）的允许量（每千克产品中）/mg	石粉 磷酸盐	≤2 000 ≤1 800	GB/T 13083 HG 2636	
4	汞（以 Hg 计）的允许量（每千克产品中）/mg	石粉	≤0.1	GB/T 13081	
5	镉（以 Cd 计）的允许量（每千克产品中）/mg	米糠 石粉	≤10 ≤0.75	GB/T 13082	
6	氰化物（以 HCN 计）的允许量（每千克产品中）/mg	木薯干 胡麻饼、粕	≤100 ≤350	GB/T 13084	
7	六六六的允许量（每千克产品中）/mg	米糠 小麦麸 大豆饼、粕	≤0.05	GB/T 13090	
8	滴滴涕的允许量（每千克产品中）/mg	米糠 小麦麸 大豆饼、粕	≤0.02	GB/T 13090	
9	沙门氏杆菌	饲料	不得检出	GB/T 13091	
10	霉菌的允许量（每克产品中）/（霉菌总数×10³个）	玉米 小麦麸、米糠 豆饼（粕）、棉籽饼（粕）、菜子饼（粕）	<40 <50	GB/T 13092	限量饲用：40～100 禁用：>100 限量饲用：40～80 禁用：>80 限量饲用：50～100 禁用：>100
11	黄曲霉毒素 B₁ 允许量（每千克产品中）/μg	玉米、花生饼（粕）、棉籽饼（粕）、菜子饼（粕） 豆粕	≤50 ≤30	GB/T 17480 或 GB/T 8381	

注：摘自 GB 13078—2001《饲料卫生标准》。
所列允许量均为以干物质含量为 88% 的饲料为基础计算。

NY 5132—2002

无公害食品　肉兔饲养饲料使用准则

前　言

本标准的附录 A 是规范性附录。

本标准由中华人民共和国农业部提出。

本标准起草单位：国家饲料质量监督检验中心（北京）、农业部饲料质量监督检验测试中心（广州）。

本标准主要起草人：田河山、杨曙明、苏晓鸥、罗道栩、林海丹。

1　范围

本标准规定了生产无公害肉兔所需的配合饲料、浓缩饲料、精料补充料、添加剂预混合饲料、饲料原料、饲料添加剂、饲料加工过程的要求、检验方法、检验规则、判定规则、标签、包装、贮存、运输的规范。

本标准适用于生产无公害肉兔所需的商品配合饲料、浓缩饲料、精料补充料、预混合饲料和生产无公害肉兔的养殖场自配饲料。

出口饲料产品的质量，应按双方签订的合同进行。

2　规范性引用文件

下列文件中的条款通过本标准的引用而成为本标准的条款。凡是注日期的引用文件，其随后所有的修改单（不包括勘误的内容）或修订版均不适用于本标准，然而，鼓励根据本标准达成协议的各方研究是否可使用这些文件的最新版本。凡是不注日期的引用文件，其最新版本适用于本标准。

GB 4285　农药安全使用标准

GB/T 6432　饲料中粗蛋白测定方法

GB/T 6435　饲料中水分测定方法

GB/T 6436　饲料中钙的测定方法

GB/T 6437　饲料中总磷的测定方法　光度法

GB/T 10647　饲料工业通用术语

GB 10648　饲料标签

GB 13078　饲料卫生标准

GB/T 13079　饲料中总砷的测定

GB/T 13080　饲料中铅的测定方法

GB/T 13081　饲料中汞的测定方法

GB/T 13082　饲料中镉的测定方法

GB/T 13083　饲料中氟的测定方法

GB/T 13084　饲料中氰化物的测定方法

GB/T 13086　饲料中游离棉酚的测定方法

GB/T 13087　饲料中异硫氰酸酯的测定方法

GB/T 13090　饲料中六六六、滴滴涕的测定

GB/T 13091　饲料中沙门氏菌的检验方法

GB/T 13092　饲料中霉菌检验方法

GB/T 14699　饲料采样方法

GB/T 16764　配合饲料企业卫生规范

GB/T 16765　颗粒饲料通用技术条件

GB/T 17480　饲料中黄曲霉毒素 B_1 的测定　酶联免疫吸附法

饲料和饲料添加剂管理条例

饲料药物添加剂使用规范（中华人民共和国农业部公告第168号）

禁止在饲料和动物饮水中使用的药物品种目录（农业部公告第176号）

农业转基因生物安全管理条例

3 术语和定义

GB/T 10647 中确立的以及下列术语和定义适用于本标准。

3.1 饲料 feed

经工业化加工、制作的供动物食用的饲料，包括单一饲料、添加剂预混合饲料、浓缩饲料、配合饲料和精料补充料。

3.2 饲料原料（单一饲料）feed stuff，single feed

以一种动物、植物、微生物或矿物质为来源的饲料。

3.3 能量饲料 energy feed

干物质中粗纤维含量低于 18%，粗蛋白含量低于 20% 的饲料。

3.4 粗饲料 roughage feed

天然水分含量在 60% 以下，干物质中粗纤维含量等于或高于 18% 的饲料。

3.5 饲料添加剂 feed additive

指在饲料加工、制作、使用过程中添加的少量或者微量物质，包括营养性饲料添加剂和一般饲料添加剂。

3.6 营养性饲料添加剂 nutritive feed additive

用于补充饲料营养成分的少量或者微量物质，包括饲料级氨基酸、维生素、矿物质微量元素、酶制剂、非蛋白氮等。

3.7 一般饲料添加剂 general feed additive

为保证或者改善饲料品质、提高饲料利用率而掺入饲料中的少量或者微量物质。

3.8 添加剂预混合饲料 additive premix

由一种或多种饲料添加剂与载体或稀释剂按一定比例配制的均匀混合物。

3.9 浓缩饲料 concentrate

由蛋白质饲料、矿物质饲料和添加剂预混料按一定比例配制的均匀混合物。

3.10 配合饲料 formula feed

根据饲养动物的营养需要，将多种饲料原料按饲料配方经工业生产的饲料。

3.11 精料补充料 concentrate supplement

为补充以粗饲料、青饲料、青贮饲料为基础的草食饲养动物的营养，而用多种饲料原料按一定比例配制的饲料。

4 要求

4.1 饲料原料

4.1.1 感官指标：具有该品种应有的色、嗅、味和形态特征，无发霉、变质、结块及异味、异臭。

4.1.2 青绿饲料、干粗饲料不应发霉、结块、结冰、变质。

4.1.3 鲜喂的青绿饲料应晾干，表面无水分。

4.1.4 有毒有害物质及微生物允许量应符合 GB 15078 和附录 A 的规定。

4.1.5 肉兔饲料中禁用各种抗生素滤渣。

4.2 饲料添加剂

4.2.1 感官指标：具有该品种应有的色、嗅、味和形态特征，无发霉、变质、结块。

4.2.2 饲料中使用的营养性饲料添加剂和一般饲料添加剂产品应是农业部允许使用的饲料添加剂品种目录中所规定的品种和取得产品批准文号的新饲料添加剂品种。

4.2.3 饲料中使用的饲料添加剂产品应是取得饲料添加剂产品生产许可证企业生产的、具有产品批准文号的产品。

4.2.4 有毒有害物质应符合 GB 13078 和附录 A 的规定。

4.3 药物饲料添加剂

4.3.1 药物饲料添加剂的使用应按照中华人民共和国农业部发布的《饲料药物添加剂使用规范》执行。

4.3.2 使用药物饲料添加剂应严格执行休药期规定。

4.4 配合饲料、浓缩饲料和添加剂预混合饲料

4.4.1 感官指标无霉变、结块及异味、异臭。

4.4.2 有毒有害物质及微生物允许量应符合 GB 13078 和附录 A 的规定。

4.4.3 肉兔颗粒饲料应符合 GB/T 16765 的规定。

4.4.4 肉兔配合饲料、浓缩饲料、精料补充料和添加剂预混合饲料中不应使用违禁药物。

4.4.5 肉兔配合饲料、浓缩饲料、精料补充料和添加剂预混合饲料使用药物饲料添加剂应符合表 1 的规定。

表1 允许用于肉兔饲料药物添加剂的品种和使用规定

（摘于农业部 168 号公告）

名　称	含量规格/%	用法与用量 （1 000kg 配合饲料中添加本品）/g	作用与用途	休药期/天
盐酸氯苯胍	10	1 000～1 500	用于防治兔球虫病	7
氯羟吡啶	25	800	用于防治兔球虫病	5

4.5 饲料加工过程

4.5.1 饲料企业的工厂设计与设施卫生、工厂卫生管理和生产过程的卫生应符合 GB/T 16764 的要求。

4.5.2 配料

4.5.2.1 定期对计量设备进行检验和正常维护，以确保其精确性和稳定性。

4.5.2.2 微量组分应进行预稀释，并且应在专门的配料室内进行。

4.5.2.3 配料室应有专人管理，保持卫生整洁。

4.5.3 混合

4.5.3.1 按设备性能规定的时间进行混合。

4.5.3.2 混合工序投料应按先大量、后小量的原则进行。投入

的微量组分应将其稀释到配料称最大称量的 5% 以上。

4.5.3.3 生产含有药物饲料添加剂的饲料时，应根据药物类型，先生产药物含量低的饲料，再依次生产药物含量高的饲料。

4.5.3.4 同一班次应先生产不添加药物饲料添加剂的饲料，然后生产添加药物饲料添加剂的饲料。为防止加入药物饲料添加剂的饲料产品生产过程中的交叉污染，在生产加入不同药物添加剂的饲料产品时，对所用的生产设备、工具、容器应进行彻底清理。

4.5.4 留样

4.5.4.1 新接收的饲料原料和各个批次生产的饲料产品均应保留样品。样品密封后置于专用样品室或样品柜内保存。样品室和样品柜应保持阴凉、干燥。采样方法按 GB/T 14699 执行。

4.5.4.2 留样应设标签，标明饲料品种、生产日期、批次、生产负责人和采样人等事项，并建立档案由专人负责保管。

4.5.4.3 样品应保留到该批产品保质期满后 3 个月。

5 检验方法

5.1 粗蛋白：按 GB/T 6432 执行。

5.2 水分：按 GB/T 6435 执行。

5.3 钙：按 GB/T 6436 执行。

5.4 总磷：按 GB/T 6437 执行。

5.5 总砷：按 GB/T 13079 执行。

5.6 铅：按 GB/T 13080 执行。

5.7 汞：按 GB/T 13081 执行。

5.8 镉：按 GB/T 13082 执行。

5.9 氟：按 GB/T 13083 执行。

5.10 氰化物：按 GB/T 13084 执行。

5.11 游离棉酚：按 GB/T 13086 执行。

5.12 异硫氰酸酯：按 GB/T 13087 执行。

5.13 六六六、滴滴涕：按 GB/T 13090 执行。

5.14 沙门氏菌：按 GB/T 13091 执行。

5.15 霉菌：按 GB/T 13092 执行。

5.16 黄曲霉毒素 B_1：按 GB/T 17480 执行。

6 检验规则

6.1 感官指标、水分、粗蛋白质、钙和总磷含量为出厂检验项目，其余为形式检验项目。

6.2 在保证产品质量的前提下，生产厂可根据工艺、设备、配方、原料等的变化情况，自行确定出厂检验的批量。

6.3 试验测定值的双试验相对偏差按相应标准规定执行。

6.4 检测与仲裁判定各项指标合格与否时，应考虑允许误差。

6.5 判定规则：卫生指标、限用药物和违禁药物等为判定指标。如检验中有一项指标不符合标准，应重新取样进行复检，复检结果中有一项不合格即判定为不合格。

7 标签、包装、贮存和运输

7.1 标签

商品饲料应在包装物上附有饲料标签，标签应符合 GB 10648 中的有关规定。

7.2 包装

7.2.1 饲料包装应完整、无污染和异味。

7.2.2 包装材料应符合 GB/T 16764 的要求。

7.2.3 包装印刷油墨无毒，不应向内容物渗漏。

7.2.4 包装物不应重复使用。生产方和使用方有约定的除外。

7.3 贮存

7.3.1 饲料贮存应符合 GB/T 16764 的要求。

7.3.2 不合格和变质饲料应做无害化处理，不应存放在饲料贮存场所内。

7.3.3 饲料贮存场地不应使用化学灭鼠药和杀鸟剂。

7.4 运输

7.4.1 运输工具应符合 GB/T 16764 的要求。

7.4.2 运输作业应防止污染，保持包装的完整。

7.4.3 不应使用运输畜禽等动物的车辆运输饲料产品。

7.4.4 饲料运输工具和装卸场地应定期清洗和消毒。

8 其他有关使用饲料和饲料添加剂的原则和规定

8.1 严格执行《农业转基因生物安全管理条例》有关规定。

8.2 严格执行《饲料和饲料添加剂管理条例》有关规定。

8.3 栽培饲料作物的农药使用按 GB 4285 规定执行。

附 录 A

（规范性附录）

饲料安全卫生指标限量

表 A.1 饲料安全卫生指标限量

序号	安全卫生指标项目	原料名称	指标限量	备注
1	砷（以总砷计）的允许量（每千克产品中）/mg	磷酸盐	≤20.0	
		沸石粉、膨润土、麦饭石、氧化锌	≤10.0	
		硫酸铜、硫酸锰、硫酸锌、碘化钾、碘酸钙、氯化钴	≤5.0	
		硫酸亚铁、硫酸镁、石粉	≤2.0	
2	铅（以 Pb 计）的允许量（每千克产品中）/mg	磷酸盐	≤30	
		石粉	≤10	
3	氟（以 F 计）的允许量（每千克产品中）/mg	石粉	≤2 000	
		磷酸盐	≤1 800	
4	汞（以 Hg 计）允许量（每千克产品中）/mg	石粉	≤0.1	

（续）

序号	安全卫生指标项目	原料名称	指标限量	备注
5	镉（以 Cd 计）的允许量（每千克产品中）/mg	米糠 石粉	≤1.0 ≤0.75	
6	氰化物（以 HCN 计）的允许量（每千克产品中）/mg	胡麻饼粕 木薯干	≤350 ≤100	
7	游离棉酚的允许量（每千克产品中）/mg	棉籽饼粕	≤1 200	
8	异硫氰酸酯（以丙烯基异硫氰酸酯计）的允许量（每千克产品中）/mg	菜子饼粕	≤4 000	
9	六六六的允许量（每千克产品中）/mg	米糠、小麦麸、大豆饼粕	≤0.05	
10	滴滴涕的允许量（每千克产品中）/mg	米糠、小麦麸、大豆饼粕	≤0.02	
11	沙门氏杆菌	饲料	不得检出	
12	霉菌的允许量（每克产品中）/霉菌总数×10³ 个	玉米	<40	限量饲用：40～100 禁用：>100
		小麦麸、米糠	<40	限量饲用：40～80 禁用：>80
		豆饼粕、棉籽饼粕、菜子饼粕	<50	限量饲用：50～100 禁用：>100
13	黄曲霉毒素 B_1 的允许量（每千克产品中）/μg	玉米、花生饼粕、棉籽饼粕、菜子饼粕	≤50	
		豆粕	≤30	

注1. 摘自 GB 13078—2001《饲料卫生标准》。

2. 所列允许量均为以干物质含量为 88％的饲料为基础计算。

六、饲料蛋白质降解率、瘤胃微生物蛋白质产生量、瘤胃能

饲料名称	饲料来源	FOM (kg/kg)		粗蛋白 (%)	蛋白质降解率 (%)		瘤胃降解蛋白质 (g/kg)	
		生长牛	产奶牛		生长牛	产奶牛	生长牛	产奶牛
豆 饼	黑龙江	0.547	0.476	45.8	50.75	42.69	232	196
豆 饼	黑龙江	0.546	0.466	43.4	50.72	41.75	220	181
豆 饼	黑龙江	0.771	0.667	42.4	66.02	59.83	280	254
豆 饼	黑龙江	0.629	0.579	44.2	58.43	51.89	258	229
豆 饼	黑龙江	0.621	0.588	34.4	57.66	52.77	198	182
豆 饼	黑龙江	0.645	0.608	37.8	59.87	54.52	226	206
豆 饼	黑龙江	0.660	0.633	40.9	61.23	56.74	250	232
豆 饼	吉 林	0.614	0.548	41.8	50.07	49.11	209	205
豆 饼	吉 林	0.682	0.643	48.7	63.26	57.68	308	281
豆 饼	北 京	0.525	0.446	41.3	48.77	39.77	201	164
豆 饼	北 京	0.680	0.648	41.2	63.11	58.15	260	240
豆 饼	北 京	0.580	0.562	40.8	53.83	46.57	220	190
豆 粕	北 京	0.475	0.404	40.7	44.08	36.35	179	148
豆 粕	北 京	0.637	0.574	45.9	59.09	51.45	271	236
豆 粕	北 京	0.418	0.346	47.9	38.77	31.02	186	149
豆 粕	北 京	0.403	0.313	44.3	37.41	28.08	166	124
豆 粕	北 京	0.568	0.527	40.8	52.71	42.29	215	173
豆 粕	北 京	0.612	0.570	41.5	56.85	51.10	236	212
豆 粕	北 京	0.599	0.549	43.9	55.59	49.23	244	216
豆 粕	黑龙江	0.598	0.559	42.5	56.49	50.13	240	213
豆 粕	东 北	0.670	0.625	44.9	62.24	56.08	279	252
豆 粕	东 北	0.525	0.492	44.1	48.71	44.13	215	195
豆 粕	河 南	0.440	0.403	43.3	40.87	36.18	184	156
豆 粕	北 京	0.477	0.419	41.5	44.29	37.61	184	156
血豆粕 (%)	中农大	0.164	0.112	48.4	14.70	10.08	71	49
热处理豆饼	中农大	0.272	0.250	45.2	25.28	22.42	114	101
黄豆粉	中农大	0.731	0.674	37.1	67.86	60.48	252	224
花生饼	河 北	0.425	0.377	35.4	54.29	48.21	192	171
花生饼	北 京	0.580	0.541	40.3	74.28	70.19	299	283
花生粕	北 京	0.546	0.458	53.5	54.14	45.50	290	243
棉仁粕	河 北	0.239	0.198	23.1	30.15	25.55	100	85
玉 米	北 京	0.418	0.359	8.1	44.46	41.13	36	33
玉 米	北 京	0.618	0.561	8.4	49.82	45.21	42	38

氮给量平衡、小肠可消化蛋白质（按饲料干物质基础计算）

瘤胃微生物蛋白质产生量（g/kg）				瘤胃能氮给量平衡（g/kg）		小肠可消化蛋白质（g/kg）			
按供给的能量估测		按供给的降解蛋白质估测				生 长 牛		产 奶 牛	
生长牛	产奶牛	生长牛	产奶牛	生长牛	产奶牛	IDCPMF	IDCPMP	IDCPMP	IDCPMP
74	65	209	176	−135	−111	199	293	216	294
74	63	198	163	−124	−100	191	278	209	279
105	91	252	229	−147	−138	167	270	174	271
86	79	232	206	−146	−127	180	282	194	283
84	80	178	164	−94	−84	154	220	161	220
88	83	203	185	−115	−102	160	241	170	241
90	86	225	209	−135	−123	166	261	175	261
84	75	188	185	−104	−110	195	267	191	268
93	87	277	253	−184	−166	181	310	195	311
71	61	181	148	−110	−87	187	265	205	265
92	88	234	216	−142	−128	163	263	173	263
79	76	198	171	−119	−95	178	261	195	261
65	55	161	133	−96	−78	194	261	207	261
87	78	244	212	−157	−134	183	293	200	293
57	47	167	134	−110	−87	230	307	247	308
55	43	149	112	−94	−69	219	284	237	286
77	72	194	156	−117	−84	179	261	203	262
83	78	212	191	−129	−113	174	265	187	266
81	75	220	194	−139	−119	183	281	197	281
81	76	216	192	−135	−116	177	271	191	272
91	85	251	227	−160	−142	174	286	188	287
71	67	194	176	−123	−109	197	283	207	283
60	55	159	141	−99	−86	208	278	218	278
65	57	166	140	−101	−83	196	266	208	266
22	15	64	44	−42	−29	284	313	293	314
37	34	103	91	−66	−57	246	292	252	292
99	92	227	202	−128	−110	147	236	160	237
58	51	173	154	−115	−103	146	226	155	227
79	74	269	255	−190	−181	123	256	130	257
74	62	261	219	−187	−157	211	342	233	343
33	27	90	77	−57	−50	173	213	179	214
57	49	32	30	25	19	69	52	66	52
84	76	38	34	46	42	86	54	83	54

饲料 名称	饲料 来源	FOM （kg/kg）		粗蛋白 （%）	蛋白质降解 率（%）		瘤胃降解蛋 白质（g/kg）	
		生长牛	产奶牛		生长牛	产奶牛	生长牛	产奶牛
玉　米	北　京	0.485	0.437	8.3	39.12	35.21	32	29
10%血处理玉米	中农大	0.357	0.345	9.6	15.96	15.41	15	15
次　粉	北　京	0.786	0.765	16.0	80.34	77.45	129	124
麸　皮	北　京	0.687	0.665	14.9	83.36	80.74	124	120
麸　皮	河　北	0.740	0.722	15.9	85.11	83.03	135	132
麸　皮	河　北	0.625	0.597	14.1	75.60	72.25	107	102
碎　米	河　北	0.654	0.608	6.5	65.41	60.81	43	40
碎　米	河　北	0.639	0.576	7.0	63.92	57.62	45	40
米　糠	河　北	0.587	0.559	10.9	88.67	85.41	97	93
米　糠	北　京	0.656	0.642	14.3	76.78	75.05	110	107
豆腐渣	北　京	0.548	0.487	21.8	60.20	53.61	131	117
豆腐渣	北　京	0.541	0.470	19.7	59.64	51.66	117	102
豆腐渣	北　京	0.743	0.711	19.4	80.02	76.58	155	149
玉米胚芽饼	北　京	0.543	0.486	14.2	54.28	48.58	77	69
饴糖糟	北　京	0.365	0.276	6.0	36.47	27.57	22	17
玉米渣	北　京	0.444	0.387	10.1	50.19	43.90	51	44
淀粉渣	北　京	0.345	0.309	7.9	35.25	31.63	28	25
酱油渣	北　京	0.619	0.596	26.1	64.26	61.17	168	160
啤酒糟	北　京	0.538	0.501	23.6	56.62	52.69	134	124
啤酒糟	北　京	0.354	0.309	25.2	37.24	32.49	94	82
啤酒糟	北　京	0.333	0.281	29.5	35.07	29.57	103	87
啤酒糟	北　京	0.458	0.439	20.4	48.18	46.24	98	94
羊　草	东　北	0.384	0.384	6.7	52.73	52.73	35	35
羊　草	东　北	0.384	0.384	6.9	44.87	44.87	31	31
羊　草	东　北	0.384	0.384	6.1	51.89	51.89	32	32
羊　草	东　北	0.384	0.384	6.2	51.56	51.57	32	32
羊　草	东　北	0.384	0.384	5.0	57.79	57.79	29	29
羊　草	东　北	0.384	0.384	8.8	59.26	59.26	52	52
羊　草	东　北	0.384	0.384	8.5	63.53	63.53	54	54
羊　草	东　北	0.384	0.384	6.6	56.74	56.74	37	37
羊　草	东　北	0.384	0.384	5.4	63.32	63.32	34	34
棉仁粕	河　南	0.296	0.280	36.3	37.35	36.36	136	132
棉仁饼	河　北	0.258	0.227	32.9	32.34	29.31	106	96
棉仁饼	河　北	0.322	0.266	41.3	40.66	34.37	168	142

（续）

瘤胃微生物蛋白质产生量 (g/kg)				瘤胃能氮给量平衡 (g/kg)		小肠可消化蛋白质 (g/kg)			
按供给的能量估测		按供给的降解蛋白质估测				生 长 牛		产 奶 牛	
生长牛	产奶牛	生长牛	产奶牛	生长牛	产奶牛	IDCPMF	IDCPMP	IDCPMP	IDCPMP
66	59	29	26	37	33	79	53	76	53
49	47	14	14	35	33	87	62	86	62
107	104	116	112	−9	−8	95	101	96	102
93	90	112	108	−19	−18	81	95	82	94
101	98	122	119	−21	−21	86	101	86	101
85	81	96	92	−11	−11	82	89	82	90
89	83	39	36	50	47	77	42	74	41
87	78	41	36	46	42	77	45	74	45
80	76	87	84	−7	−8	64	69	64	69
89	87	99	96	−10	−9	84	91	84	91
75	66	118	105	−43	−39	109	139	112	139
74	64	105	92	−31	−28	104	126	107	126
101	97	140	134	−39	−37	96	123	97	123
74	66	69	62	5	4	94	91	94	91
50	38	19	14	31	24	58	36	52	36
60	53	43	37	17	16	72	60	71	60
47	42	24	21	23	21	64	47	62	47
84	81	143	136	−59	−55	115	156	117	156
73	68	114	105	−41	−37	112	141	115	141
48	42	80	70	−32	−28	128	151	131	151
45	38	88	74	−43	−36	147	177	151	177
62	60	83	80	−21	−20	107	122	108	122
52	52	30	30	22	22	56	40	56	40
52	52	26	26	26	26	59	41	59	41
52	52	27	27	25	25	54	36	54	36
52	52	27	27	25	25	54	37	54	37
52	52	25	25	27	27	49	30	49	30
52	52	44	44	8	8	58	52	58	52
52	52	46	46	6	6	55	51	55	51
52	52	31	31	21	21	54	39	54	39
52	52	29	29	23	23	48	32	48	32
40	38	122	119	−82	−81	176	233	177	233
35	31	95	86	−60	−55	169	211	173	212
44	36	151	128	−107	−92	190	265	201	266

饲料名称	饲料来源	FOM（kg/kg）		粗蛋白（%）	蛋白质降解率（%）		瘤胃降解蛋白质（g/kg）	
		生长牛	产奶牛		生长牛	产奶牛	生长牛	产奶牛
棉仁饼	河　北	0.410	0.365	27.3	51.83	47.09	141	129
棉仁饼	河　南	0.305	0.284	37.2	38.48	36.65	143	136
棉籽饼	河　北	0.495	0.455	28.7	62.49	58.75	179	169
棉籽饼	河　南	0.417	0.392	28.6	58.43	56.75	167	162
棉籽饼	北　京	0.214	0.185	35.1	27.01	23.90	95	84
菜子粕	四　川	0.440	0.418	33.7	46.17	44.28	156	149
菜子粕	上　海	0.290	0.249	34.3	30.38	26.36	104	90
菜子粕	北　京	0.406	0.386	37.5	42.62	38.86	160	146
菜子饼	河　北	0.323	0.276	40.0	25.78	22.87	103	91
菜子饼	四　川	0.338	0.294	42.8	27.02	24.41	116	104
菜子饼	北　京	0.554	0.511	24.2	58.03	54.04	140	131
葵花粕	北　京	0.485	0.433	32.4	46.13	39.42	149	128
葵花饼	北　京	0.669	0.635	27.2	70.00	65.63	190	179
葵花饼	内　蒙	0.720	0.382	30.2	76.56	71.67	231	216
胡麻粕	河　北	0.573	0.533	31.0	61.95	57.03	192	177
芝麻饼	河　北	0.449	0.366	35.7	46.59	38.06	166	136
芝麻粕	北　京	0.472	0.415	41.9	49.05	43.08	206	181
芝麻渣粉	北　京	0.528	0.501	42.4	54.79	52.04	232	221
芝麻渣饼	北　京	0.835	0.826	40.8	91.45	90.43	373	369
芝麻饼	北　京	0.789	0.774	35.5	85.57	83.93	304	298
酒精蛋白粉	北　京	0.468	0.450	29.5	43.84	41.61	129	123
酒精蛋白粉	北　京	0.415	0.391	36.8	34.24	33.89	126	125
鱼　粉	国　产	0.361	0.359	48.0	43.60	42.27	209	203
鱼　粉	秘　鲁	0.293	0.267	65.7	37.51	35.38	246	232
鱼　粉	河　北	0.524	0.497	50.6	50.40	48.26	255	244
肉骨粉	北　京	0.511	0.503	46.2	61.47	60.42	284	279
玉　米	东　北	0.369	0.330	9.6	29.73	26.37	29	25
玉　米	河　北	0.539	0.482	7.6	43.44	38.84	33	30
玉　米	河　南	0.643	0.569	8.5	51.89	48.06	44	41
玉　米	河　南	0.508	0.450	8.3	40.94	36.31	34	30
羊　草	东　北	0.384	0.384	7.9	74.33	74.33	59	59
玉米青贮	北　京	0.331	0.331	5.4	49.78	49.78	27	27
玉米青贮	北　京	0.447	0.447	8.8	60.53	60.53	53	53
大麦青贮	北　京	0.333	0.333	8.9	36.36	36.36	32	32

（续）

瘤胃微生物蛋白质产生量（g/kg）				瘤胃能氮给量平衡（g/kg）		小肠可消化蛋白质（g/kg）			
按供给的能量估测		按供给的降解蛋白质估测				生 长 牛		产 奶 牛	
生长牛	产奶牛	生长牛	产奶牛	生长牛	产奶牛	IDCPMF	IDCPMP	IDCPMP	IDCPMP
56	50	127	116	−71	−66	125	175	129	175
41	39	129	122	−88	−83	178	239	181	239
67	62	161	152	−94	−90	117	183	120	183
57	53	150	146	−93	−93	117	182	118	183
29	25	86	76	−57	−51	187	227	191	227
60	57	140	134	−80	−77	160	216	162	216
39	34	94	81	−55	−47	183	221	188	221
55	52	144	131	−89	−79	178	241	185	241
44	38	93	82	−49	−44	224	258	227	258
46	40	104	94	−58	−54	235	276	239	276
75	69	126	118	−51	−49	119	155	120	155
66	59	134	115	−68	−56	160	208	169	208
91	86	171	161	−80	−75	117	173	121	173
98	52	208	194	−110	−142	115	192	92	192
78	72	173	159	−95	−87	131	198	137	198
61	50	149	122	−88	−72	167	228	179	229
64	56	185	163	−121	−107	183	268	194	269
72	68	209	199	−137	−131	175	271	180	271
114	112	336	332	−222	−220	103	258	104	258
107	105	274	268	−167	−163	108	225	111	225
64	61	116	111	−52	−50	153	189	155	190
56	53	113	113	−57	−60	196	236	195	237
49	49	188	183	−139	−134	210	308	214	308
40	36	221	209	−181	−173	295	422	301	423
71	68	230	220	−159	−152	213	324	218	324
69	68	256	251	−187	−183	164	295	167	295
50	45	26	23	24	22	79	62	78	62
73	66	30	27	43	39	79	49	76	49
87	77	40	37	47	40	88	55	83	55
69	61	31	27	38	34	80	54	77	53
52	52	50	50	2	2	48	47	48	47
45	45	23	23	22	22	48	32	48	32
61	61	45	45	16	16	64	53	64	53
45	45	27	27	18	18	66	53	66	53

饲料名称	饲料来源	FOM (kg/kg)		粗蛋白 (%)	蛋白质降解率 (%)		瘤胃降解蛋白质 (g/kg)	
		生长牛	产奶牛		生长牛	产奶牛	生长牛	产奶牛
大麦青贮	北京	0.456	0.456	7.9	61.80	61.80	49	49
高粱青贮	北京	0.365	0.365	7.3	39.66	39.66	29	29
高粱青贮	北京	0.365	0.365	8.1	70.12	70.12	57	57
高粱青贮	北京	0.338	0.338	9.2	48.42	48.42	45	45
高粱青贮	北京	0.447	0.447	10.8	60.51	60.51	65	65
高粱青贮	北京	0.447	0.447	7.8	66.47	66.57	52	52
高粱青贮	北京	0.447	0.447	11.4	64.91	64.91	74	74
稻草	北京	0.273	0.273	3.8	39.91	39.91	15	15
稻草	北京	0.273	0.273	4.8	38.58	38.58	19	19
稻草	北京	0.273	0.273	3.1	37.76	37.76	12	12
复合处理稻草	中农大	0.400	0.400	7.7	68.48	68.48	53	53
玉米秸	河北	0.299	0.299	5.4	42.89	42.89	23	23
小麦秸	河北	0.281	0.281	4.4	29.90	29.90	13	13
黍秸	河北	0.281	0.281	4.3	43.23	43.23	19	19
亚麻秸	河北	0.281	0.281	4.5	43.01	43.01	19	19
干苜蓿秆	北京	0.444	0.444	13.2	61.10	61.00	81	81
鲜苜蓿	北京	0.505	0.505	18.9	79.91	79.91	151	151
羊茅	北京	0.482	0.482	11.2	70.29	70.29	79	79
无芒雀麦	北京	0.553	0.553	11.1	65.99	65.99	73	73
红三叶	北京	0.658	0.658	21.9	80.60	80.86	177	177
鲜青草	北京	0.536	0.536	18.7	73.61	73.61	138	138

资料来源：莫放，冯仰廉，1999，中国农业大学动物科技学院

说明：1. 瘤胃可发酵有机物质（FOM）是根据实测或抽样测定估算；

2. 瘤胃蛋白质降解率是根据牛瘤胃尼龙袋法实测；

3. 精饲料的食糜外流速度（K），为应用上的方便，对生长牛采用K＝0.06，

4. 按供给的能量估测瘤胃微生物蛋白质产生量（g）＝FOM（kg）×136。

5. 按供给的降解蛋白质（RDP）估测瘤胃微生物蛋白（g/g），对精饲料

6. 瘤胃微生物蛋白质小肠的表观消化率为0.70；

7. 饲料非降解蛋白质（UDP）的小肠表观消化率对精饲料采用0.65，对青

8. 小肠可消化蛋白质（1DCP）是根据微生物蛋白质产生量（MCP）和非降

IDCPMP表示IDCP中的微生物蛋白质由RDP估测。

瘤胃微生物蛋白质产生量（g/kg）				瘤胃能氮给量平衡（g/kg）		小肠可消化蛋白质（g/kg）			
按供给的能量估测		按供给的降解蛋白质估测				生 长 牛		产 奶 牛	
生长牛	产奶牛	生长牛	产奶牛	生长牛	产奶牛	IDCPMF	IDCPMP	IDCPMP	IDCPMP
62	62	42	42	20	20	61	47	61	47
50	50	25	25	25	25	61	44	61	44
50	50	48	48	2	2	49	48	49	48
46	46	38	38	8	8	60	55	60	55
61	61	55	55	6	6	69	64	69	64
61	61	44	44	17	17	58	46	58	46
61	61	63	63	−2	−2	67	68	67	68
37	37	13	13	24	24	26	9	26	9
37	37	16	16	21	21	26	11	26	11
37	37	10	10	27	27	26	7	26	7
54	54	45	45	9	9	38	32	38	32
41	41	20	20	21	21	29	14	29	14
38	38	11	11	27	27	27	8	27	8
38	38	16	16	22	22	27	11	27	11
38	38	16	16	22	22	27	11	27	11
60	60	69	69	−9	−9	42	48	42	48
69	69	128	128	−59	−59	71	112	71	112
66	66	67	67	−1	−1	66	67	66	67
75	75	62	62	13	13	75	66	75	66
89	89	150	150	−61	−61	88	130	88	130
73	73	117	117	−44	−44	81	111	81	111

对产奶牛采用 K＝0.08，生长牛和产奶牛对青粗饲料则采用相同 K 值（0.025）；

采用 0.90，对青粗饲料为 0.85；

粗饲料采用 0.60，对秸秆类则忽略不计；
解蛋白质（UDP）估测；IDCPMF 表示 IDCP 中的微生物蛋白质由 FOM 估测，

主要参考文献

道良佐.1996.肉羊生产技术手册[M].北京：中国农业出版社.

谷子林等.1994.家兔饲料及配方130例[M].北京：中国农业出版社.

华南农业大学.1996.养牛学[M].北京：中国农业出版社.

李福昌.1993.家兔生产新技术[M].泰安：泰安市新闻出版局.

李复兴等.1994.配合饲料大全[M].青岛：青岛海洋大学出版社.

李复兴等.1996.配合饲料大全[M].第二版.青岛：山东海洋大学出版社.

M.E.恩斯明格等.1985.饲料与营养[M].北京：农业出版社.

南京农业大学.1994.家畜生理学[M].第二版：北京：中国农业出版社.

欧共体奶类项目技术援助专家组，农业部奶类项目办公室.1993.奶牛生产学[M].北京：北京农业大学出版社.

全国畜牧兽医总站.2000.奶牛营养需要和饲养标准[M].修订第2版.北京：中国农业大学出版社.

饲料工业职业培训系列教材编审委员会.1998.饲料与营养[M].北京：中国农业出版社.

陶岳荣等.2001.科学养兔指南[M].北京：金盾出版社.

王根林.2000.养牛学[M].北京：中国农业出版社.

王立铭等.2001.山东家畜[M].济南：山东科学技术出版社.

王立铭.1991.肉羊育肥技术[M].济南：济南出版社.

萧定汉.1994.奶牛疾病监控[M].北京：北京农业大学出版社.

徐立德.1994.家兔生产学[M].北京：中国农业大学出版社.

杨凤.1993.动物营养学[M].北京：农业出版社.

杨维泰，张玉龙.1993.家畜解剖学[M].北京：中国科学技术出版社.

杨凤.2001.动物营养学[M].第二版.北京：中国农业出版社.

中国农业大学粗饲料质量与质量改进技术研究小组.粗饲料质量与质量改进技术研究.2001.ALA/CHN/95/17-中-欧在奶业与食品加工领域的技术与商业合作第5号研究项目[M].北京：北京农业大学出版社.

张玉笙.1992.家畜实用新技术[M].济南：山东科学技术出版社.

图书在版编目（CIP）数据

家畜无公害饲料配制技术/田振洪主编 . —2 版
. —北京：中国农业出版社，2011.4
　（全国无公害食品行动计划丛书）
　ISBN 978 - 7 - 109 - 15477 - 3

　Ⅰ. ①家… 　Ⅱ. ①田… 　Ⅲ. ①家禽－饲料－配制－无
污染技术 　Ⅳ. ①S816

中国版本图书馆 CIP 数据核字（2011）第 026867 号

中国农业出版社出版
（北京市朝阳区农展馆北路 2 号）
（邮政编码 100125）
责任编辑　何致莹　黄向阳

中国农业出版社印刷厂印刷　新华书店北京发行所发行
2011 年 8 月第 2 版　2011 年 8 月北京第 1 次印刷

开本：850mm×1168mm　1/32　印张：10.25
字数：253 千字　印数：1～5 000 册
定价：22.80 元
（凡本版图书出现印刷、装订错误，请向出版社发行部调换）